量子计算入门
通过线性代数学习量子计算

唐 闻 编著

电子工业出版社
Publishing House of Electronics Industry
北京·BEIJING

内 容 简 介

本书将带领读者踏上量子计算的奇妙旅程。本书清晰地解读了量子计算的核心概念，如叠加、纠缠和幺正变换，展示了这些理论如何重新定义信息处理。通过丰富的类比、历史故事，以及幽默的语言，本书揭示了量子计算在密码学、材料科学、药物研发等领域的巨大潜力。此外，本书深入探索了希尔伯特空间、量子算法的工作原理，以及实验挑战。

无论您是科技迷、学生，还是想了解前沿科技的普通读者，本书都能为您揭开量子计算的奥秘。

未经许可，不得以任何方式复制或抄袭本书之部分或全部内容。
版权所有，侵权必究。

图书在版编目（CIP）数据

量子计算入门：通过线性代数学习量子计算 / 唐闯编著． -- 北京：电子工业出版社，2025. 6. -- ISBN 978-7-121-50344-3

Ⅰ．TP385

中国国家版本馆CIP数据核字第2025VW1459号

责任编辑：张　迪（zhangdi@phei.com.cn）
印　　刷：三河市君旺印务有限公司
装　　订：三河市君旺印务有限公司
出版发行：电子工业出版社
　　　　　北京市海淀区万寿路173信箱　邮编　100036
开　　本：787×1092　1/16　印张：14.25　字数：296.4千字
版　　次：2025年6月第1版
印　　次：2025年6月第1次印刷
定　　价：79.00元

凡所购买电子工业出版社图书有缺损问题，请向购买书店调换。若书店售缺，请与本社发行部联系，联系及邮购电话：(010) 88254888，88258888。

质量投诉请发邮件至zlts@phei.com.cn，盗版侵权举报请发邮件至dbqq@phei.com.cn。

本书咨询联系方式：(010) 88254469，zhangdi@phei.com.cn。

前　言

欢迎踏上探索量子计算的奇幻旅程!

这是一个关于未来科技的故事,也是对微观世界的一次探索之旅。在量子计算的世界里,叠加与纠缠"描绘"出一幅不同于经典逻辑的图景,算法像舞步般优雅,计算效率超越传统计算机数百万倍。量子计算不仅改变了科学家看待信息处理的方式,还正在颠覆我们对世界的认知。本书,便是您打开这个全新世界的钥匙。

本书结构

为了让您能够轻松而系统地了解量子计算,本书按照从易到难、循序渐进的逻辑编写。

第 1 章:为您揭开量子计算的面纱。从它的起源到现状,从叠加与纠缠的神秘特性到实际应用案例,让您对量子计算有一个全面的感性认知。

第 2 章:深入量子计算的数学基础。从复数到希尔伯特空间,再到幺正矩阵,逐步构建量子计算的理论框架。即使是数学基础薄弱的读者,也能在生动类比和图示的帮助下轻松入门。

第 3 章至第 7 章:深入解析量子计算的核心原埋,从量子比特的基本概念到多量子比特逻辑门的协作运行,为理解量子计算的逻辑奠定基础。这部分内容涵盖了量子比特的数学描述与几何表示、单量子比特和多量子比特的逻辑门操作,以及旋转门的应用。此外,还探讨了量子测量的原理及其对量子态的影响,揭示了量子计算如何通过叠加、纠缠和测量等特性实现传统计算无法企及的效率和能力。这部分内容为后续量子算法的学习提供了坚实的理论支持。

第 8 章至第 12 章:聚焦于量子计算的经典算法和关键技术,系统讲解了量子算法的原理、设计和应用。这部分内容涵盖了 D-J 算法、Grover 算法等量子计算的基础算法,展示了量子计算在数据库搜索和问题优化中的突破性优势。同时,通过解析量子傅里叶变换和相位谱估计算法,探讨量子计算在周期问题等领域的核心作用。这部分内容深入剖析了量子算法背后的数学逻辑及实现方法,为读者展现了量子计算在高效解决复杂问题方面的巨大潜力。

无论您是想了解量子计算的基本概念,还是希望深入探讨其前沿技术,本书都为您提供了详尽的内容。

如何使用本书

本书的内容适合不同背景和需求的读者阅读,无论您是独立探索的自学者,还是渴望了解更多知识的学生,都能在这里找到适合自己的学习路径。

给自学者的话

量子计算的门槛或许看似高不可攀,但它并非不可企及。本书通过通俗易懂的语言、丰富的类比和实际应用案例,力求让每一位读者都能在量子计算的学习中找到乐趣。

- 如果您是初学者,建议从第 1 章开始阅读,逐步构建量子计算的基本概念和背景知识。
- 如果您已经有数学或物理学基础,可以从第 2 章开始,深入理解量子计算的理论框架。

请记住,学习量子计算的过程就像探索一片未被完全开发的领域,有时可能会迷路,但每一次坚持都会让您离发现新大陆更近一步。

给学生的话

对学生而言,量子计算不仅是一个知识点,更是一个充满挑战的研究方向。本书结构清晰,概念深入浅出,非常适合作为量子计算相关课程的参考书或辅助教材。

- 如果您正在学习量子计算课程,可以结合课堂内容选读相应章节。本书的细节补充与直观解释将帮助您更好地理解抽象概念。
- 如果您计划参加量子计算的学术研究或比赛,本书的高阶部分(如量子算法章节)将为您提供理论支持和实践指导。
- 书中大量的插图和类比,既能让您轻松理解枯燥的数学理论,也能为报告或论文准备提供灵感。

无论您是独立学习,还是在课堂学习,本书都致力于成为您学习量子计算的得力助手。为便于读者学习,本书提供了相应的 PPT 文件,读者可登录华信教育资源网(https://www.hxedu.com.cn)进行下载。

量子计算是当今科技领域最令人兴奋的前沿之一,也许它距离全面改变世界还有一段路要走,但每个投入其中的人都在为未来添砖加瓦。

让我们带着好奇心与探索精神,开启这一段充满无限可能的旅程吧!

目　录

第1章　量子奇旅：计算的新纪元 　001
1.1　从科幻到现实：量子计算的前世今生 　002
1.2　量子魔法揭秘：重新定义量子信息技术 　004
1.2.1　英雄联盟：那些改变世界的大人物 　006
1.2.2　纠缠与叠加：量子世界的双面特工 　016
1.2.3　量子计算机的思维导图 　017
1.2.4　小心前方障碍：量子计算路上的石与坑 　019
1.3　量子计算的舞台：它在这些领域大显神威 　020

第2章　空间的秘密：希尔伯特与欧几里得的对话 　023
2.1　多维数学的神秘面纱：复数 　024
2.1.1　从线性运算说起 　024
2.1.2　复数的极坐标之舞 　025
2.1.3　会"跳舞"的向量：复数加法 　026
2.1.4　旋转的秘密：复数乘法 　027
2.2　二维世界的"隐秘亲戚"：复数与矩阵 　029
2.2.1　复数加法 = 向量加法：简单又直观 　029
2.2.2　复数乘法的"魔法揭秘"：旋转、缩放与矩阵的亲密关系 　030
2.3　数学界的上帝公式：欧拉公式 　032
2.3.1　传统视角：欧拉公式三角函数证明 　032
2.3.2　全新解读：欧拉公式的矩阵证明 　033
2.4　从有限到无限的"空间变形术"：欧几里得与希尔伯特 　036
2.4.1　向量的变身术 　037
2.4.2　矩阵的变形记 　038
2.4.3　对应关系的迷宫：矩阵类型 　039
2.5　欧氏空间的矩阵家族 　039
2.5.1　镜中的自己：实对称矩阵 　040

2.5.2 旋转的艺术家：实正交矩阵 ············· 041
2.6 希尔伯特空间的矩阵"家族聚会" ············· 042
2.6.1 复数世界的对称美：厄米矩阵 ············· 043
2.6.2 完美的旋转：幺正矩阵 ············· 044

第3章 微观世界的新星：量子比特 ············· 046
3.1 量子语言的"拼音"：狄拉克符号 ············· 047
3.2 量子世界中的小超人：单量子比特 ············· 048
3.2.1 复数与实数的穿越之旅 ············· 049
3.2.2 复数的炫彩调色盘 ············· 051
3.3 单量子比特的几何探秘 ············· 052
3.3.1 全局相位的奥秘：单量子态 ············· 052
3.3.2 降维的魔法：单量子态 ············· 053
3.3.3 量子态的魔法星球：布洛赫球模型 ············· 055
3.4 量子纠缠的华尔兹：多量子比特 ············· 056

第4章 单比特的魔法棒：量子逻辑门 ············· 058
4.1 量子态的优雅旋转：幺正变换 ············· 059
4.2 量子世界的"镜像魔术"：厄米共轭算子 ············· 059
4.3 计算的魔法公式：幺正变换矩阵 ············· 061
4.4 量子态的分身术：H门 ············· 063
4.5 量子态的翻转与旋转：泡利矩阵（算子） ············· 067
4.5.1 翻转的艺术：泡利X门 ············· 069
4.5.2 神秘的旋转：泡利Y门 ············· 073
4.5.3 优雅的变换：泡利Z门 ············· 075

第5章 单量子比特的舞步：旋转之门 ············· 078
5.1 旋转的数学语言：矩阵的指数函数 ············· 079
5.2 旋转的原动力：生成元 ············· 081
5.3 绕x轴的旋转：RX(θ)门 ············· 088
5.4 绕y轴的旋转：RY(θ)门 ············· 091
5.5 绕z轴的旋转：RZ(θ)门 ············· 093

第 6 章 量子魔法的协奏：多量子比特逻辑门 ········ 097
6.1 量子态的结合术：张量积 ········ 099
6.2 双人舞的节奏：两量子比特门的通用公式 ········ 103
6.3 量子翻转的开关：CNOT 门 ········ 104
6.4 量子世界的换位舞蹈：SWAP 门 ········ 108
6.5 旋转的魔法桥梁：CR 门 ········ 111
6.6 三重奏的乐谱：三量子比特门的通用公式 ········ 113
6.7 量子比特的三重奏：Toffoli（CCNOT）门 ········ 115
6.8 量子控制下的优雅交换：Fredkin（CSWAP）门 ········ 119

第 7 章 揭秘量子测量的奥秘 ········ 122
7.1 从开场到落幕：量子态的神秘演化 ········ 123
7.2 量子的终极命运：测量与塌缩 ········ 124
7.3 测量中的数学基础：矩阵与量子纠缠 ········ 125
7.3.1 量子计算的基本结构：正规矩阵 ········ 125
7.3.2 量子态的"全景图"：完备性方程 ········ 126
7.3.3 将复杂的矩阵变简单：特征分解 ········ 128
7.4 量子态的观察者：投影算子 ········ 130
7.5 解锁矩阵的"DNA"：谱分解与投影算子的深度关联 ········ 132
7.6 量子态的定格：投影测量 ········ 133
7.6.1 测量算子揭秘 ········ 134
7.6.2 量子世界的"抛硬币"游戏：单量子比特测量 ········ 136
7.7 量子计算的"终极揭晓"：量子线路测量方法 ········ 138

第 8 章 量子计算的开篇传奇：D-J 算法 ········ 141
8.1 从 Deutsch-Jozsa 问题出发 ········ 142
8.2 量子比特的四重奏：探秘量子计算算法 ········ 142
8.3 量子计算的关键角色：神秘的 Oracle ········ 144
8.4 第一步量子算法：Deutsch 算法 ········ 145
8.5 从 1 到 n：D-J 算法的升级 ········ 148

第 9 章　量子振幅放大的奇妙之旅 ··· 153
9.1　量子态的几何之旅：常用几何变换 ····································· 154
9.2　振幅放大技术揭秘 ·· 158
9.2.1　振幅放大算子的奥秘 ·· 159
9.2.2　相位翻转的惊奇之处 ·· 160
9.2.3　镜像翻转的趣味解读 ·· 161
9.2.4　振幅放大的实际应用 ·· 162

第 10 章　开启量子搜索的新时代：Grover 算法 ··························· 164
10.1　数据搜索的量子革命：Grover 算法初探 ···························· 165
10.2　量子搜索的魔法工具：Grover 算法详解 ···························· 165
10.2.1　起点：从初态开始，迈向搜索之旅 ···························· 167
10.2.2　相位翻转背后的奥秘：量子翻转 ································ 168
10.2.3　镜中世界：镜像翻转的原理 ······································ 169
10.2.4　连续两次镜像的奇迹：量子旋转 ································ 169
10.2.5　量子搜索的加速器：Grover 迭代 ······························ 170
10.2.6　找到目标的关键：迭代次数 k ··································· 171
10.3　绘制量子地图：Grover 算法的量子线路 ···························· 172
10.3.1　初态的量子制备：算法的起点 ··································· 173
10.3.2　锁定关键目标：目标态的相位翻转 ···························· 173
10.3.3　搜索效率的保障：平均值镜像翻转 ···························· 175
10.3.4　数学与量子的交汇：镜像翻转的核心原理 ·················· 176

第 11 章　频率的量子视角：量子傅里叶变换 ································ 179
11.1　傅里叶级数的美学：拆解周期的秘密 ································ 180
11.1.1　圆周运动的投影：傅里叶级数的直观解读 ·················· 181
11.1.2　周期的形象化表达：频域图 ······································ 181
11.1.3　从函数到频谱：频域分析 ··· 182
11.1.4　频谱的奥秘揭晓 ·· 183
11.2　信号的频率肖像：傅里叶变换 ·· 183
11.2.1　复数形式下的傅里叶级数 ··· 185
11.2.2　快速傅里叶变换背后的效率革命 ································ 185

11.2.3　数字信号处理的幕后英雄：离散傅里叶变换（DFT） ……… 186
  11.2.4　还原信号之美：离散傅里叶逆变换 …………………………… 190
 11.3　频率魔法的量子版：量子傅里叶变换 …………………………………… 192
  11.3.1　二进制与量子态的奇妙关系 …………………………………… 195
  11.3.2　QFT 的求和公式解析 …………………………………………… 196
  11.3.3　QFT 的张量积表达式 …………………………………………… 199
  11.3.4　二进制展开与量子态制备的奥秘 ……………………………… 200
 11.4　量子傅里叶变换的线路设计 ……………………………………………… 201
  11.4.1　单比特 QFT 线路：入门级解读 ………………………………… 202
  11.4.2　双比特 QFT 线路：复杂性的小小升级 ………………………… 203
  11.4.3　三比特 QFT 线路：迈向多比特世界 …………………………… 204
 11.5　还原的量子艺术：量子傅里叶逆变换 …………………………………… 206

第 12 章　解锁量子世界的相位密码：量子相位估计 …………………………… 208
 12.1　破解相位密码的钥匙：量子相位估计（QPE） ………………………… 209
 12.2　数字的新表达：二进制分数的表示 ……………………………………… 209
 12.3　量子态的"指纹"：相位估计的意义 …………………………………… 210
 12.4　量子态的相位探测器：相位估计线路 …………………………………… 211
 12.5　量子相位的完整解密：线路执行步骤 …………………………………… 212

第 1 章

▼

量子奇旅
计算的新纪元

1.1　从科幻到现实：量子计算的前世今生

量子计算的故事是一段既深邃又迷人的旅程。从理论的抽象到技术的突破，它不仅是未来技术的前哨站，更是科学家们智力较量的舞台。想象一下，一场从量子力学到超级计算的奇幻冒险，正如史诗般展开。这一切的开端可以追溯到 20 世纪 80 年代。

1. 20 世纪 80 年代：量子计算的曙光

- 20 世纪 70 年代末，理查德·费曼（Richard Feynman），一位敢于挑战传统的物理学家，提出了一个看似异想天开的设想："为什么不用量子系统来模拟量子系统？"对他来说，经典计算机模拟量子物理就像用算盘解微积分，效率太低了。他的这一观点让物理学界开始重新审视计算的本质。

- 1981 年，费曼在一次物理学大会上正式发表了他的观点。他指出："经典计算机无法有效模拟量子系统，而量子计算机可以。"这不仅是理论上的突破，更为后来量子计算的实际研发提供了科学依据。

- 1985 年，理论物理学家大卫·多伊奇（David Deutsch）将费曼的思想推向了一个新高度。在他的论文中，提出了"通用量子计算机"的概念，并给出了第一个量子图灵机模型。他证明了量子计算机不仅能模拟量子系统，还能解决许多经典计算机无法高效完成的问题。这一创新标志着量子计算正式诞生，理论的种子开始发芽。

2. 20 世纪 90 年代初：算法时代的到来

20 世纪 90 年代初，量子计算的理论研究迎来了一次重要飞跃，尤其是在算法方面。

- 1994 年，数学家彼得·肖尔（Peter Shor）的登场堪称"剧本反转"的高光时刻。他提出的 Shor 算法是量子计算发展史上的一个里程碑。这一算法展示了量子计算在整数因数分解方面的巨大优势，而因数分解是许多现代密码学（如 RSA 加密）的核心。Shor 算法的提出，让世界第一次意识到量子计算机不仅是理论上的玩具，更可能对实际世界的安全系统产生重大影响。

- 同期，另一位计算机科学家洛夫·格罗弗（Lov Grover）提出的 Grover 算法再次引发轰动。这一算法证明，在未排序数据库中搜索数据时，量子计算机的效率远超传统计算机。虽然在技术细节上有所限制，但 Grover 算法让人们看到量子计算在解决特定问题上的巨大潜力。

这些理论成果为量子计算的实用性奠定了基础，也吸引了更多学术界和工业界的关注。

3. 20 世纪 90 年代中期到 21 世纪初：实验探索的萌芽

理论的突破为实验验证铺平了道路。从 20 世纪 90 年代中期开始，科学家们不再满足于纸上的推导，而是着手构建真正的量子计算机。

- 1998 年，一个重要的实验里程碑出现了。IBM 的艾萨克·闯（Isaac Chuang）和 MIT 的尼尔·格申费尔德（Neil Gershenfeld）等科学家利用核磁共振技术，成功实现了一个简化版的量子计算机。虽然这台"玩具计算机"只能处理极少数的量子比特，但它首次将量子计算从理论变成了实验现实。
- 在这一时期，研究人员不仅在实验室中制造量子比特，还探索了多种实现量子计算的方法，如 离子阱技术 和 超导量子比特。这些方法的多样性为未来量子计算技术的发展提供了更多选择。

尽管这个时期的量子计算机还非常"原始"，但它们的意义不容小觑：它们验证了量子计算的可行性，并让全球的科研团队看到了未来的希望。

4. 21 世纪：迈向商业化的征程

到了 21 世纪，量子计算进入了商业化的探索阶段。从理论走向实践，量子计算逐渐从学术研究转向企业应用。

- 科技巨头纷纷入场：IBM、Google、微软等科技巨头开始大举进军量子计算领域。他们不惜投入巨资，希望在这场科技竞赛中占据领先地位。
- 2019 年，历史性突破：Google 的量子计算机"悬铃木"（Sycamore）宣布实现了所谓的"量子霸权"（Quantum Supremacy）。它用 200s 完成了一项经典超级计算机需要 1 万年才能完成的任务。这一事件不仅在科技界引发轰动，也向公众展示了量子计算的巨大潜力。

这一时期的量子计算已经从理论验证进入了实际应用的初步阶段。

5. 21 世纪 20 年代：驶向更远的未来

进入 21 世纪 20 年代，量子计算继续以不可思议的速度发展。它虽然还未完全普及，但在某些领域已经展现出极大的应用潜力。

- 应用领域的扩展：量子计算在材料科学、药物设计、密码学和优化问题等领域展现出了显著优势。例如，在药物设计中，量子计算可以模拟分子行为，从而加速新药的研发过程。
- 商业化的持续推进：越来越多的公司开始涉足量子计算。比如，IBM 的量子云平台为企业和开发者提供了接触量子计算的机会，而 Amazon 和 Microsoft 也在推出自己的量子云服务平台。
- 研究的突破：学术界在量子计算的物理实现、纠错技术以及量子网络的构建上持续取得进展。这些成果为未来大规模量子计算机的实现奠定了基础。

尽管当前的量子计算还存在许多技术难题（如量子比特的稳定性和纠错能力），但它已经向世人展示了一个全新的可能性。

量子计算的发展简史是一段从无到有、从理论到实践的探索之路。它不仅是科学的冒险，更是人类智慧的结晶。从费曼的初步设想，到 Google 的"量子霸权"，再到未来的无限可能，每一步都充满了对未知的探索与突破。

量子计算的未来在哪里？没有人知道确切的答案，但可以肯定的是，它将继续改变我们的世界。你准备好跟随这场革命性的技术浪潮了吗？

1.2　量子魔法揭秘：重新定义量子信息技术

量子信息技术（Quantum Information Technology，QIT）听起来像是科幻小说中的术语，但它的确是真实存在的、改变未来的前沿领域。它是量子物理与信息科学的跨界组合（见图 1-1），就像是在科技厨房中把"经典理论"的菜谱翻了个底朝天，煮出了全新且令人惊叹的味道。

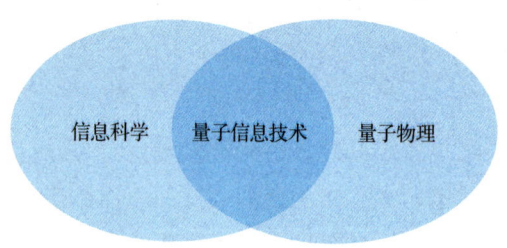

图 1-1　量子信息技术

这项技术基于量子力学的物理原理，通过观察和调控微观粒子系统（如光子和电子）及其量子态，利用一些奇妙的量子特性，如量子叠加和量子纠缠，以一种传统计算方式根本"做不到"的方式来获取、传输和处理信息。

说到这儿，你可能会问："所以这到底能干嘛？"别急，让我们分门别类，来看看量子信息技术的几个超级有趣的分支。

（1）量子计算，比火箭还快的"未来大脑"：量子计算是量子信息技术中的明星选手，它利用量子比特（qubit）的"神秘双面性"——量子叠加，以及"超越经典关联"的量子纠缠，去解决经典计算机在效率上望尘莫及的问题。传统计算机像勤勤恳恳的小学生，按部就班地写作业；而量子计算机像天才少年拉马努金，一步算出了答案！例如，著名的整数因式分解问题，经典计算机需要花费指数级增长的时间（如数十年甚至更长）才能完成，而基于 Shor 算法的量子计算机理论上可以在多项式增长的时间内（如几分钟或几小时)解决。再比如搜索算法和优化问题,量子计算机也可以以惊人的速度处理。而这些神奇的能力来自以下几个关键点。

- 量子算法:特别设计的"量子大脑公式",帮助计算机完成"不可能完成的任务"。
- 量子机器学习:结合量子计算的力量,把数据训练和预测提升到新高度——就像给 AI 加了"量子核动力炉",跑得又快又准。

所以,未来的量子计算可能会让经典计算机看起来像个古董算盘。

(2)量子通信,绝对安全的"密语术":量子通信是量子信息技术中的"安全特工",它利用量子纠缠和量子力学的"不确定性原理",实现信息加密与传输的全新安全模式。举个例子,量子密钥分发(Quantum Key Distribution,QKD)是一种让黑客抓狂的技术。根据量子力学的原理,任何窃听行为都会被立即发现。这就像是你发个信息,窃听者一碰,信息立刻变得模糊不清。你不仅可以知道有人偷看,还能让对方什么也看不清!

想象一下,未来的银行转账、军事通信,甚至"情侣间的晚安"都可能依赖这种绝对安全的"量子密语术",让黑客哭笑不得。

(3)量子加密,不可克隆的"保险箱":量子加密进一步强化了信息安全,依赖的是量子力学的多个核心特性,如不可克隆定理(No-Cloning Theorem)和量子密钥分发(QKD)的保密性。这条定理说得很简单:"量子态是独一无二的,不能被完美复制。"这意味着,即使有人想偷偷复制你的密钥,他们也只能得到一个"不对劲的假货",而你则会立即察觉,防止任何损失。想想吧,这样的技术让传统加密方法看起来像"上锁的纸盒"。

(4)量子模拟,窥探自然界的"魔法镜":量子模拟是研究复杂量子系统的一种强大工具,不仅能再现自然界的量子现象,还能帮助科学家探索新材料和药物设计。假设你是个化学家,想要研究某种分子的行为。传统计算机就像用算盘一样,可能需要花几辈子的时间才能得到答案。而量子计算机能直接用量子系统模拟其他量子系统,就像在魔法镜中直接看到未来的化学反应一样。这项技术在材料科学、药物研发、气候建模等领域都有广泛的应用前景。换句话说,它可为我们解开自然界中一些最大的谜团,如超导性、光合作用机理,以及复杂化学反应。

(5)量子传感,比你想象中更灵敏的"量子显微镜":量子传感就像是拥有一双能够看到更细微世界的超级眼睛。它利用量子力学的特性来提高传感器的精度,广泛应用于测量领域,如精密测量电场、磁场、重力、温度等。量子传感器能够突破经典传感器的性能极限,应用于医学成像、导航等领域。

(6)量子测量,不确定性中的"精准革命":量子测量专注于如何准确地测量量子态及其性质。这是一个极具挑战性的领域,因为量子世界的"不确定性原理"常常让研究人员抓狂。然而,随着技术的进步,人们已经在寻找新方法和技术来应对这些复杂性,推动了量子技术的发展。

量子信息技术不仅是科学探索的前沿,更是科技产业和社会生活的未来。无论是用量子计算破解谜题,还是用量子通信保障安全,这些技术的发展可能会彻底改变我们的生活方式。

总之,量子信息技术正在重新定义我们未来的世界,激发无限可能。那么,你准备好迎接这个量子时代的奇迹了吗?

1.2.1 英雄联盟:那些改变世界的大人物

1. 从黑体辐射到量子力学:普朗克如何"颗粒化"了能量?

让我们回到 1900 年的科学世界,那时的物理学家们正在为一个难题而困扰:黑体辐射到底是怎么回事?什么是黑体?简单来说,黑体是一种理论上的"理想物体",它能够吸收和发射所有频率的电磁波,但没人知道它辐射的能量为何会呈现出如此奇怪的规律。为了解开这个谜团,马克斯·普朗克(Max Planck),一个当时还不太出名的德国物理学家,提出了一个改变科学史的假设。尽管他的想法乍一听有些疯狂,但正是这种大胆的设想,揭开了量子力学的序幕。

为了解释黑体辐射现象并推导出与实验数据一致的公式,普朗克不得不挑战经典物理理论。他提出了一个大胆的假设:物质在辐射或吸收能量时,能量并非连续流动(如同水龙头放出的水流),而是以固定单位的"小能量块"形式进行释放或吸收(见图 1-2)。这些"小块"就像面包师切出的面包片,每片的大小由固定的能量单位决定,既不会无限减小,也无法随意增大。

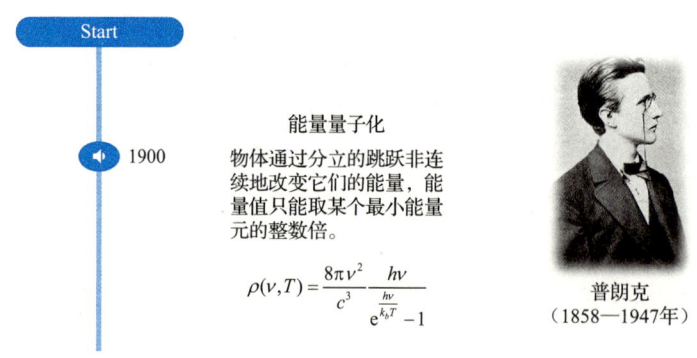

图 1-2 马克斯·普朗克

1)"黑体辐射"的难题终于解开了

在此之前,科学家们试图通过经典物理理论解释黑体辐射,但每次推导的结果都与实际观测值不符。要么在高频部分出现明显偏差,要么在低频部分表现得一团糟。普朗克的能量量子理论,却完美地解决了这个问题!他发现,当能量是以离散的"量子"形式进行计算时,辐射公式终于和实验观测吻合。

2)为什么能量子是"大新闻"?

普朗克的假设实际上是个"权宜之计",他自己也并不完全相信这一理论——他只是希望公式能成立。但后来证明,这个看似奇怪的假设,居然准确地描述了真实的自然规律!能量不是连续流动的,而是以"颗粒化"的方式存在,这为整个量子力学的发展奠定了基础。

换言之,普朗克的发现不仅仅是一个公式,更是通往量子世界的入口。从此,科学家们认识到,微观世界中的一切(包括能量、动量,甚至空间与时间)都以离散的方式运作,并且在量子尺度上具有明确的"最小单位"。

普朗克当时将这个"最小单位"称为"基本作用量子",后来这个名字被正式定为普朗克常数。它是物理学中最基础的常数之一,也是进入量子世界的"门票"。有趣的是,普朗克本人一开始并没有意识到自己的理论的重要性。他只是觉得这是一个解决黑体辐射问题的巧妙工具。然而,后来的科学家们却用他的理论建立了量子力学的基础框架。

3)从能量子的"碎片"到物理学的"蓝图"

普朗克的能量子理论不仅解释了黑体辐射,还引发了一连串的科学突破。爱因斯坦利用这一理论解释了光电效应,玻尔用它建立了原子模型,薛定谔和海森堡基于这一理论创造了现代量子力学。可以说,普朗克的假设是一颗小小的种子,但它却长成了一棵影响深远的科学大树。

所以,下次有人问你量子力学的起源是什么,你可以微笑着回答:"其实,量子力学的起源就是普朗克发现了能量是'一片片面包',而不是'一锅稀汤'。"

2. 光不是连续的波,而是一颗颗能量小子弹?爱因斯坦带你见证光电效应的奇迹!

1905年,年轻的阿尔伯特·爱因斯坦(Albert Einstein)掀起了一场改变物理学历史的"革命",而这个革命的工具竟然是光——那个看似温柔又神秘的存在。让我们一起走进他那篇名为《关于光的产生和转化的一个试探性观点》的论文,看看他是如何让光电效应这一现象改变我们对光的理解,并让它变得如此酷炫的(见图1-3)!

1)光,不是波,而是"量子豆豆"

传统的观点一直认为,光是连续的波动,就像平静湖面上的涟漪一样,舒缓且优雅。然而,爱因斯坦却不以为然,他提出了一个惊世骇俗的想法:光并非连续流动的"能量河",而是由一颗颗独立的"能量子弹"(光子)组成。光子并非连续分布,而是以离散的方式在宇宙中运动。换句话说,光是由一群可爱的"量子豆豆"组成的,每一颗都带着自己的能量。

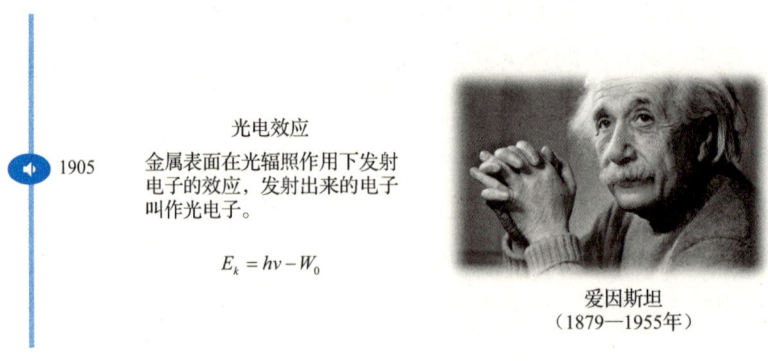

图 1-3 爱因斯坦和他的革命性理论（光电效应）

2）来自普朗克的启发

不过，爱因斯坦并不是凭空捏造出这个概念的。他站在巨人的肩膀上，借用了普朗克的关系式。早在研究黑体辐射时，普朗克就发现了一个重要的秘密：光子的能量和它的频率之间存在着一条明确的关系。这个关系式看起来简单得让人怀疑它的深奥程度：$E = h\nu$。

在这个公式里，h 是普朗克常数，它是能量单位的小标准；ν 是光子的频率。简单来说，频率越高，光子的能量就越"燃"。就像每次跳绳跳得越快，甩出去的力气就越大一样。

3）光电效应：能量量子的首秀

爱因斯坦用这个公式成功解释了困扰科学界许久的一个现象——光电效应。简单点说，光电效应就是当光照射到金属表面时，会把金属中的电子"踢"出来。而爱因斯坦的贡献在于，他证明了光子的能量直接决定了电子是否能被踢出来。

这一发现清楚地表明，光不仅具有波动性，还表现为一个个携带固定能量的粒子。至此，光不再是"连续性"的，而是"颗粒状"的。这一革命性观点彻底打破了经典光学对光的认知，并为量子力学的发展奠定了基础。

4）为什么这一切如此重要？

爱因斯坦的观点不仅成功解释了光电效应，还为后来的量子光学和量子物理学开辟了全新的天地。从光子到电子，甚至到更小的基本粒子，科学家们逐渐意识到，宇宙中的很多"基本行为"都可以通过量子理论来描述。这一发现使人类离探索微观世界的奥秘更近了一步。

3. 玻尔的原子"大脑风暴"：从氢原子到哥本哈根学派的故事

如果 1913 年有诺贝尔奖的"创意科学模型大赛"，尼尔斯·玻尔（Niels Bohr）绝对是冠军候选人。他用一篇洋洋洒洒的论文《论原子构造和分子构造》，为科学家们展示了一个全新的世界观：原子是如何"长"的，氢原子的光谱为什么会呈现特定的线条，甚至连元素的化学特性也有了"定量说法"。这不仅让他在物理学界赢得了广泛的赞誉，也让量子力学迈上了一个崭新的台阶（见图1-4）。

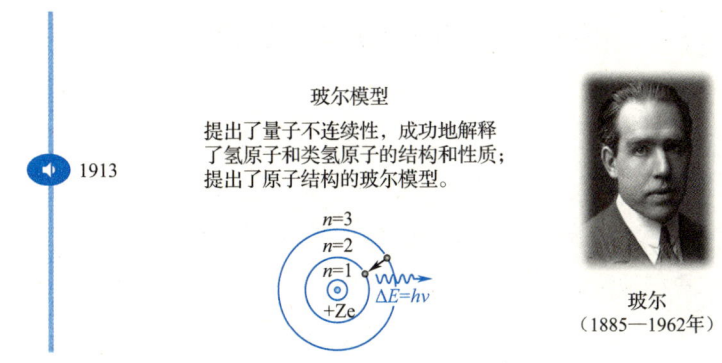

图1-4 尼尔斯·玻尔

1）一场光谱学的推理秀

事情要从光谱学说起。当时的科学家发现，每种元素在高温下发光时都会产生特定的光谱线，但这些光谱线的成因就像天书一样让人摸不着头脑。玻尔从这些"光谱密码"中嗅到了量子的味道。他借用了普朗克和爱因斯坦的"量子论"，灵机一动，提出了一个大胆的设想：也许原子内部的电子运动不是随意的，而是遵循某种量子化规则的。

2）玻尔模型的诞生：电子的"房间"规则

在玻尔的模型中，原子就像一座迷你"太阳系"：原子核是中心的"太阳"，电子则像围绕它转圈的小行星。但这些电子并不是随心所欲地飞来飞去，而是住在一个个固定的"房间"——这些房间就是电子轨道。

这里有两个有趣的规则：

- 轨道大小固定：电子只能住在这些固定的轨道上，不能随便搬家。换句话说，电子是个有"房产证"的老实住户。
- 能量有差距：如果电子非要换房子，比如从外层轨道"搬"到内层轨道，它得交"差价"——但这差价不是钱，而是以光子的形式释放出来。这光子的能量恰好等于两个轨道的能量差。

这就解释了氢原子的光谱线：电子在不同轨道间"搬家"，释放了固定频率的光子，每个频率对应一条光谱线。简单来说，氢原子的光谱就是电子的"搬家史"。

3）轨道越外，性格越"开放"

玻尔还指出，原子的化学性质与电子轨道的分布密切相关。尤其是最外层轨道上的电子，它们就像"活跃分子"，决定了元素在化学反应中的表现。外层轨道越接近"满员"，元素的性格就越"保守"；反之，如果外层轨道空荡荡，这个元素就会显得特别"活泼"，比如钠和钾，见到水就兴奋地炸开花。

4）从氢原子到量子力学的"哥本哈根"梦

玻尔不仅解释了氢原子的结构，还引发了物理学的一场革命。为了让自己的理论站得住脚，他提出了量子化条件，为氢原子的光谱提供了坚实的数学基础。然而，这还远远不够，玻尔后来进一步提出了互补原理和哥本哈根诠释，试图让量子力学看起来更"通情达理"。

- 互补原理告诉我们，粒子和波动这两个貌似矛盾的属性，其实是对同一事物的不同观察角度。换句话说，量子世界玩的是"双面性"，你看它是粒子，它就是粒子；你看它是波动，它就老老实实地当波。
- 哥本哈根诠释则大胆地表示：量子的状态只有在测量时才能真正确定下来，测量之前，它处于"既是这个又是那个"的叠加状态。这听起来可能有些魔幻，但却成为现代量子力学的核心理念。

5）哥本哈根学派的领航员

玻尔不仅是理论上的大师，也是团队的领导者。他是哥本哈根学派的创始人之一，这个学派吸引了许多天才物理学家，比如海森堡、泡利和狄拉克。在玻尔的带领下，他们将量子力学打造成了20世纪最耀眼的科学成就之一。

6）玻尔模型的意义：量子的桥梁

玻尔的贡献不仅仅在于为原子结构提供了一个直观的模型，更重要的是，他让量子理论从抽象走向了具体。他为物理学家们搭建了一座桥梁，连接了经典物理和量子力学，为现代科学的发展奠定了基础。

所以，下次你看到元素周期表，或者听到"量子力学"这个词时，可以想象玻尔的模型，微笑着说："原来电子的世界这么讲究'搬家费'啊！"

4. 德布罗意的物质波秀场：粒子和波的双面人生

如果说物理学是场明星选秀，1923年的路易·维克多·德布罗意（Louis Victor de Broglie）无疑是那个"自带光环"的选手。他在《法国科学院通报》上连续发表了三篇论文，掀起了一场关于微观世界的头脑风暴，主题是"波与量子的那些事儿"。这场秀的最大亮点就是德布罗意的波粒二象性理论：粒子不仅表现为"实体"，还同时具有"波动"的属性。这一理论让当时的物理学界"眼前一亮"，也让我们得以用全新的方式去看待微观世界（见图1-5）。

1）实物粒子：原来我也是个"浪花"

德布罗意的第一篇论文，题目既直白又大胆——《辐射：波与量子》。在这篇论文中，他提出：粒子和波其实是一对好搭档，它们总是保持同步，相互补充。每一个运动的粒子，都有一个与之对应的正弦波。尽管这个波看不见摸不着，但它是真实存在的。德布罗意将这个波命名为"相波"。这就像是粒子有了自己的"影子伴侣",不论走到哪里,这个"波"都会如影随形。

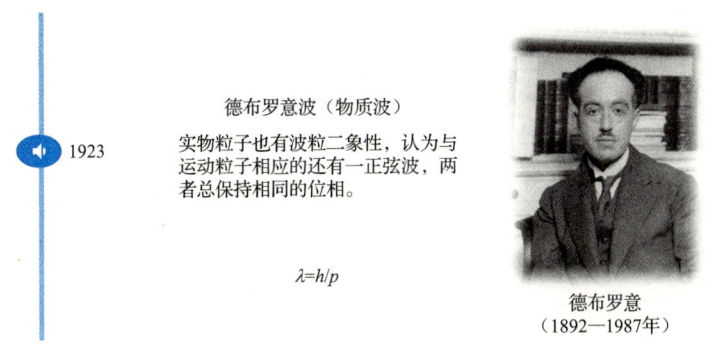

图 1-5 路易·维克多·德布罗意

2)"波粒二象性":粒子和波的双面人生

那么,什么是波粒二象性呢?通俗地说,就是一个粒子不仅仅是个小球,它还会偶尔装成"波"。比如,电子在被观察时像个粒子,一旦跑到实验设备中,它却能像波一样进行干涉、衍射。换句话说,粒子既可以像小石子一样砸向水面,又能变成一圈圈扩散开来的波纹。这种"双面人生"让粒子看起来有些"神秘兮兮",也让科学家们困惑不已。

3)德布罗意的启示:微观世界的诗意和理性

德布罗意的波粒二象性理论,教会我们一件事:微观世界比我们想象的更加复杂,也更加有趣。粒子既是现实中的"小球",又是抽象的"波浪";它们的行为既有逻辑,又充满随机性。这种"亦粒亦波"的奇妙特性,正是量子力学的迷人之处。

5. 薛定谔:既是物理学家,也是思想实验的段子手

埃尔温·薛定谔(Erwin Schrödinger)是谁?如果你对物理学稍有耳闻,他可能就是那个"猫罐头哲学家";如果你是量子力学的粉丝,他绝对是个如雷贯耳的名字。不管怎么说,这位来自奥地利的物理学家,不仅仅是"量子力学的奠基人之一",还用一只既生又死的猫让我们对现实的认知增添了一丝幽默和哲学的思考(见图1-6)。

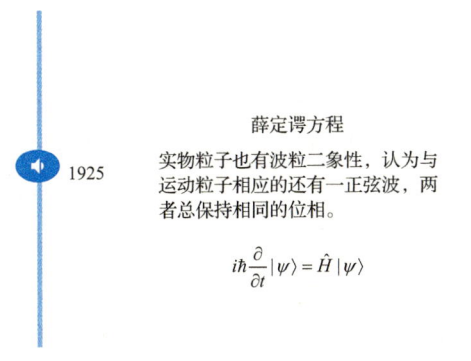

图 1-6 埃尔温·薛定谔

1)"诺奖得主和波动力学大师"

提到薛定谔的贡献,必须从波动力学说起。他为量子力学写下了一篇永远不会过时的"剧本"——薛定谔方程。这个方程被视为量子力学的核心法则,用数学语言揭示了微观粒子的运动状态。简单来说,它就像是量子世界的"牛顿运动定律",但相比经典力学,它要复杂得多。假如微观世界是一部电影,那么薛定谔方程就是导演,决定了每个粒子的轨迹和剧情走向。

这种"编剧"般的能力使薛定谔成为了科学界的超级明星。他与保罗·狄拉克共享了 1933 年的诺贝尔物理学奖,以表彰他们对原子理论的突出贡献。

2)"猫罐头哲学":薛定谔的思想实验

除了方程,薛定谔还有一个超级流行的"作品"——薛定谔的猫。这是一场思想实验,也是科学哲学中的经典案例。

故事是这样的:假设你有一只猫、一个放射性原子、一个探测器和一瓶毒药。你把这些东西都放进一个密闭的盒子里。如果原子发生衰变,探测器会触发毒药,猫就会死;如果没有衰变,猫就活着。但在盒子没有被打开之前,根据量子力学的原理,猫处于既活又死的"叠加态"。

薛定谔并不是为了捉弄猫或者写科幻小说,而是想用这种荒诞的设定来探讨量子力学在宏观世界中的应用。他指出,量子力学虽然能精确描述微观粒子的行为,但当这些规律被放大到宏观尺度时,它们似乎显得"不完整",甚至显得"不可思议"。

3)量子力学的哲学难题

薛定谔猫的提出引发了物理学界的热烈讨论,也让量子力学的哲学问题变得更加扑朔迷离。比如:

- **观测问题**:一个系统的状态是否必须在被观察时才会"确定"?这让我们不得不思考,"现实"到底是独立存在的,还是因我们的观测才成为现实?
- **宏观与微观的边界**:微观世界的叠加态为什么在宏观层面无法观察到?这就像微观世界在玩"花式表演",但当它进入宏观舞台时,突然全体"摆烂"。

4)科学界的哲学家

薛定谔不仅是一个物理学家,更是一个哲学家。他的研究超越了方程和实验室,触及关于生命、宇宙和存在的深层问题。例如,他还撰写过《生命是什么?》这本书,探讨了分子生物学中的遗传问题,对后来的 DNA 研究产生了深远影响。

6. 海森堡:量子力学的巨匠与不确定性之父

如果说物理学是一座宏伟的建筑,那沃纳·卡尔·海森堡(Werner Karl Heisenberg)绝对是这座建筑中最耀眼的设计师之一。这位德国物理学家不仅是量子力学的主要创始人之一,还凭借他令人称奇的研究成果,为微观世界的奇妙法则绘制了蓝图。他的成就深刻地影响了科学史，成为不朽的经典（见图1-7）。

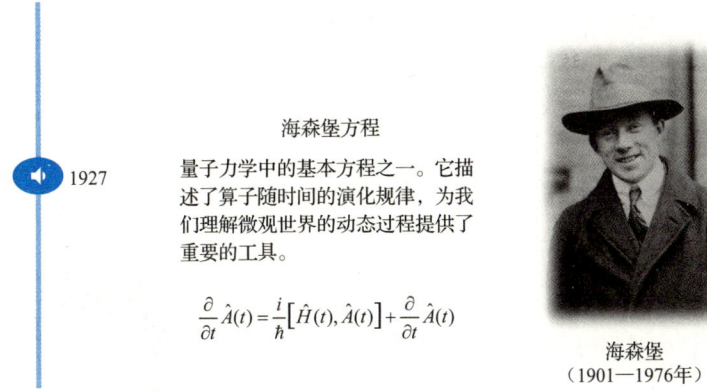

图1-7 沃纳·卡尔·海森堡

1）矩阵力学：让方程起舞

提到海森堡，就不能不提他在量子力学中的开创性工作。1925年，海森堡提出了矩阵力学，这是量子力学的第一种完整数学描述方法。如果你对"矩阵"这个词感到头疼，那完全可以理解，但对于物理学家来说，这可是打开微观世界大门的钥匙。

矩阵力学的思想非常新颖。它不像经典力学那样用具体的数字描述粒子的状态，而是用矩阵来表示粒子的运动状态和能量状态。

2）不确定性原理：量子世界的金科玉律

如果说矩阵力学是海森堡的开场曲，那么他的不确定性原理就是压轴大戏。1927年，海森堡提出了这个划时代的理论，它揭示了微观世界的一个奇特现象：我们无法同时精确测量粒子的位置和速度（或动量）。换句话说，想知道一颗微观粒子"在哪儿"或者"去哪儿"，可以，但绝对别指望二者同时知道得那么清楚。

3）诺奖加身：物理学界的奥斯卡

凭借矩阵力学和不确定性原理，海森堡在1932年获得了诺贝尔物理学奖。这个奖项不仅是对他成就的认可，也标志着量子力学从"新锐理论"走向了主流科学的中心舞台。

4）海森堡与爱因斯坦：思想的碰撞

海森堡的思想受到了爱因斯坦相对论的启发。虽然两人对量子力学的态度有所不同（爱因斯坦总说"上帝不掷骰子"，而海森堡则觉得上帝可能还真掷了骰子），但这并不妨碍他们进行深刻的交流。海森堡将爱因斯坦对时空和相对性的理解融入自己的研究中，使得量子力学变得更加丰富和深刻。

5）幽默与哲思：海森堡的启示

海森堡的"不确定性"不仅仅是科学原理，更是一种哲学思考：在追求知识的过程中，我们是否应该接受某种程度的不完美？也许正如海森堡自己所说，"不确定性"不是限制，而是宇宙给予我们的无限可能性。

7. 保罗·狄拉克：量子力学的诗人与理论物理的建筑师

如果有一种人能把物理学变成艺术，把数学写成诗，那保罗·狄拉克（Paul Dirac）无疑是这种人中的典范。这位英国理论物理学家不仅是量子力学的重要奠基人之一，还为量子电动力学的崛起奠定了坚实的基础（见图 1-8）。

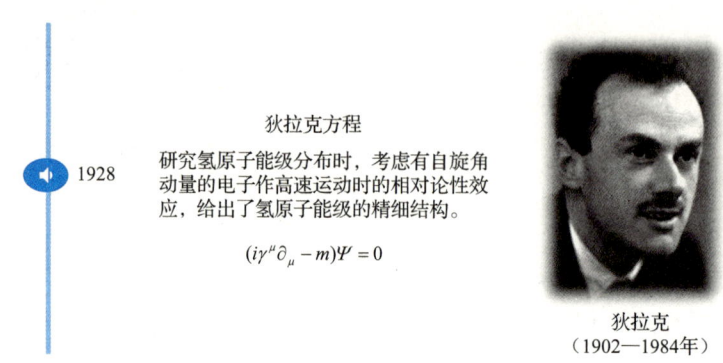

图 1-8　保罗·狄拉克

1）从矩阵到规则：开启量子力学的新篇章

1925 年，狄拉克遇到了海森堡的矩阵力学理论。这个理论让人一头雾水，因为它大胆地声称，微观世界的粒子并不像我们想象的那样"乖巧"，它们的物理量是以矩阵形式存在的。而这些矩阵的相乘结果，不像普通数字那样遵守交换律。这可不是小事！普通生活中，2×3 和 3×2 当然是一样的，但在量子力学中，世界似乎根本不按常理出牌。

狄拉克看到了这一点，并意识到矩阵的"不可交换性"绝不是随机现象，而是微观世界的内在规律。他把这种量子行为与经典力学中的泊松括号联系了起来，并创造了一套更精确的量子化规则。这项突破性工作不仅让他获得了博士学位，也为量子力学立下了一个重要的里程碑。

2）自然的对称性与美：狄拉克的信仰

狄拉克是个数学上的完美主义者。他相信自然界的一切规律都应该展现出数学的美和对称性。他的理论不仅是物理学的工具，更像是对自然之美的一种表达。正因为如此，他的工作总是充满了优雅和简洁。

他提出的狄拉克方程是描述电子行为的公式，也是量子电动力学的基础。这不仅帮助科学家理解了电子的性质，还预言了反物质的存在——是的，他用笔和纸发现了一种宇宙中尚未被观测到的粒子。这种理论的深远意义让物理学家们惊叹不已。

8. 费曼：理论物理的魔术师与科普界的超级偶像

如果说物理学是宇宙的密码，那么理查德·费曼（Richard Feynman）就是那个不仅能破解密码，还能用幽默和创意把它讲得让你拍案叫绝的天才。他是 20 世纪最重要的理论物理学家之一，也是让复杂科学"变得有趣"的大师。接下来，让我们用费曼式的轻松方式，一步步探索他的核心成就，以及为什么他会成为科学界的"超级网红"（见图 1-9）。

1949

费曼图和费曼规则

费曼图、费曼规则和重正化的计算方法，这是研究量子电动力学和粒子物理学不可缺少的工具。

理查德·费曼
（1918—1988年）

> The world is strange. The whole universe is very strange, but you see when you look at the details that *the rules of the game are very simple* — the mechanical rules by which you can figure out exactly what is going to happen when the situation is simple.
>
> But *it is not complicated. It is just a lot of it.*

看似复杂的世界是由众多的简单规则构建而成的。

图 1-9 理查德·费曼

1）量子电动力学：让粒子"表演"的费曼图

量子电动力学，简称 QED，不仅是物理学界的一块招牌，也是费曼的代表作之一。简单来说，QED 是研究光子与电子相互作用的理论，听上去可能很枯燥，但费曼把这门科学"画"活了。

他发明了费曼图（Feynman diagrams），这是一种用简单线条和箭头描绘粒子行为的图示工具。费曼图不仅像漫画一样生动，还让复杂的数学计算变得直观。试想一下，原本需要几十页公式才能解答的粒子相互作用，现在只需几笔就可画出一幅图表，然后看着它一步步"表演"出答案。

2）量子计算：费曼的"未来之梦"

20 世纪 80 年代，费曼提出了一个当时看来"疯狂"的想法：既然量子力学如此神奇，为什么我们不利用它来构建一种全新的计算机呢？他的这句话就像点燃了量子计算的火种。

费曼指出，量子计算机可以利用量子叠加和量子纠缠等特性，解决一些经典计算机难以处理的问题，比如复杂的分子模拟或者密码破解。虽然在他那个年代，量子计算机还只是一个科幻般的概念，但今天它已经变成了科技前沿的研究热点。

可以说，费曼为量子计算和量子通信的研究指明了方向。他不仅为这场科技革命提供了思想基础,还激励了一代科学家朝着这一目标前进。

3)教学与科普:让物理"飞入寻常百姓家"

费曼不仅是实验室里的科学巨匠,还是课堂上的幽默导师。他的《费曼物理学讲义》堪称物理学的"圣经",让无数学生和物理爱好者轻松走进科学的大门。

不仅如此,他还用通俗易懂的语言向公众普及科学,无论是《别闹了,费曼先生》这样的回忆录,还是他在科普节目上的幽默演讲,都让人们认识到科学可以如此有趣。

费曼说过:"如果你不能用简单的方式解释清楚一件事情,那你可能还没有完全理解它。"这句话完美地概括了他的教学风格。他是少数能让复杂物理概念听起来像生活笑话的科学家之一,让人笑着就把知识学会了。

1.2.2 纠缠与叠加:量子世界的双面特工

量子计算机的出现,犹如从马车时代一跃进入火箭时代,而这背后的"发动机"正是量子力学的两大奇妙特性:量子叠加和量子纠缠(见图1-10)。这些特性赋予了量子计算机一种"超级能力",使其能够解决许多传统计算机望尘莫及的问题。接下来,让我们通过更通俗、有趣的方式一探其中的奥秘。

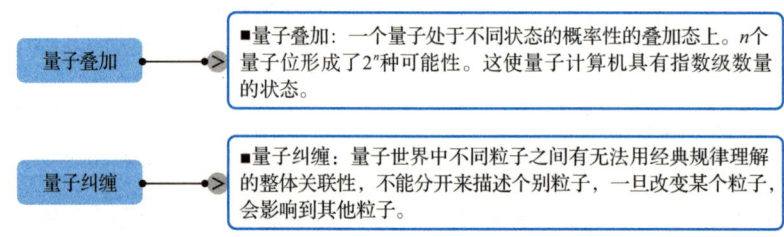

图1-10 量子叠加和量子纠缠

1)量子叠加:粒子的"分身术"

量子位(qubit)与传统计算机中的比特不同,它可以同时表示"0"和"1",而不是只能在"0"和"1"之间选择一个。

更令人惊叹的是,当多个量子位共同作用时,它们的"叠加能力"会呈指数级增长。比如,2个量子位可以同时存在于4种状态(00,01,10,11),3个量子位则可以同时处理8种状态,而n个量子位则能形成2^n种可能性。

2)量子纠缠:量子的"心灵感应"

如果你觉得叠加已经够神奇,那量子纠缠的现象绝对会让你叹为观止。量子纠缠像极了远距离恋爱中的灵魂伴侣——无论它们相隔多远,一个粒子的状态发生变化,另一个粒子立刻就能"感应"到。它们之间的联系如此紧密,即使被银河系分隔开,它们的状态依然会同步,就像跨越星际的神秘连线。

这种看似超自然的"心灵感应"并非魔法,而是量子力学的基本现象。量子纠缠为量子计算机带来了强大的并行计算能力,使其能够高效地处理复杂的关联性问题。例如,破解现有加密方法,传统计算机可能需要数百万年的时间,而量子计算机可能在瞬间完成。

3)叠加与纠缠的完美配合:未来无限可能

量子计算机就像一支超级英雄团队,叠加为它们提供了无限可能,而纠缠则让它们心意相通。二者的结合赋予量子计算机前所未有的计算能力。这不仅仅是对传统计算机的改进,更是从根本上颠覆了现有计算方式的革命。

所以,下次你听到有人提到量子计算机,不妨用这个比喻形容它:"它不仅会计算,还会开挂。"这场技术革命才刚刚开始,我们正在见证一个属于量子的未来!

1.2.3 量子计算机的思维导图

量子计算机的计算过程,正如一场精彩的"魔术秀",每个步骤都充满了量子力学的神奇与精妙。让我们从通俗易懂的角度,一步一步地揭开这场"秀"的神秘面纱,看看量子计算机是如何完成任务的(见图1-11)!

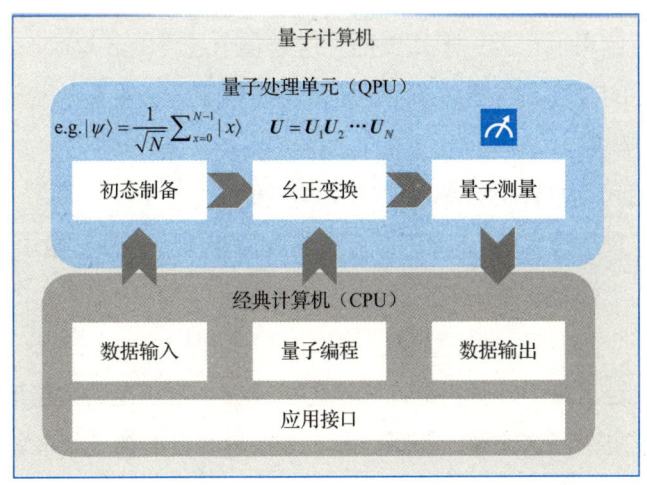

图1-11 量子计算机的计算过程

1. 数据输入:给"魔术师"提供剧本

量子计算的第一步数据输入,相当于给"魔术师"提供剧本。就像为一位天才厨师递上菜单,你需要准确地告诉它要解决的问题——比如是破解密码,还是优化城市的交通网络。这个输入决定了后续计算的方向和任务。

2. 初态制备：让量子比特"整装待发"

初态制备是整个计算过程的"开场白"。在这一阶段，量子比特（qubit）被初始化到正确的状态，就像给"魔术师"准备好所有的道具一样。

量子比特的初始化很关键，因为量子计算依赖于量子比特的叠加态和纠缠态。错误的初态设置就像跳错了舞步，导致接下来的计算出现问题。

3. 量子逻辑门操作：施展量子"魔法"

这是整个过程的高潮！通过一系列量子逻辑门操作，量子计算机开始施展其"魔法"。这些逻辑门并非普通的开关，而是控制量子物理演化的过程，能够通过么正变换形式，使量子比特执行特定的计算任务。

举个例子，传统计算机的操作像使用高德地图导航，而量子计算机的操作更像是在折叠一张多维空间的地图。它以最快速、最优雅的方式，找到通向结果的最佳路径。

4. 量子测算：揭开"魔术"谜底

当量子计算机完成所有的逻辑操作后，便迎来了见证奇迹的时刻。在这一步，通过对量子比特的状态进行测量，量子计算机从叠加态中提取出隐藏的答案。然而，这一过程需要小心翼翼，因为量子测量会使叠加态坍缩为经典状态，过早或错误的测量可能导致无法得到正确的结果，犹如"竹篮打水一场空"。

你可以将这一过程想象为拆开一个神秘盲盒，测量的结果便是你最终揭开的答案。

5. 数据输出：结果以人类语言呈现

测量完成后，结果以可读的形式输出。这是整个过程的收尾阶段，犹如"魔术师"在掌声中展示最终的奇迹。这些结果可能是成功破解了一道复杂的密码，也可能是优化了一组复杂的数学模型。

6. 量子计算机可用性评估：幕后功夫同样重要

一场成功的"量子魔术秀"，离不开强大的幕后支持。要评估量子计算机的可用性，还需要关注以下几个核心指标。

- **量子比特数：演员的"团体规模"**

量子比特数决定了量子计算机的计算能力和规模。量子比特数越多，量子计算机能够处理的问题就越复杂。这就像一个舞台剧，演员越多，表演的场面就越宏大。

- **长相干时间：保持状态的"定力"**

量子比特的稳定性至关重要。长相干时间可以看作演员在舞台上的"台词记忆力"。时间越长，量子比特越能够专注于计算，而不是被外界干扰导致"忘词"或"出戏"。

- **高保真度量子操作：精准的"表演技巧"**

每一步量子操作都必须精准无误。高保真度意味着每一个量子逻辑门的操作都是标准且准确的。这就像演员的每一个动作都恰到好处,确保整个表演无懈可击。

1.2.4 小心前方障碍:量子计算路上的石与坑

量子计算,听起来就像是未来科技的"超级英雄",但即便是超级英雄也有其弱点,比如,在控制、测量和纠错方面,量子计算面临着挑战(见图1-12)。

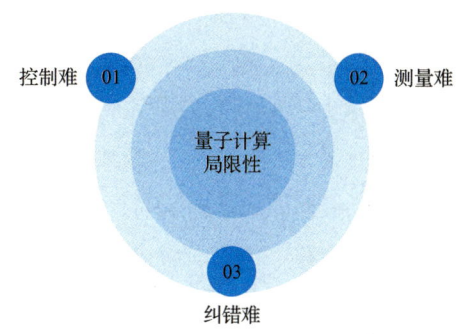

图1-12 控制、测量和纠错

1. 控制难:量子比特的小脾气

量子比特就像一个脆弱的小明星,它的"心情"极易受到外界环境的影响——温度、磁场、电磁辐射,甚至是你的一声咳嗽,都可能让它出戏!为了让量子比特乖乖听话,科学家们不得不费尽心思,使用超导材料,把它们放进几乎绝对零度的冰冷环境中,仿佛为它们准备了一副"降噪耳机"和"全遮光眼罩"。

即便如此,这些手段仍然远远不够。为了应对这些挑战,科学家们正在研发更先进的控制技术,比如利用量子纠错代码,就像给小明星加上"自动修图"的滤镜,即使它的状态稍有不对,也能迅速调整回来。未来,或许量子比特能适应更加"接地气"的环境,让普通人也能使用它,而不再需要依赖超高科技的实验室。

2. 测量难:一测就破的魔法泡泡

量子测量是量子力学中一个极具挑战性的概念,它的难点在于不确定性和观察对系统状态的干扰。测量量子比特有点像戳破一只漂亮的魔法泡泡——一旦测量,它的量子态就崩塌了!想象一下,你正在观察一个量子系统,就像你试图窥探一只害羞的猫一样。然而,当你试图观察它时,它的状态就像变魔术一样,瞬间塌缩成某个确定的状态,而且这个过程本身是不可逆的。

更令人困惑的是,根据量子力学的原理,在测量之前,系统可能处于多个可能的状态的叠加态中,这就像那只猫既在盒子里又在外面一样。而一旦你观察它,它就会选择其中一个状态,就像猫要么在盒子里,要么在外面,而你永远无法预测它会选择哪一个状态。

因此，量子测量的困难之处在于，它挑战了我们对现实的直觉理解，迫使我们不得不接受微观世界的奇异性和不确定性。这种深奥的概念常常让人感到困惑和困扰。

3. 纠错难：谁动了我的量子态？

量子态非常敏感，就像一根被风吹过的蜡烛。稍有风吹草动，量子态就会偏离轨道。对于小规模计算来说，这些微小的误差可能无伤大雅，但在大规模计算中，这些小错误会像滚雪球一样越滚越大，最终导致整个计算结果崩溃。

为了解决这一问题，科学家们祭出了量子纠错的大招。比如表面码、色码和积码，听起来像是艺术风格的名字，实际上它们是为量子比特设计的"护身符"，专门用来发现并修复量子态中的错误。

虽然这些纠错技术相当复杂，但它们就像是给每个量子比特配了一个"私人保镖"，随时为其纠正小错误，确保任务的顺利进行。随着这些技术的不断发展，量子计算的大规模应用也将变得更加稳妥。

虽然目前量子计算的"脾气"不小，动不动就需要专人伺候，且还得住在冰冷的"五星级酒店"中"安养"，但科学家们相信，这些问题只是暂时的。随着技术的不断进步，量子计算正在逐步突破这些局限，让它从实验室里的超级英雄走向更广阔的应用领域，成为解决复杂问题的全民偶像。

1.3 量子计算的舞台：它在这些领域大显神威

未来的量子计算将成为多个领域的"超级变革者"。如果把量子计算比作一个全能工具箱，那么它的每一项应用都像是工具箱里的一把神奇扳手，能够解开传统计算力无法处理的难题。下面，让我们一起看看量子计算在一些关键领域的巨大潜力，揭示这项技术的无限魅力（见图1-13）！

1. 华尔街的"量子军师"：金融领域

想象一下，金融市场就像一个巨大的游乐场，充满了各种快速变化的机会和风险。在这个游乐场中，传统计算机就像是手里拿着地图的游客，试图找到穿越复杂市场的最佳路径。而量子计算更像是拥有"预知未来"能力的向导，能够帮助金融机构做出更快、更精准的决策。

- **交易策略优化**：量子计算能够模拟出各种可能的市场走势，帮助交易员设计出"一箭双雕"的交易策略，既能规避潜在风险，又能精准捕捉收益机会。

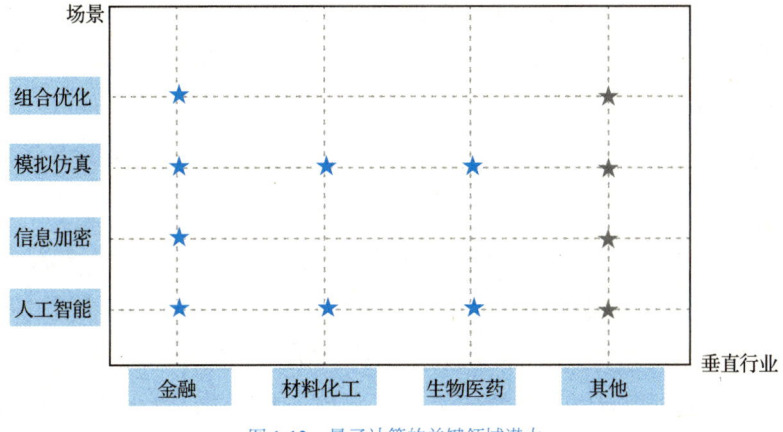

图1-13 量子计算的关键领域潜力

- **投资组合优化**：传统方法可能需要几天甚至几周的时间来寻找最优投资组合，但量子计算可以在极短的时间内尝试无数种组合，快速找到那个"黄金搭配"。
- **风险评估**：量子计算还能像一位冷静的分析师，通过模拟复杂的市场条件，精准预测潜在风险，为投资者提供更可靠的建议。

总之，有了量子计算，华尔街的投行们可以少一点焦虑，多一些智慧，将更多的时间投入到更有价值的决策中。

2. 未来材料的"催化剂"：材料化工领域

传统材料研发就像是翻箱倒柜找一根针，科学家们不得不在试错中浪费大量时间和资源。而量子计算的出现，仿佛为他们装上了"透视眼"，直接指向最可能成功的目标方向。

- **材料模拟**：量子计算能够模拟材料的微观结构和属性，从而预测它们在实际条件下的表现。比如，新型耐高温材料的研发，原本可能需要几年的实验分析，现在可能只需几分钟就能完成。
- **催化剂设计**：在催化剂设计方面，量子计算能帮助科学家寻找最优的分子排列方式，开发出效率更高、更环保的催化剂，用于化工生产和能源转化。
- **电池材料**：大家都期待电动车跑得更远，充电更快。量子计算能帮助我们找到性能更优的电池材料，从而实现这一梦想。

可以说，未来的材料科学家们，将因量子计算的加入，更像是"定向猎手"，而非"蒙眼射击"。

3. 药物研发的"神奇博士"：生物制药领域

药物研发一直是一个既烧钱又烧脑的领域，一款新药往往需要十年时间和数十亿美元的投入。然而，量子计算有望彻底改变这一游戏规则，极大提升生物医药行业的研发效率。

- **药物发现**：量子计算能够快速模拟分子结构，预测药物与疾病目标的相互作用。

比如，找到能对抗特定病毒的分子结构，可能几天内完成，而无须耗费数年。
- 基因组学研究：量子计算还能够处理海量基因组数据，帮助科学家们发现隐藏的遗传密码，为精准医学提供更强大的支持。
- 酶与催化剂设计：它设计能加速生物反应的酶和催化剂，让疾病治疗和环境保护都能更上一层楼。

量子计算的加入，让药物研发更像是玩"分子拼图"，而非"碰运气"。

量子计算的潜力不仅仅局限于金融、材料化工和生物医药领域。随着技术的不断进步，量子计算将可能深刻影响人工智能等其他多个领域。它有望成为推动人类创新的"新动力引擎"，无论是解决复杂的科学问题，还是改善我们的日常生活，如优化医疗服务或提升能源效率，量子计算都将是那个"不可能完成的任务"的终极解答者。

第 2 章

空间的秘密
希尔伯特与欧几里得的对话

2.1 多维数学的神秘面纱：复数

提到复数，你的第一反应可能是："这和现实有什么关系？"别急，复数可不是数学家突发奇想出的无聊产物。复数不仅扩展了实数的边界，还开辟了一个全新的"复平面"，在许多领域中发挥了至关重要的作用。

2.1.1 从线性运算说起

在我们进入复数世界之前，先从熟悉的线性运算开始热身。线性运算包括<u>加法</u>和<u>数量乘法</u>，在实数的领域里，这些操作就像家常便饭一样，比如：

- <u>一元线性方程</u>：$y=ax+b$，这是一个简单的直线公式，描述了现实生活中两点之间最短的距离。
- <u>矩阵的线性运算</u>：矩阵的加法和数乘运算。想象一群数字整齐地排列成表格，矩阵的加法和数乘就像这些数字的优雅舞蹈，规则清晰且有条不紊。
- <u>向量的线性运算</u>：向量的加法和数乘运算。向量的加法和数乘就像调和音乐中的和谐音符，每个向量都在整体中发挥着独特而重要的作用，共同创造出美妙的旋律。

那么问题来了：这些操作似乎都和实数轴上的"单行道"有千丝万缕的关系。换句话说，任意多个实数的线性组合依然会落在实数轴上（比如，见图2-1）。

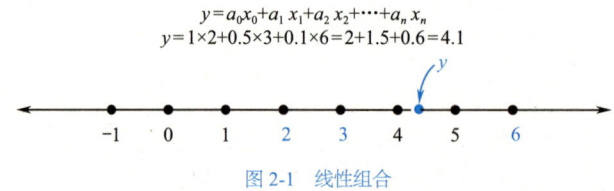

图2-1 线性组合

但是，虚数 i 就不按套路出牌了。无论你怎么在实数轴上翻腾，都无法生成这个家伙！它和实数轴之间是"<u>线性无关</u>"的，意思是它完全跳脱了实数轴，跑到了垂直方向的新轴上。这就像有人突然告诉你，原来世界不仅是平面的，还可以飞上天。对于复数 $a+bi$，其在复平面中的坐标表示如图2-2所示。

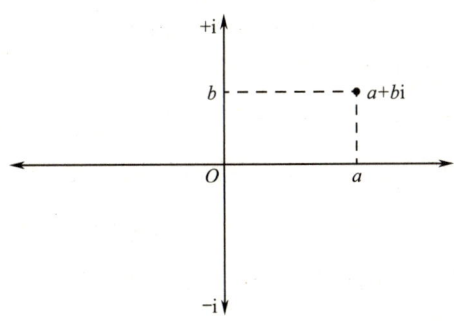

图 2-2 复平面里的坐标

复数 $a+bi$ 是由实数部分 a 和虚数部分 b（虚数单位 i 的系数）的组合，可以看作复平面上的一个点。

2.1.2 复数的极坐标之舞

1. 箭头有多长：复数的长度

复数的长度，也就是它的"模"，用公式表示为：

$$|c| = \sqrt{a^2 + b^2} = r$$

这其实就是应用了勾股定理！一个复数 $c=a+bi$ 可以被看作复平面上从原点到点 (a,b) 的直线距离（见图 2-3）。

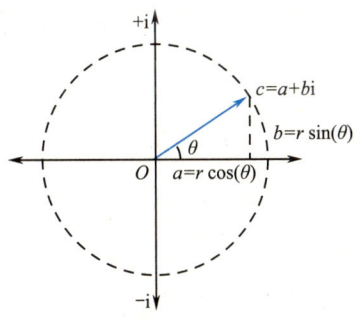

图 2-3 复数的极坐标

2. 旋转的秘密：复数的角度

长度只是故事的一半，复数的角度 θ 才是它真正的魔法部分。通过三角函数，我们可以将 a 和 b 转换为：

- 实部 $a = r\cos\theta$
- 虚部 $b = r\sin\theta$

于是，复数可以用更加优雅的方式表示为：

$$c = r(\cos\theta + i\sin\theta)$$

这个形式叫作三角形式，它的本质很简单：告诉你复数在复平面上不仅有"长度"（模），还有"方向"（角度）。这就是复数既能"走得远"，又能"走得准"的秘密。

这就像给数学世界中的"箭头"编了个舞步，告诉我们复数不仅有长度 r，还具备旋转的角度 θ。更有趣的是，这种表示方式让复数从原点优雅地转到了一个新位置：在复平面上沿实数轴伸展，然后逆时针旋转 θ 角。是不是瞬间觉得复数从一个抽象的符号，变成了一位带着魔法的舞者？

3. 复数的魔法护符：欧拉公式

如果你以为复数的三角形式已经足够神奇，那欧拉公式会让你重新定义"惊艳"这个词。欧拉公式告诉我们：

$$e^{i\theta} = \cos\theta + i\sin\theta$$

于是，复数的表达就变得更加紧凑又优雅：

$$c = re^{i\theta}$$

这里的 e 是数学中的自然对数底数，大约等于 2.718，它就像复数的魔法护符，让三角函数和指数函数奇妙地结合在了一起。

2.1.3 会"跳舞"的向量：复数加法

复数是数学中的"奇妙生物"，不仅能表示数值，还能通过图形展示它们的"动作戏"。今天我们就来聊聊复数加法，看看它如何从公式推导走向几何的舞台。

假设有两个复数：

$$c_1 = a + bi$$
$$c_2 = c + di$$

举个具体的例子：

$$c_1 = 1 + 3i$$
$$c_2 = 3 + i$$

当我们把这两个复数相加，得到的结果是：

$$c_3 = c_1 + c_2 = (a+c)+(b+d)i$$

套用具体数字就是：

$$c_3 = c_1 + c_2 = (1+3)+(3+1)i = 4 + 4i$$

换个角度：几何上的"平行四边形法则"

复数的加法不仅仅是数字运算，它还蕴含着几何的优美（见图 2-4）。

- 把两个复数当作从原点出发分别画出的两条箭头。
- 以这两条箭头为邻边，画出一个平行四边形。
- 平行四边形的对角线终点，就是复数加法的结果！

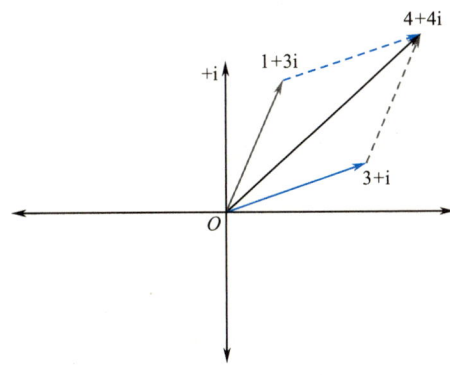

图 2-4 平行四边形法则

比如刚才的 $c_1 = 1+3\mathrm{i}$ 和 $c_2 = 3+\mathrm{i}$，它们在复平面上对应的箭头分别指向（1,3）和（3,1）。它们相加后形成的 $c_3 = 4+4\mathrm{i}$，在平面上正好是这个平行四边形的对角线终点。是不是既直观又有趣？

这就好比两个人合力搬家具，一个人负责水平推进，另一个人负责垂直抬高，最终的移动结果可以通过向量相加轻松得出。

复数的加法不仅优雅，还非常讲究"礼仪"，它拥有两个重要的属性。

- 交换律

不管你先加 c_1 再加 c_2，还是反过来，结果都是一样的：
$$c_1 + c_2 = c_2 + c_1$$
换句话说，无论谁先动手搬家具，最终搬到的地方都不会变。

- 结合律

如果有 3 个复数 c_1、c_2 和 c_3，无论你先加哪两个，结果都是一样的：
$$(c_1 + c_2) + c_3 = c_1 + (c_2 + c_3)$$
就像组团打怪兽，谁先出招不重要，团队的总攻击力不会改变。

2.1.4 旋转的秘密：复数乘法

如果你觉得复数的乘法运算是一场噩梦，那极坐标形式会给你带来一场美梦。它告诉我们，当两个复数 $c_1 = r_1 \mathrm{e}^{\mathrm{i}\theta_1}$ 和 $c_2 = r_2 \mathrm{e}^{\mathrm{i}\theta_2}$ 相乘时，只需要：

（1）将它们的模长（也就是长度）相乘：

$$|c_1| \times |c_2| = r_1 \times r_2$$

（2）将它们的角度（也就是旋转方向）相加：

$$\theta_3 = \theta_1 + \theta_2$$

于是结果就是：

$$c_1 \times c_2 = r_1 r_2 e^{i(\theta_1 + \theta_2)}$$

根据上面的计算过程可知复数乘法的几何意义：旋转和缩放（见图2-5）。

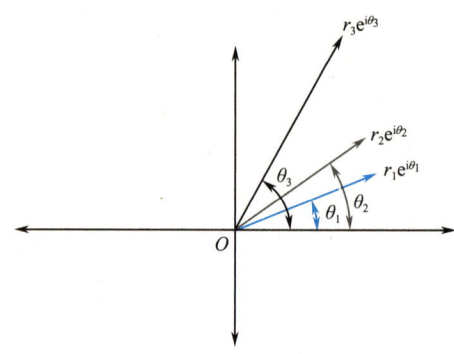

图 2-5　复数乘法的几何意义：旋转缩放

这种运算不仅省去了烦琐的分配运算，还赋予了复数乘法一个生动的几何解读：模长让复数"变长"，角度让它"转弯"。

几何魔术：复数运算示例

假设我们有两个复数：

- $c_1 = 2e^{i\pi/6}$（模长为2，旋转角度为 $\pi/6$）
- $c_2 = 3e^{i\pi/4}$（模长为3，旋转角度为 $\pi/4$）

它们的乘积是：

$$c_1 \times c_2 = (2 \times 3)e^{i(\pi/6 + \pi/4)}$$

也就是：

$$6e^{i(\pi/6 + \pi/4)} = 6e^{i5\pi/12}$$

结果的模长是 6，旋转角度是 $5\pi/12$。通过极坐标形式，我们轻松完成了复杂的复数乘法计算，数学是否也变得如此优雅和轻松呢？

复数的三角形式和欧拉公式不仅让复数的表示更加灵活，还赋予了运算几何的意义。它将枯燥的数字变成了有长度、有方向、有故事的数学小精灵。复数乘法不再是繁杂的计算，而是一次简单的"伸展"和"转身"。

2.2 二维世界的"隐秘亲戚":复数与矩阵

复数和矩阵,这两者看似毫无关系,一个在复平面上玩得不亦乐乎,另一个在线性代数领域称王称霸。事实上,它们是一对"隐秘的亲戚",关系密切到不可思议,甚至可以说是二维世界中的同构搭档!

复数:二维向量的"化身"

复数 $a+bi$,看似只是一串数字,但它还有另一个身份:二维向量的代表(见图2-6)。

- 实部 a 就是向量的"水平方向"(第一维)。
- 虚部 b 则是向量的"垂直方向"(第二维)。

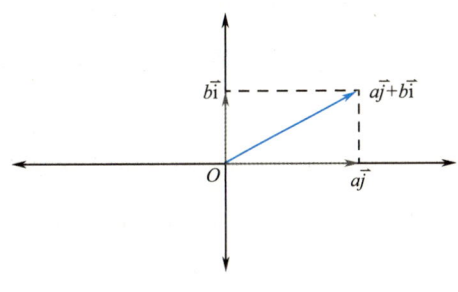

图 2-6 复数的二维向量表示

换句话说,复数不就是一个藏着坐标的小向量嘛!把它放到复平面上,直接就变成一个点,清清楚楚地描述了它的位置。你看,一个复数居然能"兼职"做向量,它是不是有点厉害?

2.2.1 复数加法 = 向量加法:简单又直观

复数加法看似复杂,其实简单得令人惊讶。你只需要把两个复数的实部和虚部分别相加,就能得到一个新的复数。就像两个人分别负责拖水平方向和垂直方向的行李,最后的总行李移动量,就是把各自的"功劳"加起来:

$$c_1 = a + bi, c_2 = c + di$$

$$c_1 + c_2 = (a+c) + (b+d)i$$

这不正是二维向量的加法吗?

复数 $a + bi$ 可以等价(同构)于一个二维向量,即:

$$\begin{bmatrix} a \\ b \end{bmatrix}$$

于是，复数 c_1 和 c_2 的向量形式为

$$c_1 = a + b\mathrm{i} = \begin{bmatrix} a \\ b \end{bmatrix}$$

$$c_2 = c + d\mathrm{i} = \begin{bmatrix} c \\ d \end{bmatrix}$$

复数加法 $c_1 + c_2 = (a+c)+(b+d)\mathrm{i}$ 的向量表示形式为

$$c_1 + c_2 = \begin{bmatrix} a \\ b \end{bmatrix} + \begin{bmatrix} c \\ d \end{bmatrix} = \begin{bmatrix} a+c \\ b+d \end{bmatrix}$$

2.2.2 复数乘法的"魔法揭秘"：旋转、缩放与矩阵的亲密关系

复数乘法不仅是一堆字母和数字的排列组合，背后还有着迷人的几何意义和强大的数学工具。这段旅程带我们从复平面走向矩阵世界，揭开复数乘法的神秘面纱！

1. 从公式开始：复数乘法是怎么玩的？

我们先进行一些基础复习。两个复数 $a+b\mathrm{i}$ 和 $c+d\mathrm{i}$ 的乘法展开是这样的：

$$(a+b\mathrm{i})(c+d\mathrm{i}) = ac-bd+(ad+bc)\mathrm{i}$$

简单点说，复数的乘法就是按公式走："实部与实部、虚部与虚部组合"，得到新的实部和虚部。看似平常，但你可能没注意到，这其实就是一次旋转加缩放！

2. 几何视角：复数乘法的旋转与缩放

复数乘法的几何意义特别酷，它能同时完成两个操作。

- 缩放：模长相乘，直接决定"复数向量"的新长度。
- 旋转：两个复数的辐角相加，确定"复数向量"转过的角度。

所以，当你在复平面上做一次乘法时，实际就是把一个复数当作操作工具，给另一个复数"拉长、旋转一番"。这不仅体现了数学的优雅性，还非常实用，在信号处理和量子计算领域发挥了重要作用。

3. 进阶玩法：复数和矩阵是一回事？

好了，到了最有趣的部分：复数乘法其实就是二维矩阵乘法！这话怎么理解？我们来看看。

- 复数乘法公式 $ac-bd+(ad+bc)\mathrm{i}$ 的向量表示形式是：

$$\begin{bmatrix} ac-bd \\ ad+bc \end{bmatrix}$$

- 复数 $c+d\mathrm{i}$ 的向量形式可以表示为

第 2 章 空间的秘密：希尔伯特与欧几里得的对话

$$\begin{bmatrix} c \\ d \end{bmatrix}$$

由于复数与任何复数相乘时，其几何意义相当于对操作对象进行旋转和缩放，因此我们可以根据线性代数的经验得出其等价（同构）的矩阵形式。$a+bi$ 作为旋转缩放操作算子（作用于任何复数）时，它并不是一个二维向量，而是一个 2×2 的矩阵，其等价的矩阵形式为

$$\begin{bmatrix} a & -b \\ b & a \end{bmatrix}$$

复数的乘法 $(a+bi) \times (c+di)$ 等价于

$$\begin{bmatrix} a & -b \\ b & a \end{bmatrix} \begin{bmatrix} c \\ d \end{bmatrix} = \begin{bmatrix} ac-bd \\ ad+bc \end{bmatrix}$$

通过将复数乘法的结果转换为矩阵形式，我们可以更好地理解复数的乘法，并且能够利用矩阵运算的规则和性质进行分析和计算。

让我们再从另一个角度来看，将右边的复数也理解为一个操作算子。因为：

$$(a+bi)(c+di) = ac - bd + (ad+bc)i$$

其等价矩阵形式为

$$\begin{bmatrix} ac-bd & -bc-ad \\ bc+ad & ac-bd \end{bmatrix}$$

另外，复数 $a+bi$ 作为操作算子，其等价的矩阵形式为

$$\begin{bmatrix} a & -b \\ b & a \end{bmatrix}$$

复数 $c+di$ 作为操作算子，其等价的矩阵形式为

$$\begin{bmatrix} c & -d \\ d & c \end{bmatrix}$$

复数的乘法可以表示为

$$\begin{bmatrix} a & -b \\ b & a \end{bmatrix} \begin{bmatrix} c & -d \\ d & c \end{bmatrix} = \begin{bmatrix} ac-bd & -bc-ad \\ bc+ad & ac-bd \end{bmatrix}$$

这与复数 $ac-bd+(bc+ad)i$ 的等价矩阵形式完全一致。

令人惊讶的是这正好与复数乘法的结果一致！

原来，两个复数的乘法可以理解为两个二维矩阵的相乘。通过将复数矩阵化，我们可以更清晰地表示复数的乘法操作，并且可以利用矩阵乘法的性质来简化计算过程。

虚数并非虚幻的，它是二维矩阵的一个"特殊分支"（具有交换性）。需要注意的是，

复数的"亲密度"较高,因为它满足交换律,而大多数矩阵并不具备这一特性。复数虽然可以用二维矩阵表示,但并非所有二维矩阵都能执行复数的操作,这使得复数在二维世界中显得尤为"高贵"。

2.3 数学界的上帝公式:欧拉公式

本节将带您领略欧拉公式的奇妙之处。被誉为"上帝的签名"的这一定理以其简洁与优雅著称,同时将指数函数、三角函数和虚数紧密地联系在一起。你将会发现,它如何巧妙地将看似毫无关系的数学工具,交织成一张奇妙的公式网络。

2.3.1 传统视角:欧拉公式三角函数证明

你是否想过,数学中竟然有一个公式被誉为"上帝的签名"?它简洁得令人惊叹,却又优美得让人肃然起敬,这就是欧拉公式。要理解它,我们得先从数学界的"瑞士军刀"——泰勒公式说起。

泰勒公式如同魔术师的魔法棒,能够将复杂的函数展开为无穷项级数,每一项都揭示着函数的本质。数学家用它来展开函数,就像厨师用刀切洋葱一样,层层剥开函数的奥秘。

例如,三角函数 $\sin x$ 和 $\cos x$,它们的级数展开就像一首无穷的诗:

$$\sin x = x - \frac{x^3}{3!} + \frac{x^5}{5!} - \frac{x^7}{7!} + \cdots$$

$$\cos x = 1 - \frac{x^2}{2!} + \frac{x^4}{4!} - \frac{x^6}{6!} + \cdots$$

当然,还有指数函数 e^x,它也能被拆解成一串看似无穷无尽的数字之舞:

$$e^x = 1 + \frac{x}{1!} + \frac{x^2}{2!} + \frac{x^3}{3!} + \cdots$$

你可能觉得这些展开式有点"花里胡哨",但别急,魔法才刚刚开始。

奇妙的数学派对:当虚数登场

假设我们让虚数 i 来加入这场派对,把 x 换成 ix(数学家的脑洞从来都不小)。指数函数的展开瞬间变成了:

$$e^{ix} = 1 + \frac{ix}{1!} + \frac{(ix)^2}{2!} + \frac{(ix)^3}{3!} + \cdots$$

接下来,我们整理一下虚数 i 的特性:

$$i^0=1, i^1=i, i^2=-1, i^3=-i, \cdots, i^{2n}=(-1)^n, i^{2n+1}=(-1)^n i$$

把这些属性代入公式后，展开的级数神奇地分裂成了两部分，实部是 $\cos x$，虚部是 $i\sin x$：

$$\begin{aligned}e^{ix}&=1+\frac{ix}{1!}-\frac{x^2}{2!}-\frac{ix^3}{3!}+\frac{x^4}{4!}-\frac{ix^5}{5!}-\frac{x^6}{6!}-\frac{ix^7}{7!}+\cdots\\&=1-\frac{x^2}{2!}+\frac{x^4}{4!}-\frac{x^6}{6!}+\cdots+i\left(x-\frac{x^3}{3!}+\frac{x^5}{5!}-\frac{x^7}{7!}+\cdots\right)\\&=\cos x+i\sin x\end{aligned}$$

于是，我们得到了：

$$e^{ix}=\cos x+i\sin x$$

这正是欧拉公式：

$$e^{i\theta}=\cos\theta+i\sin\theta$$

欧拉公式在我们面前揭开了神秘面纱。它像数学界的黄金钥匙，巧妙地连接了三角函数、指数函数和虚数。

如果让 $\theta=\pi$，你会得到一个让数学家们感动得流泪的结果：

$$e^{i\pi}=-1$$

这就是<u>欧拉恒等式</u>，它将自然常数 e、圆周率 π、虚数单位 i 和最基本的整数 1 通过一个简单而优美的公式联系了起来。这简直堪称数学中的神迹。

2.3.2 全新解读：欧拉公式的矩阵证明

你知道吗？虚数 i 的背后竟然藏着一副看不见的"方阵脸"。没错，虚数 i 其实也可以用矩阵来表示，这不仅让数学变得更直观，还让它多了几分酷炫的"黑客气质"。

举个例子，你可以把 i 表示成一个 2×2 的矩阵：

$$i=\begin{bmatrix}0&-1\\1&0\end{bmatrix}=\begin{bmatrix}\cos\left(\frac{\pi}{2}\right)&-\sin\left(\frac{\pi}{2}\right)\\\sin\left(\frac{\pi}{2}\right)&\cos\left(\frac{\pi}{2}\right)\end{bmatrix}$$

而不是简单地将虚数 i 想象成一个神秘的"根号负一"。这种矩阵形式让我们更容易理解复数的运算规则——就像给数学穿上了一件"透视装"。

<u>用矩阵解锁欧拉公式</u>

既然我们可以把虚数 i 表示成矩阵形式，那我们不妨将这个"矩阵脸"代入泰勒公式，看看会发生什么神奇的变化。过程可能看起来像一场数学实验，但它能让我们

用更直观的方式理解欧拉公式。

为了更加深入地理解复数的矩阵形式,让我们重新使用矩阵形式证明欧拉公式。复数矩阵形式是一种将虚数 i 表示为等价矩阵的方式。我们可以通过以下的矩阵表示虚数 i:

$$i = \begin{bmatrix} 0 & -1 \\ 1 & 0 \end{bmatrix} = \begin{bmatrix} \cos\left(\dfrac{\pi}{2}\right) & -\sin\left(\dfrac{\pi}{2}\right) \\ \sin\left(\dfrac{\pi}{2}\right) & \cos\left(\dfrac{\pi}{2}\right) \end{bmatrix}$$

通过这种表示,我们可以更加直观地理解复数的性质和运算规则。

接下来,我们将这个矩阵形式代入泰勒公式中进行推导。泰勒公式展开式为

$$e^x = 1 + \frac{x}{1!} + \frac{x^2}{2!} + \frac{x^3}{3!} + \cdots$$

这样做的好处是,通过使用矩阵形式和泰勒公式,我们可以更加直观地理解欧拉公式的推导过程,并且加深对复数和矩阵的理解。这将有助于我们在数学和物理问题中更好地应用复数和矩阵的知识。

我们将 x 替换为 xi 时,也就是将 $x\begin{bmatrix} 0 & -1 \\ 1 & 0 \end{bmatrix}$ 代替 e^x 中的 x:

$$e^x = 1 + \frac{x}{1!} + \frac{x^2}{2!} + \frac{x^3}{3!} + \cdots$$

$$= x^0 + \frac{x}{1!} + \frac{x^2}{2!} + \frac{x^3}{3!} + \cdots$$

$$= \left(x\begin{bmatrix} 0 & -1 \\ 1 & 0 \end{bmatrix}\right)^0 + \frac{1}{1!}\left(x\begin{bmatrix} 0 & -1 \\ 1 & 0 \end{bmatrix}\right)^1 + \frac{1}{2!}\left(x\begin{bmatrix} 0 & -1 \\ 1 & 0 \end{bmatrix}\right)^2 + \frac{1}{3!}\left(x\begin{bmatrix} 0 & -1 \\ 1 & 0 \end{bmatrix}\right)^3 + \cdots$$

$$= \begin{bmatrix} 0 & -1 \\ 1 & 0 \end{bmatrix}^0 + \frac{1}{1!}x\begin{bmatrix} 0 & -1 \\ 1 & 0 \end{bmatrix}^1 + \frac{x^2}{2!}\begin{bmatrix} 0 & -1 \\ 1 & 0 \end{bmatrix}^2 + \frac{x^3}{3!}\begin{bmatrix} 0 & -1 \\ 1 & 0 \end{bmatrix}^3 + \cdots$$

通过观察,我们可以总结出一些规律和模式。

1. 奇数次幂项

$$\begin{bmatrix} 0 & -1 \\ 1 & 0 \end{bmatrix}^0 = \begin{bmatrix} \cos\left(\dfrac{\pi}{2}\right) & -\sin\left(\dfrac{\pi}{2}\right) \\ \sin\left(\dfrac{\pi}{2}\right) & \cos\left(\dfrac{\pi}{2}\right) \end{bmatrix} = \begin{bmatrix} 0 & -1 \\ 1 & 0 \end{bmatrix}$$

$$\begin{bmatrix} 0 & -1 \\ 1 & 0 \end{bmatrix}^3 = \begin{bmatrix} \cos\left(\dfrac{3\pi}{2}\right) & -\sin\left(\dfrac{3\pi}{2}\right) \\ \sin\left(\dfrac{3\pi}{2}\right) & \cos\left(\dfrac{3\pi}{2}\right) \end{bmatrix} = \begin{bmatrix} 0 & -1 \\ 1 & 0 \end{bmatrix}$$

$$\begin{bmatrix} 0 & -1 \\ 1 & 0 \end{bmatrix}^{2n+1} = \begin{bmatrix} \cos\dfrac{(2n+1)\pi}{2} & -\sin\dfrac{(2n+1)\pi}{2} \\ \sin\dfrac{(2n+1)\pi}{2} & \cos\dfrac{(2n+1)\pi}{2} \end{bmatrix} = (-1)^n \begin{bmatrix} 0 & -1 \\ 1 & 0 \end{bmatrix}$$

2. 偶数次幂项

$$\begin{bmatrix} 0 & -1 \\ 1 & 0 \end{bmatrix}^{0} = \begin{bmatrix} \cos\left(\dfrac{0\pi}{2}\right) & -\sin\left(\dfrac{0\pi}{2}\right) \\ \sin\left(\dfrac{0\pi}{2}\right) & \cos\left(\dfrac{0\pi}{2}\right) \end{bmatrix} = \begin{bmatrix} 1 & 0 \\ 0 & 1 \end{bmatrix}$$

$$\begin{bmatrix} 0 & -1 \\ 1 & 0 \end{bmatrix}^{2} = \begin{bmatrix} \cos\left(\dfrac{2\pi}{2}\right) & -\sin\left(\dfrac{2\pi}{2}\right) \\ \sin\left(\dfrac{2\pi}{2}\right) & \cos\left(\dfrac{2\pi}{2}\right) \end{bmatrix} = \begin{bmatrix} 1 & 0 \\ 0 & 1 \end{bmatrix}$$

$$\begin{bmatrix} 0 & -1 \\ 1 & 0 \end{bmatrix}^{2n} = \begin{bmatrix} \cos\left(\dfrac{(2n)\pi}{2}\right) & -\sin\left(\dfrac{(2n)\pi}{2}\right) \\ \sin\left(\dfrac{(2n)\pi}{2}\right) & \cos\left(\dfrac{(2n)\pi}{2}\right) \end{bmatrix} = (-1)^n \begin{bmatrix} 1 & 0 \\ 0 & 1 \end{bmatrix}$$

最后根据 $\sin x$ 和 $\cos x$ 的泰勒公式：

$$\sin x = x - \dfrac{x^3}{3!} + \dfrac{x^5}{5!} - \cdots$$

$$\cos x = 1 - \dfrac{x^2}{2!} + \dfrac{x^4}{4!} - \cdots$$

e^{ix} 整理可得：

$$e^{x\begin{bmatrix} 0 & -1 \\ 1 & 0 \end{bmatrix}} = \begin{bmatrix} 0 & -1 \\ 1 & 0 \end{bmatrix}^{0} + \dfrac{1}{1!}x\begin{bmatrix} 0 & -1 \\ 1 & 0 \end{bmatrix}^{1} + \dfrac{x^2}{2!}\begin{bmatrix} 0 & -1 \\ 1 & 0 \end{bmatrix}^{2} + \dfrac{x^3}{3!}\begin{bmatrix} 0 & -1 \\ 1 & 0 \end{bmatrix}^{3} + \cdots$$

$$= \begin{bmatrix} 1 & 0 \\ 0 & 1 \end{bmatrix} - \dfrac{x^2}{2!}\begin{bmatrix} 1 & 0 \\ 0 & 1 \end{bmatrix} + \dfrac{x^4}{4!}\begin{bmatrix} 1 & 0 \\ 0 & 1 \end{bmatrix} - \dfrac{x^6}{6!}\begin{bmatrix} 1 & 0 \\ 0 & 1 \end{bmatrix} + \cdots$$

$$+ x\begin{bmatrix} 0 & -1 \\ 1 & 0 \end{bmatrix} - \dfrac{x^3}{3!}\begin{bmatrix} 0 & -1 \\ 1 & 0 \end{bmatrix} + \dfrac{x^5}{5!}\begin{bmatrix} 0 & -1 \\ 1 & 0 \end{bmatrix} - \dfrac{x^7}{7!}\begin{bmatrix} 0 & -1 \\ 1 & 0 \end{bmatrix} + \cdots$$

$$= \begin{bmatrix} 1 - \dfrac{x^2}{2!} + \dfrac{x^4}{4!} - \dfrac{x^6}{6!} + \cdots & 0 \\ 0 & 1 - \dfrac{x^2}{2!} + \dfrac{x^4}{4!} - \dfrac{x^6}{6!} + \cdots \end{bmatrix}$$

$$+\begin{bmatrix} 0 & -\left(x-\frac{x^3}{3!}+\frac{x^5}{5!}-\frac{x^7}{7!}+\cdots\right) \\ x-\frac{x^3}{3!}+\frac{x^5}{5!}-\frac{x^7}{7!}+\cdots & 0 \end{bmatrix}$$

对矩阵运算结果进行整理和合并，观察其中的规律，我们发现每个元素都对应着 $\sin x$ 和 $\cos x$ 的泰勒级数展开。

于是我们得到如下矩阵表示的公式。

- 欧拉公式：

$$e^{x\begin{bmatrix} 0 & -1 \\ 1 & 0 \end{bmatrix}} = \begin{bmatrix} \cos x & 0 \\ 0 & \cos x \end{bmatrix} + \begin{bmatrix} 0 & -\sin x \\ \sin x & 0 \end{bmatrix} = \begin{bmatrix} \cos x & -\sin x \\ \sin x & \cos x \end{bmatrix}$$

- 欧拉恒等式：

$$e^{\begin{bmatrix} 0 & -1 \\ 1 & 0 \end{bmatrix}\pi} = \begin{bmatrix} \cos\pi & -\sin\pi \\ \sin\pi & \cos\pi \end{bmatrix} = -\begin{bmatrix} 1 & 0 \\ 0 & 1 \end{bmatrix}$$

在我们对欧拉公式的矩阵形式和欧拉恒等式的矩阵形式进行深入研究的过程中，我们发现这些看似复杂的公式，实际上帮我们揭示了复数与矩阵之间的内在联系。

2.4 从有限到无限的"空间变形术"：欧几里得与希尔伯特

希尔伯特空间是什么？它是"欧几里得空间的进化版"。

还记得高中数学课上学到的欧几里得空间吗？那是一个熟悉的世界，里面充满了点、线、面，甚至是我们熟知的三维空间。希尔伯特空间呢？它是欧几里得空间的"升级玩家"，不仅不再局限于有限维数，还能在无限维的世界中潇洒自如。就像欧几里得空间穿上了"数学超能力"的斗篷。

让我们通过一个简单的公式来"拆解"这个概念：

- 欧几里得空间 = 内积空间 + 完备性 + 有限维
- 希尔伯特空间 = 内积空间 + 完备性

看到了吗？希尔伯特空间去掉了"有限维"的限制，直接进入了无限维的世界。

在量子力学的世界里，希尔伯特空间扮演了什么角色呢？它既是舞台，也是演员。物理系统的状态——比如一个电子的位置或动量——可以用希尔伯特空间中的"矢量"，也就是向量来描述。这个向量有个很酷的名字：态矢量，也叫波函数。想象一下，这些态矢量像"隐形的箭头",指向量子世界的各种可能性。

量子力学中的物理量,如位置、动量和自旋,都是通过希尔伯特空间中的算子(矩阵)来描述的。算子可以视为"数学魔法棒",其本征值代表了物理量的可能测量结果。比如,厄米算子便是这种魔法棒的代表——它不仅是线性的,而且始终能给出真实且可信的答案。

希尔伯特空间的无限维特性使其在量子力学中显得特别得心应手。想象一下那些复杂的系统,比如多粒子系统或场论,用经典物理学描述它们几乎就像用算盘来做核聚变。然而,借助希尔伯特空间,量子力学能够轻松描述这些系统,并优雅地解决各种难题。

此外,量子态的演化也在希尔伯特空间中进行。例如,著名的薛定谔方程描绘了量子态如何随着时间的推移而优雅地"起舞"。

等等,既然希尔伯特空间是无限维的,那量子计算岂不是要复杂到不可思议?别担心,在量子计算中,量子比特的数量是有限的,因此它们所对应的希尔伯特空间也是有限维的。换句话说,在量子计算中,我们使用的是"迷你版"的希尔伯特空间。

这个有限维的希尔伯特空间与欧几里得空间是同构的(简单来说,就是数学上的"换皮")。这种转换就像是将一个复杂的三维迷宫,简化为我们熟悉的平面地图,从而使理解和操作变得更加直观。

2.4.1　向量的变身术

在量子力学的魔法世界里,所有量子态其实都是希尔伯特空间中的向量,而这些向量的每个元素并非普通的数字,而是复数!不过,不必紧张,这些"复数"不过是多了一点"虚部"的调味料。

量子态的演化,简单来说,就是给这些向量进行一次大变身,通过矩阵乘法将它们变换成新的模样,就像是给量子态换上了一套更酷的"衣服"。

问题来了,线性代数课中大多未涉及复数矩阵,这使得我们理解起来有些像在看一部没有字幕的外语电影。该怎么办呢?别担心,我们有"翻译器":在某些特定情况下,可以将这些复数向量转换为等价的实数向量。

那么,如何进行这种变身呢?

(1)把每个复数拆分成两个实数,分别表示实部和虚部。

(2)利用这些实数来构建新的实向量。

比如说,一个单量子态的复向量:

$$\begin{bmatrix} \alpha \\ \beta \end{bmatrix} = \begin{bmatrix} a+bi \\ c+di \end{bmatrix}$$

（α、β 都是复数）

可以"解码"为一个四维实向量：

$$\begin{bmatrix} a \\ b \\ c \\ d \end{bmatrix}$$

从此，复向量空间的神秘面纱被掀开了，所有内容都清清楚楚了。

2.4.2 矩阵的变形记

我们刚刚讨论了向量，这次轮到矩阵登场了。在量子力学的舞台上，所有的操作都离不开矩阵，尤其是希尔伯特空间中的复矩阵，这些矩阵的元素是复数。

为了更直观地理解这些复矩阵的奥秘，我们可以将它们转换为实矩阵。这里的关键是使用"分块矩阵"的概念，将复数元素转化为等价的二维矩阵。

举个例子，假设一个复数 $a+bi$ 的矩阵表示是：

$$\begin{bmatrix} a & -b \\ b & a \end{bmatrix}$$

可得：

$$0 = \begin{bmatrix} 0 & 0 \\ 0 & 0 \end{bmatrix} \qquad -i = \begin{bmatrix} 0 & 1 \\ -1 & 0 \end{bmatrix} \qquad i = \begin{bmatrix} 0 & -1 \\ 1 & 0 \end{bmatrix}$$

接下来，我们拿著名的泡利矩阵 σ_y 举例。它的复矩阵表示是：

$$Y = \sigma_y = \begin{bmatrix} 0 & -i \\ i & 0 \end{bmatrix}$$

通过"变身术"将其转化为实矩阵表示（见图 2-7）。

$$\left[\begin{array}{cc|cc} 0 & 0 & 0 & 1 \\ 0 & 0 & -1 & 0 \\ \hline 0 & -1 & 0 & 0 \\ 1 & 0 & 0 & 0 \end{array}\right]$$

图 2-7　σ_y 的实矩阵表示

现在你明白了吗？复矩阵其实是通过分块"伪装"成的实矩阵。

2.4.3 对应关系的迷宫：矩阵类型

通过图 2-8，我们可以清晰地看到，实向量空间与希尔伯特空间之间存在着一种对应关系。

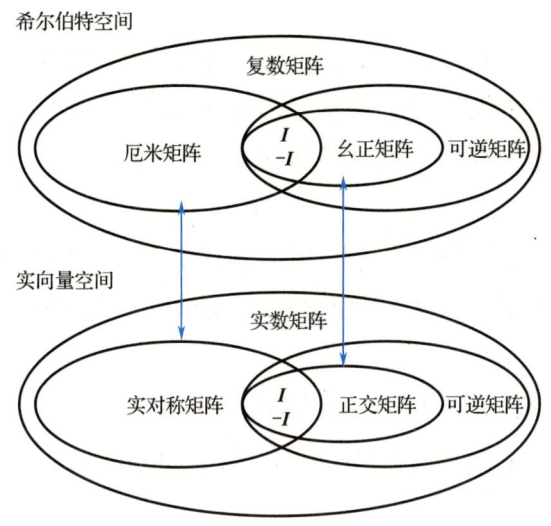

图 2-8　矩阵类型的对应关系

通过这些对应关系，我们可以更深入地理解欧几里得空间（简称欧氏空间）、希尔伯特空间、厄米矩阵、实对称矩阵、幺正矩阵以及正交矩阵之间的联系和性质。这些对应关系帮助我们进一步拓展对这些数学概念的认识和理解。

2.5　欧氏空间的矩阵家族

让我们简单介绍一下欧氏空间常见的矩阵类型及其性质（见图 2-9）：

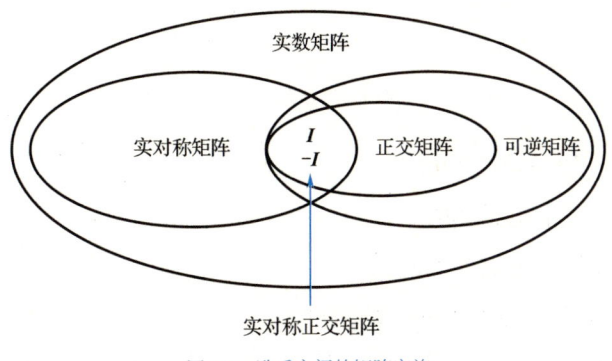

图 2-9　欧氏空间的矩阵家族

- 实对称矩阵：自恋的"镜子"

实对称矩阵就像一面自恋的镜子，无论怎么看，它始终是自己的样子——矩阵的元素在主对角线两边对称。数学上，满足 $A^T = A$。它追求秩序，每个特征值都是实数，每个特征向量都是独立的个体，还能对角化为"最简单"的形式。

- 正交矩阵：几何的"队形大师"

正交矩阵就像一个"几何队列教练"，每行每列都像模像样地站成单位向量，而且互相垂直，绝对不踩对方的脚。更神奇的是，它的转置就是它的逆矩阵，倒着走一样稳！无论是让图形旋转还是反射，它都能做到不变形、不失真。

- 可逆矩阵："撤销键"英雄

遇到问题别怕，可逆矩阵一出场就能用它的逆矩阵"解锁"所有麻烦，搞定一切，让结果回归原点。简单来说，它就像数学界的"Ctrl+Z"组合键，特别擅长解决线性方程组中的各种问题。

欧氏空间的矩阵家族中，实对称矩阵是秩序的守护者，维持着特征值与向量的完美协调；而正交矩阵则是变换艺术的化身，确保你的几何图形在任何角度都能保持不失真的美感。

是不是有点迫不及待想一探这些"数学舞者"的奥秘了？让我们继续深入探索，揭开更多矩阵家族的秘密吧！

2.5.1 镜中的自己：实对称矩阵

实对称矩阵是所有元素均为实数的对称矩阵，矩阵的转置与自身相同（见图 2-10）：

$$A^T = A \quad (A^T \text{ 的意思是转置})$$

$$\begin{bmatrix} 0 & 0 & 0 & 1 \\ 0 & 0 & -1 & 0 \\ 0 & -1 & 0 & 0 \\ 1 & 0 & 0 & 0 \end{bmatrix}$$

图 2-10　实对称矩阵

实对称方阵具有以下重要性质。

性质 1：所有特征值均为实数。

性质 2：所有特征向量均为实向量。

性质 3：具有 n 个线性无关的特征向量。

实对称矩阵具有强大的线性无关性，这意味着它的特征向量是相互独立的，无法通过其他向量来表示。换句话说，这些特征向量就像独立的个体，大家各有各的特色，不会有谁依赖于谁。

性质 4：对称矩阵一定能够被对角化。

只要一个实对称矩阵有了这些线性无关的特征向量，它就可以放心地被对角化了！这意味着，实对称矩阵不喜欢复杂，总是能通过简单的对角矩阵形式，展现它最简洁、最直接的一面。

性质 5：不同特征值对应的特征向量之间是正交的。

简单来说，不同特征值对应的特征向量是相互垂直的，它们的内积为零，互不干扰。像是两个人走在各自的轨道上，互不交集，永远保持距离！

2.5.2　旋转的艺术家：实正交矩阵

正交矩阵：像个完美的舞蹈伴侣，永远保持"正直"！

正交矩阵就像是一个超级守规矩的舞者，它的每一行和每一列都像是舞蹈队中的独立舞者，彼此"正交"——也就是互相垂直、互不干扰！而且，它们之间的内积为零，简直是完美的配合。更神奇的是，正交矩阵的转置与它本身相乘，居然能得到单位矩阵（就是那个不变形、不失真的矩阵）。这意味着正交矩阵是"可逆的"，如果它想倒退走一步，直接转个身就行——它的逆矩阵就是它的转置矩阵！

数学上表达就是（见图 2-11）：

$$A^T A = A A^T = I, \text{ 其中 } A^T = A^{-1}$$

$$\begin{bmatrix} 0 & 0 & 0 & 1 \\ 0 & 0 & -1 & 0 \\ 0 & -1 & 0 & 0 \\ 1 & 0 & 0 & 0 \end{bmatrix}$$

图 2-11　正交矩阵

那么，正交矩阵的"闪亮属性"主要有哪些呢？

性质 1：正交矩阵的列向量和行向量是一组正交的单位向量。

正交矩阵的行向量和列向量不仅是单位向量，而且它们彼此正交，互不干扰，完全独立。就像舞台上各自独立的舞者，永远踩不到对方的脚！

性质 2：行列内积总是零，自己内积总是 1！

正交矩阵的行列向量之间，内积即点乘的结果，任意两行或两列之间的点乘结果为零——这意味着它们互不干扰。如果你点乘自己的话，结果就是 1，仿佛在说："我是完美的单位向量，不能更好了！"

性质 3：行列式的绝对值为 1，变化只有旋转或反射，绝不缩放！

正交矩阵的行列式的绝对值为 1，这意味着正交矩阵的作用只是旋转或者反射，而不会改变向量的"大小"。这就像你将一个物体转个方向，它的尺寸和形状不变，只有姿态发生了变化。正交矩阵简直是几何变换中的"稳重舞者"！

2.6 希尔伯特空间的矩阵"家族聚会"

让我们打开矩阵的"家族相册"，看看那些在希尔伯特空间中活跃的明星矩阵们（见图 2-12）！这些矩阵在量子计算中具有重要作用，它们的选择和使用直接影响量子计算的效率和可操作性。

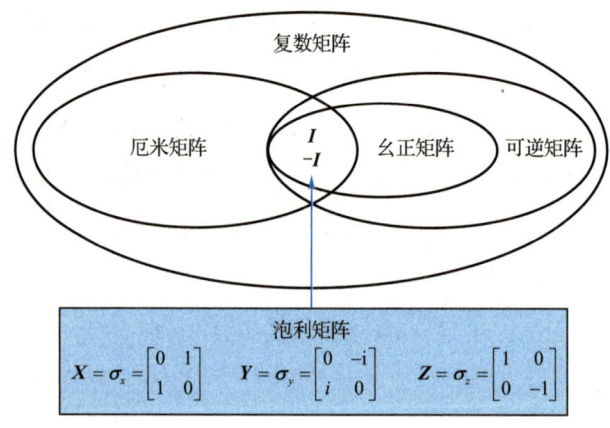

图 2-12 希尔伯特空间中的矩阵

首先登场的是厄米矩阵！

厄米矩阵，这个名字听起来有些严肃，但它实际上是量子力学中的一个重要工具。厄米矩阵有一个非常酷的特点：它的共轭转置等于它本身，就是你不管怎么转置或者反射（共轭），它都能维持自己的"本色"，简直是数学中的"老实人"。在量子力学里，厄米矩阵通常用于描述能量、观测量等重要物理量。所以，当我们想要搞清楚一个系统的状态或它的能量时，厄米矩阵就会出场，帮助我们搞定这些大事。

接下来登场的是幺正矩阵！

幺正矩阵看起来有点像量子计算中的超级英雄，它有个绝招：保持内积和长度不变。换句话说，无论你怎样操作它，它的"形状"和"大小"都不会发生改变。它能够保证数据的保真性。幺正矩阵通常用于表示量子门操作，帮助执行各种量子计算任务。幺正矩阵可是量子计算的基础构件哦！而且，它是可逆矩阵，意味着它总能"自我修复"，把事情做对，不会出错！

最后登场的是泡利（Pauli）矩阵和单位矩阵！

泡利矩阵就像是量子计算中的"基础套件"，它们在量子比特的操作中扮演着极其重要的角色。例如，在量子态的转换和量子纠缠中，泡利矩阵常常被用作"加速器"。单位矩阵看似简单，实际上是量子计算中的基础元素。它提供了稳定的起点，作为量子操作的基准。

通过这张矩阵"家族相册"，我们能清楚地了解这些矩阵之间的关系和各自的重要性。在量子计算的舞台上，选择正确的矩阵类型就像选对舞伴，它们的配合决定了整个量子计算过程的顺利与否。所以，掌握这些矩阵的特性，就能在量子计算的世界中更加游刃有余！

2.6.1 复数世界的对称美：厄米矩阵

希尔伯特空间中的厄米矩阵，听起来是不是有点复杂？别担心，其实它就像是矩阵中的一位"内敛美人"，拥有着独特的魅力。厄米矩阵的一个显著特点就是它的转置共轭等于它本身，公式上看起来是这样：

$$A^\dagger = A \qquad A^\dagger \text{ 的意思是转置共轭}$$

"转置共轭"到底是什么意思呢？简单来说，就是先把矩阵转置（行列互换），然后对其中的复数元素进行共轭（虚部取反）。这就像给矩阵做个双重修正，确保它既符合"对称"又不失"复数特质"。

为了让大家更好地理解转置共轭和普通转置之间的区别，来看两个例子。假设有一个复数矩阵 A 满足：

$$A = A^\dagger = \begin{bmatrix} 0 & -i \\ i & 0 \end{bmatrix}$$

那么其实向量空间中的矩阵表示如图 2-13 所示。

$$\begin{bmatrix} 0 & 0 & | & 0 & 1 \\ 0 & 0 & | & -1 & 0 \\ \hline 0 & -1 & | & 0 & 0 \\ 1 & 0 & | & 0 & 0 \end{bmatrix}$$

图 2-13　转置共轭实向量空间中的矩阵表示

而如果满足转置相等，也就是：

$$A = A^T = \begin{bmatrix} 0 & i \\ i & 0 \end{bmatrix}$$

则其实向量空间中的矩阵表示如图 2-14 所示。

$$\begin{bmatrix} 0 & 0 & | & 0 & -1 \\ 0 & 0 & | & 1 & 0 \\ \hline 0 & -1 & | & 0 & 0 \\ 1 & 0 & | & 0 & 0 \end{bmatrix}$$

图 2-14 普通转置实向量空间中的矩阵表示

通过这些例子，我们可以看到，虽然两个矩阵的形状看起来相似，但只有经过共轭转置后的矩阵才能保持我们所期待的"对称性"。如果不进行共轭操作，矩阵将无法保持对称性，而这对量子计算等计算领域至关重要。

结论

- 厄米矩阵的等价实数矩阵实际上是实对称矩阵：尽管它们在复数世界中独具特色，但本质上也具备了实对称矩阵的优点。
- 厄米矩阵与实对称矩阵的性质相似：二者都能够保证对角化，并且具有非常好的数学性质。
- 厄米矩阵与实对称矩阵的区别：厄米矩阵的特征向量可能是复向量，而不像实对称矩阵那样只包含实数元素。

2.6.2 完美的旋转：幺正矩阵

幺正矩阵，听起来是不是有点像"高级矩阵"的名字？别急，它其实就像是一位数学界的旋转大师，擅长在量子世界里保持事物的平衡。幺正矩阵也被叫作西矩阵，这两个词都是源自英文单词 Unitary，它们只是音译过来的不同叫法。

简单来说，如果一个矩阵的行向量或列向量能组成一组标准正交基（就是相互垂直、长度为 1 的向量），那么这个矩阵就可以被称为幺正矩阵。幺正矩阵有一个非常酷的性质：它的复共轭转置与矩阵自身相乘，结果是单位矩阵，也就是说：

$$UU^\dagger = U^\dagger U = I, \text{ 其中 } U^\dagger = U^{-1}$$

这也意味着，幺正矩阵的逆矩阵就是它的转置共轭矩阵！是不是感觉它自带反转魔力？

为了让大家更形象地理解幺正矩阵，我们拿量子计算中常见的泡利矩阵 Y 来作为例子。

我们先来看一下泡利矩阵 Y 在复数空间中的样子：

$$Y = \sigma_y = \begin{bmatrix} 0 & -i \\ i & 0 \end{bmatrix}$$

随后，我们把这个矩阵中的复数元素转换成二维实数矩阵（见图 2-15）。

$$\left[\begin{array}{cc|cc} 0 & 0 & 0 & 1 \\ 0 & 0 & -1 & 0 \\ \hline 0 & -1 & 0 & 0 \\ 1 & 0 & 0 & 0 \end{array}\right]$$

图 2-15　复数元素转换成二维实数矩阵

经过这样的转换，我们不难发现，泡利矩阵 Y 在实数空间中的等价矩阵既满足实对称矩阵的要求，又满足实正交矩阵的要求。这意味着泡利矩阵 Y 既是厄米矩阵，又是幺正矩阵！

幺正矩阵可不只是数学界的"旋转大师"。它的行向量和列向量形成了一个酉空间的标准正交向量组，这使得它具备了实正交矩阵的所有特性。更重要的是，幺正矩阵在量子力学中占据了至关重要的地位，因为它能够用来描述量子系统的演化和变换，并且在这个过程中保持量子态的规范性。

第 3 章

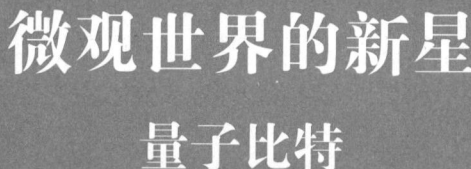

微观世界的新星

量子比特

3.1 量子语言的"拼音":狄拉克符号

狄拉克符号是什么?别被这个名字吓到!想象一下,你刚开始学拼音,那是打开中文世界的钥匙。而在量子力学的世界里,狄拉克符号就是类似的存在,它让我们以一种优雅的方式描述微观世界的种种神奇现象。

这套符号系统是英国物理学家保罗·狄拉克设计的。他大概是物理界的艺术家,因为他不仅要搞定复杂的量子理论,还要让这些公式看起来"美"。狄拉克符号是用来描述粒子状态和它们互动的"魔法公式",就像"哈利·波特"的咒语,不过它能改变的是我们对微观世界的理解。

1. 左矢和右矢:量子世界的"左右护法"

狄拉克符号由两部分组成:左矢(bra)和右矢(ket)。名字听起来像是某种时尚品牌,其实是从"括号(bracket)"这个词来的。把这两部分搭配起来,就可以描述各种复杂的量子状态,就像调酒师用简单的原料调出一杯惊艳的鸡尾酒。

左矢(bra)用尖括号表示,表示"算子"在左边作用的情况,类似于行向量:

$$\langle v| = \begin{bmatrix} v_1 \\ v_2 \\ \vdots \\ v_n \end{bmatrix}^\dagger = \begin{bmatrix} \overline{v_1} & \overline{v_2} & \cdots & \overline{v_n} \end{bmatrix}$$

右矢(ket)同样用尖括号表示,但它表示"算子"在右边作用的情况,相当于列向量:

$$|w\rangle = \begin{bmatrix} w_1 \\ w_2 \\ \vdots \\ w_m \end{bmatrix}$$

这对"护法"搭档的关键在于,它们能通过神奇的组合生成各种量子态,从而描述粒子的属性和行为。

2. 短剑符号†:量子"魔杖"

量子计算中还有一个非常酷的符号——短剑符号(†)。它的作用就是干两件事:把矩阵转置,然后给它加个"复共轭"。你可以理解为帮矩阵完成一次"镜子+换装秀",以确保它适应量子世界的规则。

3. 外积和内积:量子的"搭积木"艺术

外积:你可以把它想象成在搭积木,把两个矢量变成一个全新的矩阵,类似于"量子版的开疆拓土"。这在表示粒子间关系时非常有用,就像用积木建起一座量子桥梁。

$$|w\rangle\langle v| = \begin{bmatrix} w_1 \\ w_2 \\ \vdots \\ w_n \end{bmatrix} \begin{bmatrix} \overline{v_1} & \overline{v_2} \cdots \overline{v_n} \end{bmatrix} = \begin{bmatrix} w_1\overline{v_1} & \cdots & w_1\overline{v_n} \\ \vdots & & \vdots \\ w_n\overline{v_1} & \cdots & w_n\overline{v_n} \end{bmatrix}$$

内积:内积更像是在测量,计算两个矢量的"亲密度"。结果是一个标量,就像两个人握手的力度,轻轻一握可能只是朋友,而用力一握就像是一见如故的知己。

$$\langle v|w\rangle = \langle v,w\rangle = \langle v\|w\rangle = (\langle v|)(|w\rangle) = \begin{bmatrix} \overline{v_1} & \overline{v_2} \cdots \overline{v_n} \end{bmatrix} \begin{bmatrix} w_1 \\ w_2 \\ \vdots \\ w_n \end{bmatrix}$$

$$= \overline{v_1}w_1 + \overline{v_2}w_2 + \cdots + \overline{v_n}w_n$$

通过内积和外积,量子计算不仅能描述状态,还能计算状态之间的关系,甚至预测接下来的发展方向。

4. 长度、夹角和投影:量子的"形体课"

狄拉克符号不仅能帮我们描述状态,还能计算矢量的长度(量子比特的"身高")、夹角(量子比特的"站姿"),甚至投影(它"影子"有多长)。公式看起来复杂,其实本质上就是用几何的眼光看量子比特的世界。

比如:

矢量 v 的长度是:

$$|v| = \sqrt{\langle v,v\rangle}$$

矢量 w 的长度是:

$$|w| = \sqrt{\langle w,w\rangle}$$

如果你觉得这些公式像在测量一个人的"脚印"大小,那你已经抓住了量子世界几何的精髓。

3.2 量子世界中的小超人:单量子比特

量子比特是什么?先别急着想象光怪陆离的科幻场景。其实,它更像是微观世界中的小超人,一个粒子就能同时身兼多职,让计算能力瞬间上天。这种超能力来自一个神奇的现象——叠加态。

叠加态：同时在线的量子比特

普通计算机里的比特就像一个老实巴交的员工，要么在状态 $|0\rangle$，要么在状态 $|1\rangle$，干一份活就交一份结果。而量子比特的叠加态则让它同时在 $|0\rangle$ 和 $|1\rangle$ 两个状态中存在。这就像一个码农能既同时写代码、做设计，还能泡咖啡，效率直接拉满！

3.2.1 复数与实数的穿越之旅

单量子比特是什么？用通俗的话来说，它就是量子计算的"基本砖块"，一个可以在复数世界中自由翱翔的二维向量。

单量子比特的状态（见图 3-1）可以用下面的公式来描述：

$$|\psi\rangle = \alpha|0\rangle + \beta|1\rangle = \begin{bmatrix} \alpha \\ \beta \end{bmatrix} = \begin{bmatrix} a+bi \\ c+di \end{bmatrix}$$

这里的 α 和 β 是复数，形如 $a+bi$，被称为概率振幅。它们的模平方之和必须等于 1，这就像"超人"一天的精力总量恒定，无论怎么分配，总得有个限度。

图 3-1 单量子比特的状态

别被这些复杂的符号吓到，α 和 β 其实就像两个调料包，决定了量子比特"最终选择"的概率：

- $|\alpha|^2$ 是塌缩到 "$|0\rangle$" 的概率。
- $|\beta|^2$ 是塌缩到 "$|1\rangle$" 的概率。

通过调整这两个参数，我们可以对量子比特实现精准操控，像调音师调试旋律一样，设计出量子计算中所需的状态。

1. 正交基：量子比特的"主场坐标系"

为了让数学更听话，量子比特用一套特别的"主场坐标系"来描述状态。它的基本单位是 "$|0\rangle$" 和 "$|1\rangle$"，像二维平面里的标准正交基：

$$|0\rangle = \begin{bmatrix} 1 \\ 0 \end{bmatrix} \text{ 和 } |1\rangle = \begin{bmatrix} 0 \\ 1 \end{bmatrix}$$

这些基向量不仅正交，还拥有长度为 1 的完美特性，就像几何学中那种简洁优美的直角三角形。通过它们的线性组合，我们可以构造出任何量子态"$|\psi\rangle$"（见图 3-2）。

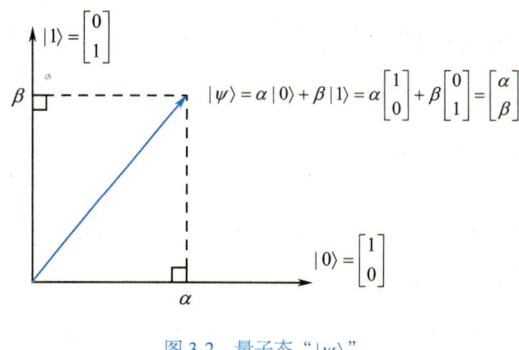

图 3-2　量子态"$|\psi\rangle$"

这相当于允许量子比特在"$|0\rangle$"和"$|1\rangle$"之间任意切换和组合，从而使信息存储和处理能力呈指数级增长。而且量子态不止"$|0\rangle$"和"$|1\rangle$"两个，通过引入更多的基向量，我们可以扩展到更高维空间。

2. 复数变身实数：将抽象拉回现实

复数太抽象怎么办？别慌！通过一套神奇的"转换魔法"，我们可以把复数向量拆解为实数向量，从而化繁为简。

每个复数 $a+b\mathrm{i}$ 都可以展开成一个二维实数向量：

$$a+b\mathrm{i} \Rightarrow \begin{bmatrix} a \\ b \end{bmatrix}$$

于是，单量子比特的复数向量

$$\begin{bmatrix} a+b\mathrm{i} \\ c+d\mathrm{i} \end{bmatrix}$$

摇身一变，就成为一个四维实数向量：

$$\begin{bmatrix} a \\ b \\ c \\ d \end{bmatrix}$$

它将复杂的复数希尔伯特空间"翻译"成更熟悉的实数向量空间，让人更容易理解和操作。当然，我们有一个默认的前提，那就是有限维的希尔伯特空间。

为什么要费心把复数拆成实数？答案很简单——为了帮我们用经典计算的思维理解量子世界。这种转换让我们能在熟悉的实数域上进行推理和计算，同时搭建起量子计算与经典计算之间的桥梁。

- 简洁直观：把抽象的复数"拆解"为实数，方便理解和可视化。
- 知识迁移：借助经典线性代数的方法解决量子问题，降低理解门槛。

3.2.2 复数的炫彩调色盘

单量子比特是量子计算的"艺术家"，总是以一幅多彩的"复数画卷"呈现自己的状态。它的状态公式看起来有点"数学范儿"，但实际上每个符号都像彩色的一笔，为量子世界增添了独特的魅力。

1. 量子比特的调色板：线性组合的秘密

一个量子比特的状态可以写成：

$$|\psi\rangle = \alpha|0\rangle + \beta|1\rangle$$

这里的 $|0\rangle$ 和 $|1\rangle$ 是量子计算的基础颜色，分别是：

$$|0\rangle = \begin{bmatrix}1\\0\end{bmatrix}, \quad |1\rangle = \begin{bmatrix}0\\1\end{bmatrix}$$

而"画笔" α 和 β 是复数，形如：

$$\alpha = a+bi, \quad \beta = c+di$$

但复数可不仅仅是"实部+虚部"这么简单，还可以换个视角，用极坐标的方式表示它们：

$$\alpha = r_0(\cos\varphi_0 + i\sin\varphi_0) = r_0 e^{i\varphi_0}$$

$$\beta = r_1(\cos\varphi_1 + i\sin\varphi_1) = r_1 e^{i\varphi_1}$$

于是量子比特的状态公式就变成了：

$$|\psi\rangle = r_0 e^{i\varphi_0}|0\rangle + r_1 e^{i\varphi_1}|1\rangle$$

简单来说，α 和 β 不仅是复数，还"自带旋转效果"。其旋转角度 φ_0 和 φ_1 就像给画布上的每一笔加了一个独特的倾斜，让整个画面变得生动起来。

2. 复数的多种姿态：从三角形式到极坐标

复数的表示方法多种多样：

- 直角坐标：用 $a+bi$ 表示"平面上的点"。
- 三角形式：用 $\cos\varphi + i\sin\varphi$ 表示"旋转中的箭头"。
- 极坐标：用 $re^{i\varphi}$ 表示"长度和方向"。

这些表示形式就像调色板上的不同工具，各有用途。

- 直角坐标：适合画出复数在平面上的位置。
- 极坐标：更适合研究复数的旋转和幅度，特别是量子计算中，这种形式无比好用！

3. 为什么要折腾这些表示？

你可能会问："为啥不老老实实用一种方式表示复数？"

答案很简单：每种表示都有自己的优势。量子计算中，极坐标形式更像是"量子艺术家"的主力画笔，方便在量子态之间切换、计算和理解"旋转"这个关键特性。

而这些表示方法的灵活性，让我们在处理复杂的量子问题时，可以随时切换工具，找到最方便的一种方式来计算、分析，甚至模拟整个量子过程。

3.3 单量子比特的几何探秘

量子比特，这个看似神秘又难懂的概念，其实也可以通过几何学让人一秒钟"恍然大悟"。这一节将带你经历一场"脑洞大开的几何之旅"，在布洛赫球的陪伴下，解锁量子比特的终极奥秘。

在量子世界里，全局相位就像一件隐形外套——无论怎么调整，实验中都抓不住它的"尾巴"。但相对相位可不是"隐形人"，它是让量子态跳动的核心旋律。

如果你觉得量子态的公式太复杂，别怕！用数学魔法把复数空间变成直观的三维球面，就像把一团乱麻整理成整齐的毛线球。布洛赫球是这团毛线的"终极形态"，它用简单的 θ 和 φ 带你俯瞰量子态的一切可能性。

布洛赫球是每个量子比特的"跑道"，点的南北位置和东西方向精确地描述着量子态。量子比特在布洛赫球上"翩翩起舞"，赤道是它的自由摇摆区，极点则是它的休息地。而且，它的一切行为都可以看成是在这颗小球上玩的一场"几何游戏"。

量子计算中那些复杂的操作，实质上都是在布洛赫球上表演"特技"——翻转、旋转，甚至跑出对称的轨迹。总之，布洛赫球让我们用三维视角窥探四维量子世界的一点点真容。

本节通过几何化的量子态描述，带你轻松解码单量子比特，从理论到图像再到动感十足的布洛赫球，一切都变得简单、有趣，又通俗易懂。准备好在布洛赫球的魔法星球上冒险了吗？

3.3.1 全局相位的奥秘：单量子态

以极坐标方式描绘的量子态：

$$|\psi\rangle = r_0 e^{i\varphi_0} |0\rangle + r_1 e^{i\varphi_1} |1\rangle$$

这里的 $e^{i\varphi_0}$ 和 $e^{i\varphi_1}$ 是啥？是"相位"，它们给量子比特的状态增加了一层旋转的灵魂。因为：

$$|\psi\rangle = r_0 e^{i\varphi_0}|0\rangle + r_1 e^{i\varphi_1}|1\rangle$$
$$= e^{i\varphi_0}(r_0|0\rangle + r_1 e^{i(\varphi_1-\varphi_0)}|1\rangle)$$

此时，全局相位 $e^{i\varphi_0}$ 的操作就像给所有元素套上了一件"隐形外套"，对整体没有任何实际影响。换句话说，无论你怎么调整这个外套，它都不会改变量子态的实际表现，也没法在实验中被测量到。

为"甩掉"这件外套，我们可以进一步简化上面的公式：

$$|\psi\rangle = r_0|0\rangle + r_1 e^{i(\varphi_1-\varphi_0)}|1\rangle = r_0|0\rangle + r_1 e^{i\varphi}|1\rangle$$

这里，$\varphi = \varphi_1 - \varphi_0$，只剩下"相对相位"在起作用。

归一化：量子世界的"概率守恒定律"

量子态还得满足一个重要条件：归一化。也就是说，$|\alpha|^2 + |\beta|^2 = 1$。

换句话说，量子比特的所有可能状态之和必须等于 1，这可是量子世界的硬性规则——不然就会出现概率大于 1 的荒唐事。

再进一步，我们可以用 $\cos\theta$ 和 $\sin\theta$ 来表示振幅：

$$r_0 = \cos\theta, \quad r_1 = \sin\theta$$

于是，量子态就变成

$$|\psi\rangle = \cos\theta|0\rangle + \sin\theta e^{i\varphi}|1\rangle$$

3.3.2 降维的魔法：单量子态

如果你觉得量子比特只是一团"复数迷雾"，那接下来我们要做的就是拨开迷雾，让它在更直观的三维空间中显现！这是一场"降维打击"的数学魔法，一切始于我们熟悉的欧拉公式。

让量子态露出真面目：从复数到实数

量子比特的状态公式为

$$|\psi\rangle = \cos\theta|0\rangle + \sin\theta e^{i\varphi}|1\rangle$$

把 $\sin\theta e^{i\varphi}$ 展开，会得到

$$|\psi\rangle = \cos\theta|0\rangle + \sin\theta e^{i\varphi}|1\rangle$$
$$= \cos\theta|0\rangle + \sin\theta(\cos\varphi + i\sin\varphi)|1\rangle$$
$$= \cos\theta|0\rangle + (\sin\theta\cos\varphi + i\sin\theta\sin\varphi)|1\rangle$$

单量子态的复向量表示：

$$|\psi\rangle = \alpha|0\rangle + \beta|1\rangle = \begin{bmatrix} \alpha \\ \beta \end{bmatrix} = \begin{bmatrix} \cos\theta \\ \sin\theta\cos\varphi + i\sin\theta\sin\varphi \end{bmatrix}$$

这看起来依然是复杂的复数表达，对吧？但别急！通过数学变换，我们可以把这个复杂的复数向量转化成一个实数向量：

$$\begin{bmatrix} \cos\theta \\ 0 \\ \sin\theta\cos\varphi \\ \sin\theta\sin\varphi \end{bmatrix}$$

观察一下上面的向量，其中有一维固定为 0，这就像某个多余的道具——完全可以舍弃。于是，量子态的"真容"在三维空间里变成如下形式：

$$\begin{bmatrix} \cos\theta \\ \sin\theta\cos\varphi \\ \sin\theta\sin\varphi \end{bmatrix}$$

可见：

$$x = \sin\theta\cos\varphi$$

$$y = \sin\theta\sin\varphi$$

$$z = \cos\theta$$

$$0 \leqslant \theta \leqslant \pi,\ 0 \leqslant \varphi \leqslant 2\pi$$

换个说法，量子比特的状态其实就像一只在三维球面上悠哉游弋的小箭头（见图 3-3）。

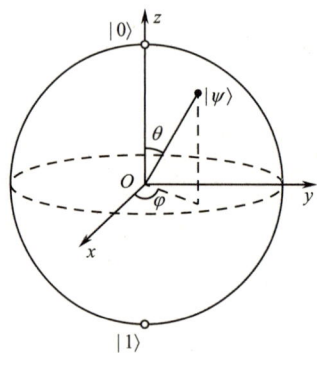

图 3-3 布洛赫球

这个三维球面可不普通，它有个大名——<u>布洛赫球</u>，名字来源于德国物理学家费利克斯·布洛赫（Felix Bloch），他在 1929 年提出了这个概念。布洛赫球是用来可视化量子比特状态的绝佳工具。在这个球面上，每个点的位置都对应着量子比特的一种状态。

- θ：量子态向量与 z 轴的夹角，决定点的"南北位置"。

- φ：量子态向量在 xOy 平面内投影与 x 轴的夹角，决定点的"东西方向"。

通过旋转和移动布洛赫球上的点，你就可以描述量子比特的各种状态变化。换句话说，量子计算中那些复杂的操作，其实就是在布洛赫球上玩"球技"！

布洛赫球为我们提供了一个直观的三维画面，但要记住，这只是对量子态的一个"降维呈现"。实际上，量子态本质上仍然活跃在高维复数空间中。三维布洛赫球是我们的"简化镜头"，就像拍电影时的特写，把复杂的世界浓缩到了一只手掌大的模型里。

然而，需要注意的是，尽管我们使用了三维空间来表示量子态，但这仍然不是真正的布洛赫球。

3.3.3 量子态的魔法星球：布洛赫球模型

如果说宇宙中的星球各有其轨迹，那么量子世界中的"星球"——布洛赫球，就是每个量子比特的专属跑道。接下来，让我们一起探索量子态如何在布洛赫球上翩翩起舞。

1. 基态与激发态：量子比特的"南北极"

首先，当 $\theta = 0$ 时，量子态化身为：

$$|\psi\rangle = |0\rangle$$

这就像量子比特"躺平"在布洛赫球的北极——完全放松，能量最低。这种基态常被选作量子计算的起点，就像运动员准备起跑的站位。

当 $\theta = \pi/2$ 时，量子态变成：

$$|\psi\rangle = e^{i\varphi}|1\rangle$$

此时，量子比特已跃升至激发态，位于布洛赫球的赤道上。别被那个 $e^{i\varphi}$ 吓到，它只是一个"相位因子"，在很多情况下我们可以暂时无视它，只看量子比特的位置和方向。

2. 从半球到全球：布洛赫球的半角奥秘

进一步研究发现，当 θ 在 $0 \sim \pi/2$ 之间变化时，我们已经能够覆盖布洛赫球上的所有点！这就是布洛赫球半角（Half Angle）问题。但别高兴太早，魔法才刚刚开始。

为了更清晰地描述单量子态的状态，我们把它写成极坐标的样子：

$$|\psi\rangle = \cos\theta|0\rangle + \sin\theta e^{i\varphi}|1\rangle$$

在极坐标中，这对应于 $(1, \theta, \varphi)$，看上去就像导航中标注位置的经纬度。

3. 上半球与下半球的神秘对称

经过一番数学演算，我们发现，布洛赫球的上半球和下半球之间存在一种特殊的对称性。

量子态在上半球的点 $(1, \theta, \varphi)$ 和下半球对称点 $(1, \pi-\theta, \varphi+\pi)$ 的关系可以写成

$$|\psi'\rangle = \cos(\pi-\theta)|0\rangle + \sin(\pi-\theta)e^{i(\varphi+\pi)}|1\rangle$$
$$= -\cos\theta|0\rangle + \sin\theta e^{i\varphi}e^{i\pi}|1\rangle$$
$$= -\cos\theta|0\rangle - \sin\theta e^{i\varphi}|1\rangle$$
$$= -|\psi\rangle$$

这个"对称性"意味着什么呢？简单来说，上半球和下半球的状态只是差了一个全局相位因子 -1，而这个因子在量子计算中根本不影响测量结果。所以，我们只需要关心上半球的点就够了！

为了更直观地理解布洛赫球的构造，我们进行以下调整：用 $\theta/2$ 替代原来的 θ。如此，得到真正的布洛赫球（见图3-4）公式：

$$|\psi\rangle = \cos(\theta/2)|0\rangle + \sin(\theta/2)e^{i\varphi}|1\rangle$$

其中，$0 \leq \theta \leq \pi$，$0 \leq \varphi \leq 2\pi$。

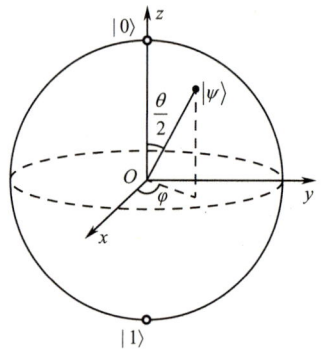

图 3-4　真正的布洛赫球

3.4　量子纠缠的华尔兹：多量子比特

如果说单量子比特是独舞者，多量子比特就是舞池里成群结队的舞者，而"纠缠"则是它们之间精准配合的绝妙舞步。今天，我们来聊聊这些量子舞者如何在量子计算的舞台上翩翩起舞。

顾名思义，多量子比特就是多个量子比特联合组成的量子系统。在这个系统中，量子比特之间并不是各自独立的，而是通过一种神奇的量子现象——纠缠——紧密联系在一起。这种纠缠关系，使得一个量子比特的状态会直接影响其他量子比特的状态，就像你和朋友们心有灵犀：你刚刚点头，他们已经举手。

这种纠缠不同于普通的"牵手"，它是一种深层次的"心有灵犀"般的联系。在量子计算中，这种关系至关重要，因为它能让多个量子比特协同完成复杂的计算任务。

让我们从简单的双量子比特开始。假如经典比特有四种可能状态：00、01、10、11，那么对应的双量子比特也有四个"基态"：

$$|00\rangle, |01\rangle, |10\rangle, |11\rangle$$

但别以为它们只是老老实实地站在那里，双量子比特的神奇之处在于，它们的状态可以是这四种基态的任意线性组合，也就是

$$|\psi\rangle = \alpha_{00}|00\rangle + \alpha_{01}|01\rangle + \alpha_{10}|10\rangle + \alpha_{11}|11\rangle$$

其中，系数 α_{ij} 就像舞步的权重，决定了每种状态出现的概率。当然，这些概率得符合归一化条件：

$$\sum_{x \in \{0,1\}^2} |\alpha_x|^2 = 1$$

简单来说，所有的概率加起来必须是 1——因为量子比特不能"跳到"奇怪的平行宇宙中去"摸鱼"。

随着量子比特的数量从 2 增加到 n，舞池的规模呈指数级增长：从经典比特的 4 种可能状态，变成了 2^n 个量子基态！换句话说，一个 n 量子比特系统的状态可表示为

$$|\psi\rangle = \sum_{k=0}^{2^n-1} z_k |k\rangle$$

这里的 $z_k = r_k(\cos\varphi_k + i\sin\varphi_k)$，它既有振幅 r_k，也有相位 φ_k，像极了跳舞时步伐的快慢和方向。

如果 $n = 2$，则有：

- 当 $k = 0$ 时，状态是 $|k\rangle = |00\rangle$；
- 当 $k = 1$ 时，状态是 $|k\rangle = |01\rangle$；
- 当 $k = 2$ 时，状态是 $|k\rangle = |10\rangle$；
- 当 $k = 3$ 时，状态是 $|k\rangle = |11\rangle$。

而每个 n 量子比特系统，都需要 2^n 个概率振幅来完全描述。这种指数级增长，正是量子计算强大但也"令人头秃"的地方。

多量子比特之间的纠缠，就像舞者之间的完美默契，它赋予量子计算机强大的计算能力。然而，这种默契的维持需要高超的量子门操作和硬件支持，就像在高难度舞蹈中，一个小小的失误就会让全场崩塌。

所以，研究多量子比特不仅是为了解决复杂问题，也是在挑战硬件极限，探索量子计算未来的可能性。

第 4 章

▼

单比特的魔法棒
量子逻辑门

4.1 量子态的优雅旋转：幺正变换

什么是幺正变换？简单来说，它是一种特殊的矩阵操作，当它作用在量子态上时，就像挥动魔法棒，让量子态优雅地转个圈，最终呈现出全新的模样。而且，不用担心它会把东西变没，因为它是可逆的！

数学公式看起来稍显复杂，但核心思想很简单：如果用 U 表示幺正矩阵，$U^\dagger$ 是它的转置共轭矩阵，它们满足

$$U^\dagger U = UU^\dagger = I$$

这就像魔术表演的规则：变完之后还能变回来 —— $U^\dagger$ 就是 U 的逆矩阵。

1. 归一化：量子态的"体重管理"

量子态的"健康状态"由归一化条件决定，这个条件确保它的概率总和永远是 1（毕竟，我们不能让它消失到未知领域）。用数学表达式可以写为

$$\langle\psi|\psi\rangle = |\alpha|^2 + |\beta|^2 = 1$$

假如一开始的量子态是

$$|\psi\rangle = \alpha|0\rangle + \beta|1\rangle$$

经过幺正变换后，它会变成

$$|\psi\rangle \to U|\psi\rangle$$

看起来很玄乎，其实只是换了种"姿势"，归一化条件依然保持不变。

2. 幺正变换的魔力：旋转、拉伸，还是原地踏步？

让我们更深入地看看幺正变换的一些"特技"。

1）保持内积不变，幺正矩阵不会让两个量子态的关系乱套，内积始终保持不变：

$$\langle Uv, Uw\rangle = \langle v, w\rangle$$

换句话说，就算量子态发生旋转或翻转，它们之间的亲密关系依旧存在。

2）保持长度不变，无论怎么变，量子态的"长度"（向量模）始终如一：

$$|Uv| = |v|$$

4.2 量子世界的"镜像魔术"：厄米共轭算子

除了幺正矩阵，量子力学中还有另一个好朋友——厄米共轭算子。这种操作的意义

在于，它定义了一种特殊的"镜像变换"，常用于描述量子系统的各种特性。给定一个算子 A，它的厄米共轭算子 $A^\dagger$ 满足：

$$A^\dagger = A$$

$$A^\dagger = (A^*)^T$$

- A^*：表示 A 的复共轭，简单来说就是把矩阵中所有的复数元素的虚部改为负值（如 2+3i 变为 2−3i）。
- $(A^*)^T$：表示复共轭后的转置，也就是把矩阵的行和列交换。

1. 为什么厄米共轭算子很重要？

厄米共轭算子是量子力学和量子计算中的"大佬"，离开了它简直寸步难行。

1）厄米矩阵：对称且"实在"

如果某个矩阵 A 满足 $A^\dagger = A$，那么它就是厄米矩阵。这类矩阵不仅对称，还拥有一些非常吸引人的性质，比如它的特征值全是实数。这一点特别重要，因为量子力学中的物理可观测量，比如能量和角动量，对应的算符都是厄米矩阵。毕竟，要是看到一台量子计算机算出一个虚数能量值，有点匪夷所思吧？

2）量子态的内积：保持稳定

在量子计算中，态矢量的内积要保持正定性，而这离不开厄米共轭。通过对波函数进行厄米共轭，我们可以定义一个"合理的"内积，让量子力学的数学基础站得更稳。

3）守恒与可逆性

在物理学中，很多系统的演化需要满足守恒定律，而这些定律通常由厄米算子控制。举个例子，在量子计算中，如果一个系统的哈密顿算子是厄米的，那么系统的时间演化是可逆的。这就像一个全封闭的游乐场，任何进去的"能量"都不会凭空消失。

2. 常用公式有哪些？

掌握了定义后，我们可以列出一些常用的厄米共轭公式。虽然它们看起来像"数学魔法"，但其实是逻辑严密的推导结果。

1）矩阵的厄米共轭

对于任意两个矩阵 A 和 B，有

$$(A+B)^\dagger = A^\dagger + B^\dagger$$

这个公式告诉我们，厄米共轭对加法是线性的，就像洗衣机一样，先混合再洗和分开洗的效果一样。

2）标量的厄米共轭

如果有一个标量 c，那么

$$(cA)^\dagger = c^* A^\dagger$$

这里的 c^* 表示标量的复共轭。你可以将标量 c 想象成一个调味料，它不仅要随矩阵进入公式，还得换个"口味"。

3）矩阵乘积的厄米共轭

对于两个矩阵 A 和 B，有

$$(AB)^\dagger = B^\dagger A^\dagger$$

注意，顺序颠倒了！

假设我们有一个简单的二维矩阵

$$A = \begin{bmatrix} 1+i & 2 \\ -i & 3-2i \end{bmatrix}$$

它的厄米共轭是

$$A^\dagger = \begin{bmatrix} 1-i & i \\ 2 & 3+2i \end{bmatrix}$$

看到了吗？每个元素都完成了"复共轭 + 转置"的操作，最终得到了一个全新的矩阵。根据上述定义，总结如下常用公式：

$$(A+B)^\dagger = A^\dagger + B^\dagger \qquad |x\rangle^\dagger = \langle x|$$

$$(AB)^\dagger = B^\dagger A^\dagger \qquad \langle u|A|v\rangle = \langle A^\dagger u|v\rangle = \langle v|A^\dagger|u\rangle^*$$

$$(c^\dagger)_{jk} = c^*_{kj} \qquad \langle e_j|A|e_k\rangle = \langle e_k|A^\dagger|e_j\rangle^*$$

$$(cA)^\dagger = c^* A^\dagger \qquad (|u\rangle\langle v|)^\dagger = |v\rangle\langle u|$$

$$\left(\sum_i a_i A_i\right)^\dagger = \sum_i a_i^* A_i^\dagger \qquad (A|v\rangle)^\dagger = \langle v|A^\dagger$$

4.3 计算的魔法公式：幺正变换矩阵

在经典计算机里，单比特逻辑门只有一种，那就是非门（NOT gate）。它简单又粗暴：0 变 1，1 变 0。但到了量子世界，事情变得更加有趣！由于量子比特可以处于叠加态和拥有相位，单量子比特门的种类瞬间丰富了许多。

经典计算线路由"连线"和"门"组成，量子线路也差不多。不过，量子门有点不一样——它是个二阶幺正矩阵 U。这个幺正矩阵就像量子比特的"舞蹈教练"，可以优雅地改变量子态。比如说，如果量子比特的初始状态是 $|\psi\rangle$，经过 U 的一番"舞步调整"，其状态就变成了 $|\psi'\rangle = U|\psi\rangle$。

幺正矩阵的定义看起来有点严肃：
$$UU^\dagger = U^\dagger U = I$$

翻译一下就是：这个矩阵很守规矩，既不会破坏量子信息，也不会多此一举地乱搞事情。它确保了量子比特的"长度"——或者说它的总概率——始终保持为 1。

假设量子比特最初的状态是 $|\psi\rangle = \alpha|0\rangle + \beta|1\rangle = \begin{bmatrix} \alpha \\ \beta \end{bmatrix}$，这就像一只脚在 0 号格子踩点，一只脚在 1 号格子踩点。现在让我们的魔法公式（U 变换）上场，它的工作是把初始状态变成新的状态：

$$|\psi'\rangle = U|\psi\rangle = U\begin{bmatrix} \alpha \\ \beta \end{bmatrix}$$

这意味着，原本的 $|0\rangle$ 和 $|1\rangle$ 状态会被转化为新的状态 $|\varphi_0\rangle$ 和 $|\varphi_1\rangle$：

$$|0\rangle \to |\varphi_0\rangle$$
$$|1\rangle \to |\varphi_1\rangle$$

即

$$U|0\rangle = |\varphi_0\rangle$$
$$U|1\rangle = |\varphi_1\rangle$$

两边分别同乘以 $\langle 0|$ 和 $\langle 1|$，则有

$$U|0\rangle\langle 0| = |\varphi_0\rangle\langle 0|$$
$$U|1\rangle\langle 1| = |\varphi_1\rangle\langle 1|$$

将以上两式相加：

$$U|0\rangle\langle 0| + U|1\rangle\langle 1| = |\varphi_0\rangle\langle 0| + |\varphi_1\rangle\langle 1|$$

由于

$$|0\rangle\langle 0| + |1\rangle\langle 1| = \begin{bmatrix} 1 \\ 0 \end{bmatrix}[1\ 0] + \begin{bmatrix} 0 \\ 1 \end{bmatrix}[0\ 1] = \begin{bmatrix} 1 & 0 \\ 0 & 0 \end{bmatrix} + \begin{bmatrix} 0 & 0 \\ 0 & 1 \end{bmatrix} = \begin{bmatrix} 1 & 0 \\ 0 & 1 \end{bmatrix} = I$$

因此可得

$$U(|0\rangle\langle 0| + |1\rangle\langle 1|) = UI = U = |\varphi_0\rangle\langle 0| + |\varphi_1\rangle\langle 1|$$

根据上述计算，我们可以得出 U 变换的通用表达式。简单来说，这个表达式描述了将每个量子态的初始对偶向量右乘变换后的量子态，并将它们相加的过程：

$$U = |\varphi_0\rangle\langle 0| + |\varphi_1\rangle\langle 1|$$

4.4 量子态的分身术：H门

Hadamard 门简称 H 门，是量子计算中的"魔法师"。它就像一个拥有分身术的魔法棒，能够将一个确定的量子比特转换为叠加态。这不仅仅是普通的状态切换，而是将量子比特推入多种可能性共存的量子态，为我们打开了通往平行世界的大门。

1. H 门矩阵计算

若用数学语言描述 H 门，它的操作可以通过一个<u>么正矩阵</u>来表示，保证了量子态的"长度"在变化过程中保持不变。

<u>H 门作用于基态的公式如下所示。</u>

- 当 H 门作用于 $|0\rangle$ 时，

$$H|0\rangle = \frac{1}{\sqrt{2}}(|0\rangle + |1\rangle) = \frac{1}{\sqrt{2}}\begin{bmatrix} 1 \\ 1 \end{bmatrix}$$

- 当 H 门作用于 $|1\rangle$ 时，

$$H|1\rangle = \frac{1}{\sqrt{2}}(|0\rangle - |1\rangle) = \frac{1}{\sqrt{2}}\begin{bmatrix} 1 \\ -1 \end{bmatrix}$$

根据公式

$$U = |\varphi_0\rangle\langle 0| + |\varphi_1\rangle\langle 1|$$

可以推导出 H 门的矩阵形式：

$$H = \frac{1}{\sqrt{2}}\begin{bmatrix} 1 \\ 1 \end{bmatrix}\langle 0| + \frac{1}{\sqrt{2}}\begin{bmatrix} 1 \\ -1 \end{bmatrix}\langle 1|$$

$$= \frac{1}{\sqrt{2}}\begin{bmatrix} 1 & 1 \\ 1 & -1 \end{bmatrix}$$

2. H 门性质

H 门不仅操作简捷，性质也非常有趣，常用于：

- 量子态初始化：将"经典态"转化为"量子态"，为接下来的计算做好准备。
- 量子随机数生成：叠加态的结果不可预测，非常适合用作随机数生成器。
- 量子搜索和量子相位估计：H 门是这些算法的"标配"。

H 门作用于任意量子态 $|\psi\rangle = \alpha|0\rangle + \beta|1\rangle = \begin{bmatrix} \alpha \\ \beta \end{bmatrix}$ 时，得到的新的量子态为

$$H|\psi\rangle = \frac{1}{\sqrt{2}}\begin{bmatrix} 1 & 1 \\ 1 & -1 \end{bmatrix}\begin{bmatrix} \alpha \\ \beta \end{bmatrix} = \frac{1}{\sqrt{2}}\begin{bmatrix} \alpha + \beta \\ \alpha - \beta \end{bmatrix} = \frac{\alpha + \beta}{\sqrt{2}}|0\rangle + \frac{\alpha - \beta}{\sqrt{2}}|1\rangle$$

以下是 H 门的另一些特性：

- 自逆性——让 H 门连续作用两次，结果是回到原来的状态：

$$H^2 = I, \quad H^+ = H$$

就像是一次翻转后再翻转，回到了原点。

- 与其他门的关系——H 门和常见的 X 门（量子翻转门）、Z 门（相位翻转门）之间有一个奇妙的转换关系：

$$HXH = Z, \quad HZH = X, \quad HYH = -Y$$

3. 镜像几何变换

要理解 H 门的几何意义，我们可以把量子态看作二维向量，H 门的作用可以理解为将向量在特定直线（通常是某个超平面）上进行镜像反射。

我们研究一下矩阵 Q 的几何性质：

$$Q = \begin{bmatrix} \cos(\theta) & \sin(\theta) \\ \sin(\theta) & -\cos(\theta) \end{bmatrix}$$

将矩阵 Q 应用到一个向量：

$$\begin{aligned}
|\psi^2\rangle &= Q|\psi^1\rangle \\
&= \begin{bmatrix} \cos(\theta) & \sin(\theta) \\ \sin(\theta) & -\cos(\theta) \end{bmatrix} \begin{bmatrix} \cos(\theta_1) \\ \sin(\theta_1) \end{bmatrix} \\
&= \begin{bmatrix} \cos(\theta)\cos(\theta_1) + \sin(\theta)\sin(\theta_1) \\ \sin(\theta)\cos(\theta_1) - \cos(\theta)\sin(\theta_1) \end{bmatrix} \\
&= \begin{bmatrix} \cos(\theta - \theta_1) \\ \sin(\theta - \theta_1) \end{bmatrix}
\end{aligned}$$

变换一下形式：

$$|\psi^2\rangle = \begin{bmatrix} \cos\left(\theta_1 + 2\left(\dfrac{\theta}{2} - \theta_1\right)\right) \\ \sin\left(\theta_1 + 2\left(\dfrac{\theta}{2} - \theta_1\right)\right) \end{bmatrix}$$

这可以理解为逆时针旋转 $2\left(\dfrac{\theta}{2} - \theta_1\right)$，相当于关于一条通过原点、其方向与水平轴夹角为 $\theta/2$ 的直线的镜像对称（见图 4-1）。

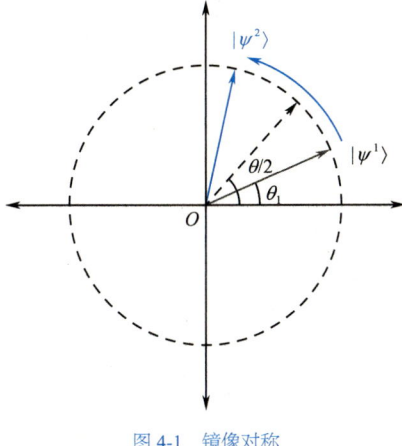

图 4-1 镜像对称

也就是说,这个矩阵 Q 会将一个量子态向量 $|\psi^1\rangle$ 映射为新的向量 $|\psi^2\rangle$,而两者的关系就像关于角度 $\theta/2$ 的直线镜像那样。

观察发现,H 门对应的矩阵,符合镜像矩阵 Q 的特性,即

$$H = \frac{1}{\sqrt{2}}\begin{bmatrix} 1 & 1 \\ 1 & -1 \end{bmatrix} = \begin{bmatrix} \cos\left(\dfrac{\pi}{4}\right) & \sin\left(\dfrac{\pi}{4}\right) \\ \sin\left(\dfrac{\pi}{4}\right) & -\cos\left(\dfrac{\pi}{4}\right) \end{bmatrix}$$

具体而言,当 H 门作用于量子态时,它会将量子态对应的向量沿着角度为 $\pi/8$ 的直线进行镜像操作,从而改变了向量的方向和位置(见图 4-2)。

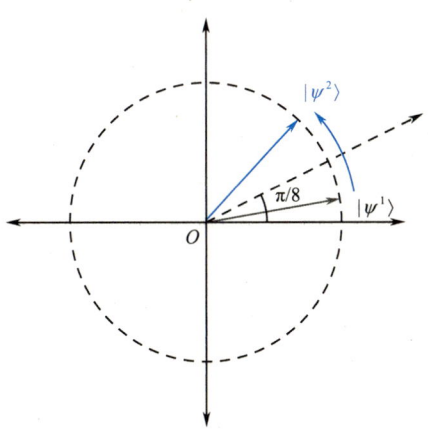

图 4-2 沿着角度为 $\pi/8$ 的直线进行镜像操作

例子:几个典型的量子态在 H 门作用下的变化(见图 4-3)。

① $H\begin{bmatrix}1\\0\end{bmatrix}=\frac{1}{\sqrt{2}}\begin{bmatrix}1&1\\1&-1\end{bmatrix}\begin{bmatrix}1\\0\end{bmatrix}=\begin{bmatrix}\frac{1}{\sqrt{2}}\\\frac{1}{\sqrt{2}}\end{bmatrix}$

② $H\begin{bmatrix}\frac{1}{\sqrt{2}}\\\frac{1}{\sqrt{2}}\end{bmatrix}=\frac{1}{\sqrt{2}}\begin{bmatrix}1&1\\1&-1\end{bmatrix}\begin{bmatrix}\frac{1}{\sqrt{2}}\\\frac{1}{\sqrt{2}}\end{bmatrix}=\begin{bmatrix}1\\0\end{bmatrix}$

③ $H\begin{bmatrix}0\\1\end{bmatrix}=\frac{1}{\sqrt{2}}\begin{bmatrix}1&1\\1&-1\end{bmatrix}\begin{bmatrix}0\\1\end{bmatrix}=\begin{bmatrix}\frac{1}{\sqrt{2}}\\\frac{-1}{\sqrt{2}}\end{bmatrix}$

④ $H\begin{bmatrix}\frac{-1}{\sqrt{2}}\\\frac{1}{\sqrt{2}}\end{bmatrix}=\frac{1}{\sqrt{2}}\begin{bmatrix}1&1\\1&-1\end{bmatrix}\begin{bmatrix}\frac{-1}{\sqrt{2}}\\\frac{1}{\sqrt{2}}\end{bmatrix}=\begin{bmatrix}0\\-1\end{bmatrix}$

图 4-3　几个典型的量子态在 H 门作用下的变化

从图 4-3 中我们可以看到，几个典型的量子态在 H 门的作用下都关于 π/8 对应的直线对称（见图 4-4）。

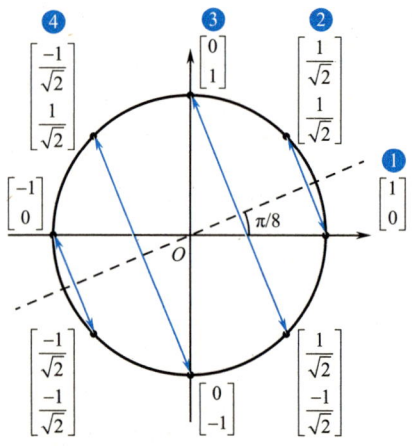

图 4-4　关于 π/8 对应的直线对称

4. H 门量子线路

H 门在量子线路中的符号表示为字母 "H"（见图 4-5）。

图 4-5　H 门在量子线路中的符号

H 门作用于基态 |0⟩ 见图 4-6。

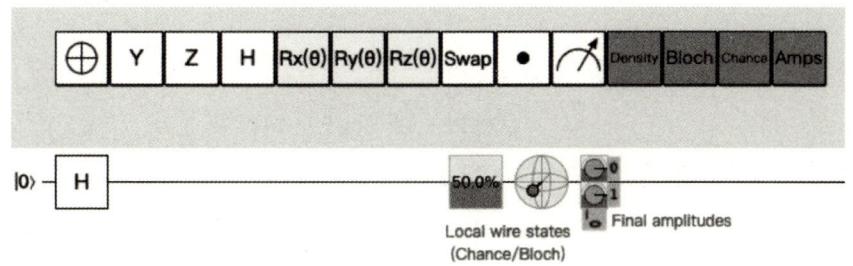

图 4-6　H 门作用于基态 |0⟩

我们可以从图 4-6 中的布洛赫（Bloch）球来观察 H 门的作用。初始态 |0⟩ 位于布洛赫球的北极（Z 轴正方向）。当对其施加 H 门时，量子态会从北极沿着球面滑动，最终停留在 X 轴的正方向。换句话说，H 门就像一股无形的力量，将量子比特从"非黑即白"的极端推向一个"灰色模糊"的中间地带。

4.5　量子态的翻转与旋转：泡利矩阵（算子）

泡利矩阵（Pauli Matrix）是量子物理领域的超级工具箱，其成员被称为"量子三剑客"。这些矩阵描述量子态的演化、旋转、翻转，全靠它们撑场面。有人说，学量子计算不懂泡利矩阵，就像去厨房没带锅铲。

1. 泡利矩阵的"天赋技能"

泡利矩阵一共有三位成员：泡利 X 矩阵、泡利 Y 矩阵和泡利 Z 矩阵，每位成员都以希腊字母 σ（sigma）为"姓氏"。它们以幺正厄米矩阵的形式出现，其长相如下：

$$X = \sigma_x = \begin{bmatrix} 0 & 1 \\ 1 & 0 \end{bmatrix}$$

$$Y = \sigma_y = \begin{bmatrix} 0 & -i \\ i & 0 \end{bmatrix}$$

$$Z = \sigma_z = \begin{bmatrix} 1 & 0 \\ 0 & -1 \end{bmatrix}$$

2. 量子态的特征值与特征向量

别被以上矩阵的简洁所迷惑，它们有自己的"量子气场"。每个泡利矩阵的特征值为 1 或 -1，对应的特征向量分别为：

- 泡利 X 矩阵：

$$\psi_{x+} = \frac{1}{\sqrt{2}}\begin{bmatrix} 1 \\ 1 \end{bmatrix}, \quad \psi_{x-} = \frac{1}{\sqrt{2}}\begin{bmatrix} 1 \\ -1 \end{bmatrix}$$

- 泡利 Y 矩阵：

$$\psi_{y+} = \frac{1}{\sqrt{2}}\begin{bmatrix}1\\i\end{bmatrix}, \quad \psi_{y-} = \frac{1}{\sqrt{2}}\begin{bmatrix}1\\-i\end{bmatrix}$$

- 泡利 Z 矩阵：

$$\psi_{z+} = \begin{bmatrix}1\\0\end{bmatrix}, \quad \psi_{z-} = \begin{bmatrix}0\\1\end{bmatrix}$$

3. 泡利矩阵的"神奇运算规则"

- 左右互搏

当泡利矩阵和自己"打架"（相乘）时，结果总是单位矩阵 I：

$$\sigma_x\sigma_x = \sigma_y\sigma_y = \sigma_z\sigma_z = I$$

证明：

$$\sigma_x\sigma_x = \begin{bmatrix}0 & 1\\1 & 0\end{bmatrix}\begin{bmatrix}0 & 1\\1 & 0\end{bmatrix} = \begin{bmatrix}1 & 0\\0 & 1\end{bmatrix} = I$$

$$\sigma_y\sigma_y = \begin{bmatrix}0 & -i\\i & 0\end{bmatrix}\begin{bmatrix}0 & -i\\i & 0\end{bmatrix} = \begin{bmatrix}1 & 0\\0 & 1\end{bmatrix} = I$$

$$\sigma_z\sigma_z = \begin{bmatrix}1 & 0\\0 & -1\end{bmatrix}\begin{bmatrix}1 & 0\\0 & -1\end{bmatrix} = \begin{bmatrix}1 & 0\\0 & 1\end{bmatrix} = I$$

- 互相"较劲"

两个不同的泡利矩阵按顺序相乘，总会冒出一个 i（虚数单位）：

$$\sigma_x\sigma_y = i\sigma_z, \quad \sigma_y\sigma_z = i\sigma_x, \quad \sigma_z\sigma_x = i\sigma_y$$

逆序相乘则是 $-i$：

$$\sigma_y\sigma_x = -i\sigma_z, \quad \sigma_z\sigma_y = -i\sigma_x, \quad \sigma_x\sigma_z = -i\sigma_y$$

这就像它们在互相比试技能，结果总有个"虚数"旁观者在记账。

- 固有特性

行列式值：都是 -1。

$$\det(\sigma_x) = \det(\sigma_y) = \det(\sigma_z) = -1$$

矩阵的迹（trace）：全部为 0。

$$\text{tr}(\sigma_x) = \text{tr}(\sigma_y) = \text{tr}(\sigma_z) = 0$$

这些特性确保它们在量子世界中独树一帜，与经典矩阵"划清界限"。

4.5.1 翻转的艺术：泡利 X 门

1. 泡利 X 门的矩阵计算

泡利 X 门（Pauli-X 门，简称 X 门）是量子计算中一个闪亮登场的明星，它的使命就像经典计算机里的非门：把"是"变成"不是"，把"0"翻成"1"，把"1"翻成"0"。如果我们把量子比特比喻成灯泡，X 门就是那个开关，随手一按，灯亮灯灭交替进行。

数学上，这种翻转的规律可以用一个矩阵表示，称为泡利 X 矩阵：

$$X = \sigma_x = \begin{bmatrix} 0 & 1 \\ 1 & 0 \end{bmatrix}$$

这是什么意思呢？简单来说，当你把这个矩阵施加到量子态上，它会像个魔术师，把基态 $|0\rangle$ 变成 $|1\rangle$，把 $|1\rangle$ 变成 $|0\rangle$：

$$|0\rangle \rightarrow |1\rangle$$
$$|1\rangle \rightarrow |0\rangle$$

根据单量子比特幺正变换矩阵的计算公式，我们可以得到泡利 X 矩阵的计算过程如下：

$$X = |1\rangle\langle 0| + |0\rangle\langle 1| = \begin{bmatrix} 0 \\ 1 \end{bmatrix}[1 \ 0] + \begin{bmatrix} 1 \\ 0 \end{bmatrix}[0 \ 1]$$

$$= \begin{bmatrix} 0 & 0 \\ 1 & 0 \end{bmatrix} + \begin{bmatrix} 0 & 1 \\ 0 & 0 \end{bmatrix}$$

$$= \begin{bmatrix} 0 & 1 \\ 1 & 0 \end{bmatrix}$$

2. X 门的性质

X 门作用于基态：

$$X|0\rangle = \begin{bmatrix} 0 & 1 \\ 1 & 0 \end{bmatrix}\begin{bmatrix} 1 \\ 0 \end{bmatrix} = \begin{bmatrix} 0 \\ 1 \end{bmatrix} = |1\rangle$$

$$X|1\rangle = \begin{bmatrix} 0 & 1 \\ 1 & 0 \end{bmatrix}\begin{bmatrix} 1 \\ 0 \end{bmatrix} = \begin{bmatrix} 0 \\ 1 \end{bmatrix} = |0\rangle$$

不仅仅是翻转基态！X 门还能作用于任意量子态：

$$|\psi\rangle = \alpha|0\rangle + \beta|1\rangle = \begin{bmatrix} \alpha \\ \beta \end{bmatrix}$$

得到的新的量子态为：

$$|\psi'\rangle = X|\psi\rangle = \begin{bmatrix} 0 & 1 \\ 1 & 0 \end{bmatrix}\begin{bmatrix} \alpha \\ \beta \end{bmatrix} = \beta|0\rangle + \alpha|1\rangle$$

你可以把这个操作想象成一对调皮的魔术手,把 |0⟩ 和 |1⟩ 的振幅系数互换了位置!

3. X 门的几何性质

X 门的数学矩阵中暗藏着几何的奥秘,它不仅能翻转量子态,还能以一种令人惊叹的方式展示量子世界的对称美。我们可以用三角函数形式来重述它的矩阵:

$$X = \sigma_x = \begin{bmatrix} 0 & 1 \\ 1 & 0 \end{bmatrix} = \begin{bmatrix} \cos\left(\frac{\pi}{2}\right) & \sin\left(\frac{\pi}{2}\right) \\ \sin\left(\frac{\pi}{2}\right) & -\cos\left(\frac{\pi}{2}\right) \end{bmatrix}$$

回忆一下镜像公式:

$$Q = \begin{bmatrix} \cos(\theta) & \sin(\theta) \\ \sin(\theta) & -\cos(\theta) \end{bmatrix}$$

* 一条通过原点、其方向和水平轴夹角为 $\theta/2$ 的直线的镜像。

观察发现,它其实是一个镜像公式的特殊形式,描述了关于一条直线的对称操作。在这里,X 门的操作可以看作关于一条通过原点并与水平轴夹角为 $\pi/4$ 的直线的镜像反射(见图 4-7)。

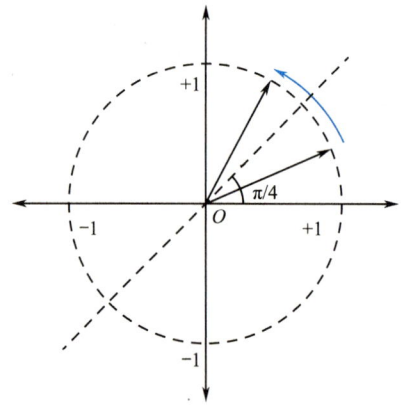

图 4-7 与水平轴夹角为 $\pi/4$ 的直线的镜像反射

如果我们将量子比特放到一个三维球面(也就是布洛赫球)上,那么 X 门的作用变得更加直观:它相当于让量子态绕着 x 轴旋转 180°!

想象一个地球仪,你用手指沿着赤道推动,让它沿东西方向旋转半圈。最终,你的量子态小旗子从球的一侧移动到了另一侧,完成了精准的翻转。

4. X 门举例

例子 1:典型量子态的镜像变化

通过具体例子,我们可以更清晰地理解 X 门的作用。

- X门作用在基态（见图4-8）。

❶ $X|0\rangle = \begin{bmatrix} 0 & 1 \\ 1 & 0 \end{bmatrix} \begin{bmatrix} 1 \\ 0 \end{bmatrix} = \begin{bmatrix} 0 \\ 1 \end{bmatrix} = |1\rangle$

❸ $X|1\rangle = \begin{bmatrix} 0 & 1 \\ 1 & 0 \end{bmatrix} \begin{bmatrix} 0 \\ 1 \end{bmatrix} = \begin{bmatrix} 1 \\ 0 \end{bmatrix} = |0\rangle$

图 4-8　X门作用在基态

- X门作用在叠加态（见图4-9）。

❷ $X \begin{bmatrix} \frac{1}{\sqrt{2}} \\ \frac{1}{\sqrt{2}} \end{bmatrix} = \begin{bmatrix} 0 & 1 \\ 1 & 0 \end{bmatrix} \begin{bmatrix} \frac{1}{\sqrt{2}} \\ \frac{1}{\sqrt{2}} \end{bmatrix} = \begin{bmatrix} \frac{1}{\sqrt{2}} \\ \frac{1}{\sqrt{2}} \end{bmatrix}$

❹ $X \begin{bmatrix} \frac{-1}{\sqrt{2}} \\ \frac{1}{\sqrt{2}} \end{bmatrix} = \begin{bmatrix} 0 & 1 \\ 1 & 0 \end{bmatrix} \begin{bmatrix} \frac{-1}{\sqrt{2}} \\ \frac{1}{\sqrt{2}} \end{bmatrix} = \begin{bmatrix} \frac{1}{\sqrt{2}} \\ \frac{-1}{\sqrt{2}} \end{bmatrix}$

图 4-9　X门作用在叠加态

从图中我们可以清楚地观察到几个典型的量子态。这些量子态在X门的作用下都会呈现关于π/4对应的直线对称（见图4-10）。

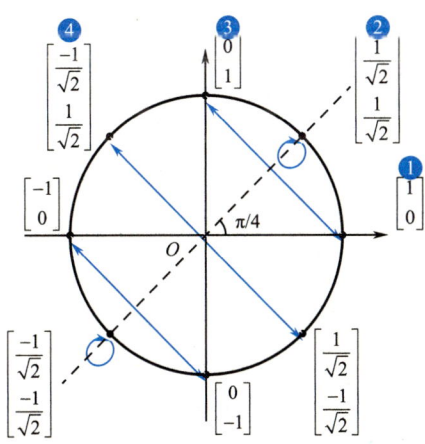

图 4-10　关于 π/4 对应的直线对称

通过这些几何上的对称性，我们能够更好地理解X门如何操作并影响量子态的特性。

例子2：X门与H门的交替表演

现在，给你一个有趣的实验：连续两次使用X门会让量子态回到原位（翻了个"跟斗"又站起来了）；连续两次使用 H 门（Hadamard 门）同样如此。但是，当你尝试把 X 门和 H 门交替使用时，情况就不一样了。

根据图 4-11 所示的交替操作，我们可以观察到基态 1 经过多次操作后，移动到了圆上的对称位置，即

$$\begin{bmatrix} 1 \\ 0 \end{bmatrix} \rightarrow \begin{bmatrix} -1 \\ 0 \end{bmatrix}$$

具体来说，它移动到了布洛赫球上 X 轴的对称位置。这个发现进一步拓展了我们对量子计算的理解。

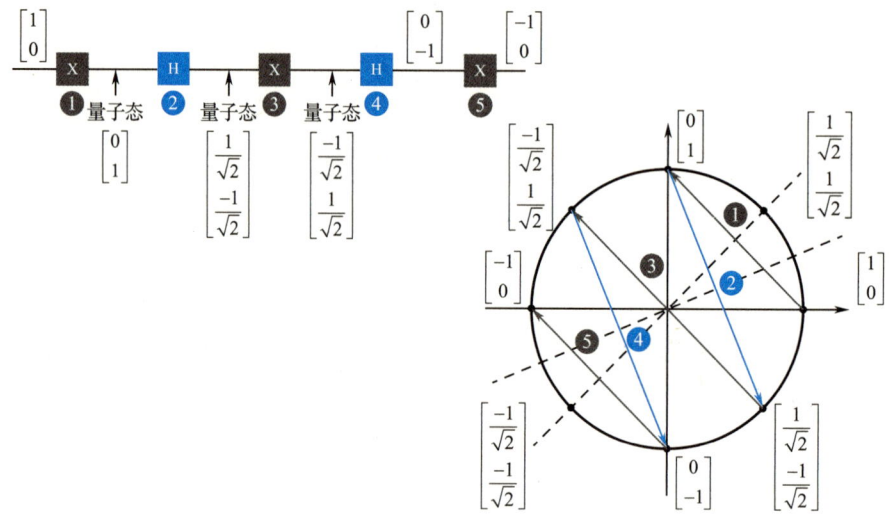

图 4-11　X 门与 H 门的交替操作

通过 X 门的几何性质与经典的结合操作，我们可以更深刻地理解量子计算的内在逻辑。它不仅是数学上的美学体现，也是量子计算设计中不可或缺的工具。

5. X 门的量子线路

假设量子比特的初始状态是 $|0\rangle$，X 门作用于基态的矩阵与其对应的线路图：

$$X|0\rangle = \begin{bmatrix} 0 & 1 \\ 1 & 0 \end{bmatrix} \begin{bmatrix} 1 \\ 0 \end{bmatrix} = \begin{bmatrix} 0 \\ 1 \end{bmatrix} = |1\rangle$$

在量子线路图上，X 门（见图 4-12）通常用一个大写字母 "X" 或者一个加号表示。这个简洁的符号让量子线路图看起来像一段优雅的乐谱，既直观又易懂（见图 4-13）。

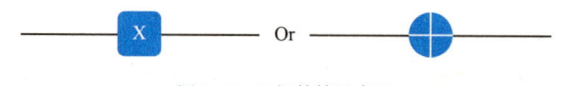

图 4-12　X 门的符号表示

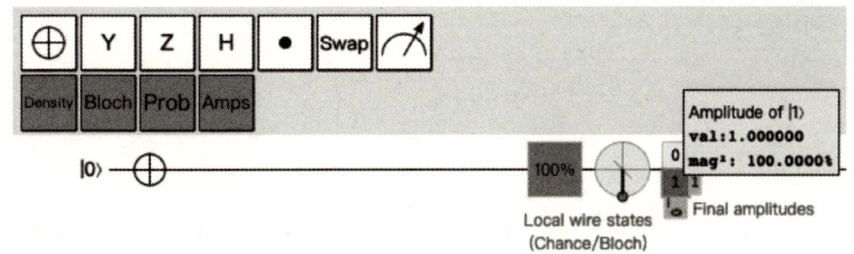

图 4-13 X 门量子线路图例子

为了更好地理解 X 门的翻转艺术，我们可以回到布洛赫球这个直观的"地球仪"。假设量子态的初始状态是 $|0\rangle$，这对应于布洛赫球的北极点。当我们施加 X 门时，状态旋转了 180°，来到了南极点，变成了 $|1\rangle$。这种旋转不仅仅是视觉上的变化，它代表了量子比特内在状态的深刻转变。

4.5.2 神秘的旋转：泡利 Y 门

1. 泡利 Y 门的矩阵计算

泡利 Y 门（Pauli-Y 门，简称 Y 门）的操作方式可以说是量子门家族中的一位"神秘舞者"。它的任务是作用在单量子比特上，完成一个绕布洛赫球 Y 轴的 180°旋转，或者说 π 弧度的优雅翻转。这种操作充满了复杂性，因为它不仅仅涉及状态的翻转，还引入了量子力学中极为重要的虚数单位 i。

让我们看看 Y 门的操作如何改变量子态：

$$|0\rangle \rightarrow i|1\rangle$$
$$|1\rangle \rightarrow -i|0\rangle$$

是的，i 和 -i 不仅仅是数学中的虚数，它们在这里成了 Y 门的"调味剂"，为量子态的变换增添了独特的相位变化。

通过幺正变换的基本规则，我们可以计算出 Y 门的矩阵形式。以下是详细的推导过程：

$$Y = i|1\rangle\langle 0| - i|0\rangle\langle 1|$$

展开这两部分，得到

$$Y = i\begin{bmatrix} 0 \\ 1 \end{bmatrix}\begin{bmatrix} 1 & 0 \end{bmatrix} - i\begin{bmatrix} 1 \\ 0 \end{bmatrix}\begin{bmatrix} 0 & 1 \end{bmatrix}$$

$$= i\begin{bmatrix} 0 & 0 \\ 1 & 0 \end{bmatrix} - i\begin{bmatrix} 0 & 1 \\ 0 & 0 \end{bmatrix}$$

$$= \begin{bmatrix} 0 & -i \\ i & 0 \end{bmatrix}$$

这就是泡利矩阵 σ_y：

$$Y = \sigma_y = \begin{bmatrix} 0 & -i \\ i & 0 \end{bmatrix}$$

2. Y门的性质

Y门与我们之前介绍的 X 门有着一脉相承的"翻转特性"，但它额外增加了一个量子相位，这使它变得与众不同。简单来说，它不仅会将量子比特的状态互换，还会通过虚数 i 或 –i 来修饰这些状态的相位。

虚数的出现并非徒增复杂，而是深刻地体现了量子力学中的波动特性。它像一个神秘的调音师，调整了量子态的相对相位。这种操作对于量子干涉和量子算法中的复杂叠加态计算尤为重要。

如果说 X 门类似于经典计算机的非门，Y 门则像一个升级版的旋转门，它不仅"翻转"状态，还"调制"状态的相位。你可以把它想象成在经典的"开关"逻辑中加入了色彩和声音，使整个量子计算过程更具表现力和深度。

Y门作用于基态：

$$Y|0\rangle = \begin{bmatrix} 0 & -i \\ i & 0 \end{bmatrix}\begin{bmatrix} 1 \\ 0 \end{bmatrix} = \begin{bmatrix} 0 \\ i \end{bmatrix} = i\begin{bmatrix} 0 \\ 1 \end{bmatrix} = i|1\rangle$$

$$Y|1\rangle = \begin{bmatrix} 0 & -i \\ i & 0 \end{bmatrix}\begin{bmatrix} 0 \\ 1 \end{bmatrix} = \begin{bmatrix} -i \\ 0 \end{bmatrix} = -i\begin{bmatrix} 1 \\ 0 \end{bmatrix} = -i|0\rangle$$

Y门作用于任意量子态：

$$|\psi\rangle = \alpha|0\rangle + \beta|1\rangle = \begin{bmatrix} \alpha \\ \beta \end{bmatrix}$$

得到的新的量子态为：

$$|\psi'\rangle = Y|\psi\rangle = \begin{bmatrix} 0 & -i \\ i & 0 \end{bmatrix}\begin{bmatrix} \alpha \\ \beta \end{bmatrix} = \begin{bmatrix} -i\beta \\ i\alpha \end{bmatrix} = -i\beta|0\rangle + i\alpha|1\rangle$$

3. Y门的量子线路

让我们用一个例子看看在量子线路中 Y 门的魔法是如何施展的。假设量子比特的初始状态是基态 $|0\rangle$，我们施加一个 Y 门：

$$Y|0\rangle = \begin{bmatrix} 0 & -i \\ i & 0 \end{bmatrix}\begin{bmatrix} 1 \\ 0 \end{bmatrix} = \begin{bmatrix} 0 \\ i \end{bmatrix} = i\begin{bmatrix} 0 \\ 1 \end{bmatrix} = i|1\rangle$$

Y门通常用一个大写的字母"Y"表示（见图4-14）。

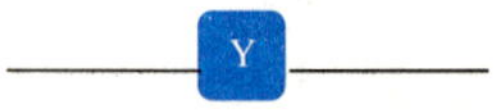

图4-14 Y门的符号表示

Y 门量子线路的例子如图 4-15 所示。

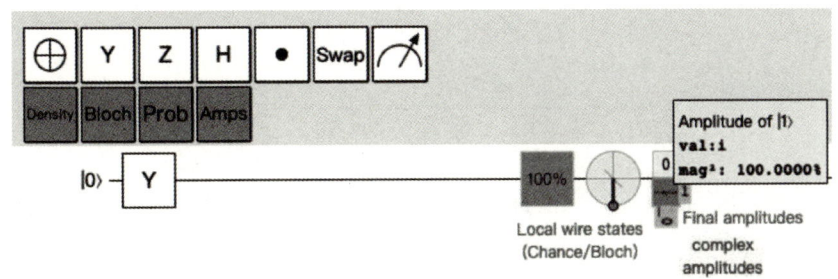

图 4-15　Y 门量子线路例子

4.5.3　优雅的变换：泡利 Z 门

1. 泡利 Z 门的矩阵计算：看似平静，实则翻转乾坤

在量子门家族中，泡利 Z 门（Pauli-Z 门，简称 Z 门）可以说是一位既优雅又内敛的角色。它不像 X 门那样直接翻转量子态，也不像 Y 门那样带着神秘的虚数相位。然而，它在量子计算中的作用无可替代。Z 门的操作就像在静水中投下一颗石子，看似不起眼，却能改变波纹的方向。

<u>Z 门 的操作规则</u>

Z 门的作用可以用布洛赫球模型来解释：它将量子比特绕 z 轴旋转 π 弧度（180°）。具体表现为：

- 如果量子比特处于 $|0\rangle$ 态，应用 Z 门后，状态保持不变，仍然是 $|0\rangle$，即

$$|0\rangle \rightarrow |0\rangle$$

- 如果量子比特处于 $|1\rangle$ 态，应用 Z 门后，状态变为 $-|1\rangle$，即

$$|1\rangle \rightarrow -|1\rangle$$

根据量子比特的幺正变换公式，我们可以推导出 Z 门的矩阵表达式：

$$\boldsymbol{Z} = |0\rangle\langle 0| - |1\rangle\langle 1|$$

将其展开为矩阵形式：

$$\boldsymbol{Z} = \begin{bmatrix} 1 \\ 0 \end{bmatrix} \begin{bmatrix} 1 & 0 \end{bmatrix} - \begin{bmatrix} 0 \\ 1 \end{bmatrix} \begin{bmatrix} 0 & 1 \end{bmatrix}$$

$$= \begin{bmatrix} 1 & 0 \\ 0 & 0 \end{bmatrix} - \begin{bmatrix} 0 & 0 \\ 0 & 1 \end{bmatrix}$$

$$= \begin{bmatrix} 1 & 0 \\ 0 & -1 \end{bmatrix}$$

这个矩阵正是著名的泡利矩阵 σ_z：

$$Z = \sigma_z = \begin{bmatrix} 1 & 0 \\ 0 & -1 \end{bmatrix}$$

2. Z 门的性质

为什么 Z 门这么重要？

Z 门的独特之处在于它不仅能保持 $|0\rangle$ 的状态不变，还能通过对 $|1\rangle$ 添加一个 -1 的相位修饰，从而影响量子态的叠加和干涉。这种"悄无声息"的相位调整，在量子计算的许多重要算法中都有关键作用。

除了标准矩阵形式，Z 门还可以通过谱分解来表达：

$$Z = \sigma_z = \begin{bmatrix} 1 & 0 \\ 0 & -1 \end{bmatrix} = |0\rangle\langle 0| - |1\rangle\langle 1|$$

这意味着 Z 门本质上是一种按特征值对量子态进行分类的操作。换种说法，Z 门能对叠加态进行相位校正，为后续计算步骤打下坚实基础。

谱分解还可以写成另一种等价形式：

$$Z = I - 2|1\rangle\langle 1| = 2|0\rangle\langle 0| - I$$

这个表达式展现了 Z 门在变换空间中的深刻几何意义（后续章节会详细说明它们具体代表的几何意义）。

3. Z 门的应用示例

当 Z 门作用于基态 $|0\rangle$ 和 $|1\rangle$ 时，我们可以将它用数学表示为

$$Z|0\rangle = \begin{bmatrix} 1 & 0 \\ 0 & -1 \end{bmatrix}\begin{bmatrix} 1 \\ 0 \end{bmatrix} = \begin{bmatrix} 1 \\ 0 \end{bmatrix} = (-1)^0|0\rangle = |0\rangle$$

$$Z|1\rangle = \begin{bmatrix} 1 & 0 \\ 0 & -1 \end{bmatrix}\begin{bmatrix} 0 \\ 1 \end{bmatrix} = \begin{bmatrix} 0 \\ -1 \end{bmatrix} = (-1)^1|1\rangle = -|1\rangle$$

即

$$Z|j\rangle = (-1)^j|j\rangle$$

对于一个任意态：

$$|\psi\rangle = \alpha|0\rangle + \beta|1\rangle = \begin{bmatrix} \alpha \\ \beta \end{bmatrix}$$

得到的新的量子态为：

$$|\psi'\rangle = Z|\psi\rangle = \begin{bmatrix} 1 & 0 \\ 0 & -1 \end{bmatrix}\begin{bmatrix} \alpha \\ \beta \end{bmatrix} = \begin{bmatrix} \alpha \\ -\beta \end{bmatrix} = \alpha|0\rangle - \beta|1\rangle$$

这种相位的调整赋予了叠加态更多可能性。

4. Z门的量子线路

让我们用一个例子看看在量子线路中 Z 门的魔法是如何施展的。

在量子线路图中，Z 门用一个简单的大写字母 "Z" 来表示（见图 4-16）。

图 4-16　Z 门的符号表示

假设量子比特的初始状态是基态 $|0\rangle$，我们施加一个 Z 门：

$$Z = \sigma_z = \begin{bmatrix} 1 & 0 \\ 0 & -1 \end{bmatrix}$$

Z 门量子线路的例子如图 4-17 所示。

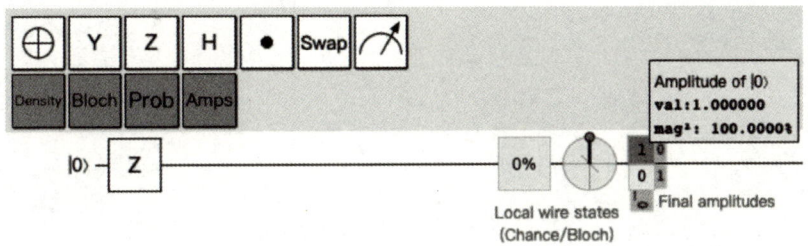

图 4-17　Z 门量子线路例子

如果我们观察图中的布洛赫球，可以直观地看到量子初态 $|0\rangle$ 经过 Z 门之后并没有移动位置。这是因为 Z 门只对量子比特的相位进行操作，而不改变其位置。这个现象说明了 Z 门的特性和作用方式。

第 5 章

单量子比特的舞步
旋转之门

5.1 旋转的数学语言：矩阵的指数函数

数学家有一个奇怪的爱好，那就是将复杂的事情用简单的公式描述清楚。泰勒公式就是其中的一个好例子，它能够将任何一个函数（只要够光滑）展开成一个无穷级数。你可能会问："无穷？这不是太吓人了吗？"别担心，无穷级数虽然看起来无边无际，但在实际运算中，通常只需取前几项就能得到非常准确的近似值。

我们先看看基础的泰勒公式：

$$e^x = 1 + \frac{x}{1!} + \frac{x^2}{2!} + \frac{x^3}{3!} + \ldots + \frac{x^n}{n!}$$

这就像用一串小的积木，逐步搭建出一个庞大的数学建筑。对矩阵来说，我们可以用类似的方法定义矩阵 A 的指数函数：

$$e^A = I + \frac{A}{1!} + \frac{A^2}{2!} + \frac{A^3}{3!} + \ldots + \frac{A^n}{n!}$$

其中 I 是单位矩阵，相当于矩阵界的"原始状态"，任何矩阵乘以 I 都不会改变它自己。

1. 对角阵：矩阵中的"乖宝宝"

现在，让我们看一种特别"听话"的矩阵类型——对角阵。对角阵的特点是，除了对角线上的元素之外，其他位置全都是零，就像一群人整整齐齐地排成一列，每个人都在自己的位置上，不会打扰其他人。如果对角阵 A 的对角线元素是 $a_0, a_1, a_2, \cdots$，那么它的 n 次方简单到让人发笑：直接对每个对角线元素分别取 n 次方即可。用公式表示就是：

$$A^n = \mathrm{diag}(a_0^n, a_1^n, a_2^n, \cdots)$$

这听起来有点像每个人在自己的位置上做俯卧撑，互不干扰，效果直接叠加。

当我们把这种操作套用到指数函数时，对角阵的指数函数就是：

$$e^A = \mathrm{diag}(e^{a_0}, e^{a_1}, e^{a_2}, \cdots)$$

是不是超简单？如果矩阵可以自己选工作，它一定会选"对角阵"，因为这实在是太轻松了。

不过，生活中总有一些"调皮"的矩阵，它们不是对角阵，运算起来就没那么简单了。这时候，我们可以请出"数学魔术师"——幺正变换。幺正变换就像一位顶级化妆师，可以把一个普通的矩阵 A 变成它的"对角化版本" D：

$$D = UAU^\dagger$$

这里 U 是一个特殊的矩阵，它满足 $UU^\dagger = I$。通过这样的变换，原本复杂的矩阵 A 就被转化为简单的对角阵 D，让我们可以轻松地计算其指数函数。

2. 举个具体例子：2×2 对角阵

为了让概念更加清晰，我们来看一个小而精致的例子：2×2 对角阵。假设矩阵 A 为

$$A = \begin{bmatrix} a_0 & 0 \\ 0 & a_1 \end{bmatrix}$$

其中 a_0 和 a_1 是矩阵 A 的特征值。它们描述了矩阵对向量施加线性变换时的缩放因子。根据上面的公式，A^k 为

$$A^k = \begin{bmatrix} a_0^k & 0 \\ 0 & a_1^k \end{bmatrix}$$

于是，矩阵的指数函数就是

$$\begin{aligned}
e^A &= 1 + \frac{A}{1!} + \frac{A^2}{2!} + \frac{A^3}{3!} + \cdots + \frac{A^n}{n!} \\
&= \begin{bmatrix} 1 & 0 \\ 0 & 1 \end{bmatrix} + \begin{bmatrix} a_0 & 0 \\ 0 & a_1 \end{bmatrix} + \frac{1}{2!}\begin{bmatrix} a_0^2 & 0 \\ 0 & a_1^2 \end{bmatrix} + \frac{1}{3!}\begin{bmatrix} a_0^3 & 0 \\ 0 & a_1^3 \end{bmatrix} + \cdots \\
&= \begin{bmatrix} 1 + a_0 + \frac{1}{2!}a_0^2 + \frac{1}{3!}a_0^3 + \cdots & 0 \\ 0 & 1 + a_1 + \frac{1}{2!}a_1^2 + \frac{1}{3!}a_1^3 \cdots \end{bmatrix}
\end{aligned}$$

从而得出

$$e^A = \begin{bmatrix} e^{a_0} & 0 \\ 0 & e^{a_1} \end{bmatrix}$$

由于

$$|0\rangle\langle 0| + |1\rangle\langle 1| = \begin{bmatrix} 1 \\ 0 \end{bmatrix}[1 \ 0] + \begin{bmatrix} 0 \\ 1 \end{bmatrix}[0 \ 1] = \begin{bmatrix} 1 & 0 \\ 0 & 0 \end{bmatrix} + \begin{bmatrix} 0 & 0 \\ 0 & 1 \end{bmatrix}$$

最后得出

$$\begin{aligned}
e^A &= \begin{bmatrix} e^{a_0} & 0 \\ 0 & e^{a_1} \end{bmatrix} \\
&= \begin{bmatrix} e^{a_0} & 0 \\ 0 & 0 \end{bmatrix} + \begin{bmatrix} 0 & 0 \\ 0 & e^{a_1} \end{bmatrix} \\
&= e^{a_0}\begin{bmatrix} 1 & 0 \\ 0 & 0 \end{bmatrix} + e^{a_1}\begin{bmatrix} 0 & 0 \\ 0 & 1 \end{bmatrix} \\
&= e^{a_0}|0\rangle\langle 0| + e^{a_1}|1\rangle\langle 1|
\end{aligned}$$

5.2 旋转的原动力：生成元

先来看看数学的"公式三兄弟"

这三位主角分别是正弦函数 $\sin x$、余弦函数 $\cos x$ 和指数函数 e^x。它们的泰勒展开式如下：

$$\sin x = x - \frac{x^3}{3!} + \frac{x^5}{5!} - \frac{x^7}{7!} + \cdots + (-1)^n \frac{x^{2n+1}}{(2n+1)!}$$

$$\cos x = 1 - \frac{x^2}{2!} + \frac{x^4}{4!} - \frac{x^6}{6!} + \cdots + (-1)^n \frac{x^{2n}}{(2n)!}$$

$$e^x = 1 + \frac{x}{1!} + \frac{x^2}{2!} + \frac{x^3}{3!} + \cdots + \frac{x^n}{n!}$$

基于这些泰勒展开式，我们可以定义幺正变换 $U(\varphi)$：

$$\begin{aligned}
U(\varphi) &= e^{(-i\varphi A)} \\
&= 1 + \frac{-i\varphi A}{1!} + \frac{(-i\varphi A)^2}{2!} + \frac{(-i\varphi A)^3}{3!} + \cdots + \frac{(-i\varphi A)^n}{n!} \\
&= \left(1 - \frac{\varphi^2}{2!} + \frac{\varphi^4}{4!} - \frac{\varphi^6}{6!} + \cdots + (-1)^n \frac{\varphi^{2n}}{(2n)!}\right) I - \\
&\quad i\left(\varphi - \frac{\varphi^3}{3!} + \frac{\varphi^5}{5!} - \frac{\varphi^7}{7!} + \cdots + (-1)^n \frac{\varphi^{2n+1}}{(2n+1)!}\right) A \\
&= \cos(\varphi) I - i\sin(\varphi) A
\end{aligned}$$

这里，矩阵 A 是生成元。它的作用就像一个指挥官，决定了幺正变换的性质和旋转方向。不同的生成元 A 产生不同的旋转效果，就像不同的乐队指挥能让一首乐曲变得完全不一样。

1. 单位矩阵：简单到让人安心的生成元

让我们从最简单的例子开始：以单位矩阵 I 作为生成元。单位矩阵 I 是个乖宝宝，永远维持着矩阵的"原始风貌"：

$$I = \begin{bmatrix} 1 & 0 \\ 0 & 1 \end{bmatrix}$$

如果以 I 作为生成元，那么幺正变换的公式就非常整齐：

$$U(\varphi) = e^{(-i\varphi A)} = \begin{bmatrix} e^{-i\varphi} & 0 \\ 0 & e^{-i\varphi} \end{bmatrix} = e^{-i\varphi} \begin{bmatrix} 1 & 0 \\ 0 & 1 \end{bmatrix} = e^{-i\varphi} I$$

换句话说，它对量子态的作用只是乘以一个全局相位 $e^{-i\varphi}$。这种操作不会改变量子比特的具体状态，只是给它加了一层"相位滤镜"。

2. 泡利矩阵：量子计算的超级英雄

现在，进入主菜——泡利矩阵！泡利矩阵的三位"超级英雄"是量子力学中的常客，被称为自旋矩阵或者泡利算符：

$$\sigma_x = \begin{bmatrix} 0 & 1 \\ 1 & 0 \end{bmatrix},\ \sigma_y = \begin{bmatrix} 0 & -i \\ i & 0 \end{bmatrix},\ \sigma_z = \begin{bmatrix} 1 & 0 \\ 0 & -1 \end{bmatrix}$$

用泡利矩阵生成旋转门

我们可以将这些泡利矩阵作为生成元，利用公式 $U(\theta) = e^{(-i\theta A)}$，生成三个量子逻辑门。

（1）RX(θ)门：将量子比特状态绕 x 轴旋转 θ 角。

（2）RY(θ)门：绕 y 轴旋转 θ 角。

（3）RZ(θ)门：绕 z 轴旋转 θ 角。

具体公式分别为：

$$R_x(\theta) = e^{-i\frac{\theta}{2}\sigma_x},\ R_y(\theta) = e^{-i\frac{\theta}{2}\sigma_y},\ R_z(\theta) = e^{-i\frac{\theta}{2}\sigma_z}$$

根据 $U(\theta) = e^{(-i\theta A)} = \cos(\theta)I - i\sin(\theta)A$，可得：

RX(θ)门可将布洛赫球上的向量 $\boldsymbol{v}$（见图5-1）绕 x 轴旋转 θ 角：

$$R_x(\theta) = e^{-i\frac{\theta}{2}\sigma_x} = e^{-i\theta X/2} = \cos\left(\frac{\theta}{2}\right)I - i\sin\left(\frac{\theta}{2}\right)X$$

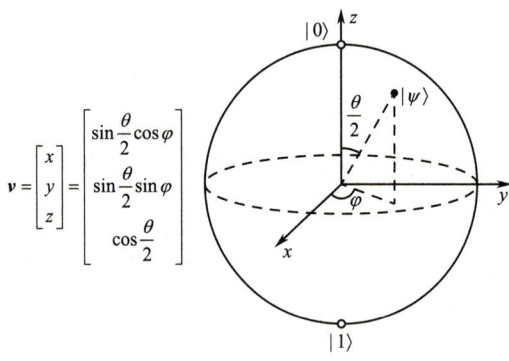

图5-1 布洛赫球上的向量 $\boldsymbol{v}$

RY(θ)门可将布洛赫球上的向量 $\boldsymbol{v}$ 绕 y 轴旋转 θ 角：

$$R_y(\theta) = e^{-i\frac{\theta}{2}\sigma_y} = e^{-i\theta Y/2} = \cos\left(\frac{\theta}{2}\right)I - i\sin\left(\frac{\theta}{2}\right)Y$$

RZ(θ)门可将布洛赫球上的向量 $\boldsymbol{v}$ 绕 z 轴旋转 θ 角：

$$R_z(\theta) = e^{-i\frac{\theta}{2}\sigma_z} = e^{-i\theta Z/2} = \cos\left(\frac{\theta}{2}\right)I - i\sin\left(\frac{\theta}{2}\right)Z$$

在量子计算中，旋转矩阵是个大明星，它们就像一套精美的舞步设计，能够让量子比特在布洛赫球的表面优雅地旋转。当我们将泡利矩阵代入指数公式中时，就可以生成这些旋转矩阵，也称为旋转算子。旋转矩阵不仅仅是数学上的表达，更是量子比特状态演化的核心工具。

泡利矩阵是量子力学的基础操作工具，它们有一个特别"听话"的性质：自乘会回到单位矩阵。用数学语言表示就是：

$$X^2 = Y^2 = Z^2 = I$$

这意味着，不管这些矩阵如何翻腾跳跃，连续两次操作后就会归于最基础的单位矩阵。就像练舞蹈的基础动作，虽然看起来简单，但其实非常重要。

基于这个特性，我们可以通过代入公式 $U(\theta) = e^{-i\theta A/2}$ 得到旋转算子（旋转矩阵）。这些矩阵用来描述量子比特状态的旋转方向和角度，就像布洛赫球上的导航仪，准确地告诉你量子比特的状态是如何转动的。

一个示范：RY(θ)门

首先，让我们来看看绕 y 轴旋转的 RY(θ) 门。它的公式来源于指数表达：

$$R_y(\theta) = e^{-i\theta Y/2}$$

展开后，你会发现它是正弦函数和余弦函数的完美结合：

$$R_y(\theta) = \cos\left(\frac{\theta}{2}\right)I - i\sin\left(\frac{\theta}{2}\right)Y$$

将矩阵展开后，我们得到：

$$R_y(\theta) = \begin{bmatrix} \cos(\theta/2) & -\sin(\theta/2) \\ \sin(\theta/2) & \cos(\theta/2) \end{bmatrix}$$

3. 密度矩阵（算子）

密度矩阵是量子力学中一个强大的工具，能够帮助我们更全面地描述量子系统的状态。无论是纯态还是混合态，这个工具都能派上用场。可以说，密度矩阵就像量子系统的身份证，记录了它在各种基态下的概率分布。

1）纯态与密度矩阵

让我们从基础的量子态开始，如一个二能级量子系统的纯态：

$$|\psi\rangle = \alpha|0\rangle + \beta|1\rangle$$

纯态的密度矩阵定义为

$$\rho = |\psi\rangle\langle\psi| = \begin{bmatrix} \alpha \\ \beta \end{bmatrix}\begin{bmatrix} \bar{\alpha} & \bar{\beta} \end{bmatrix} = \begin{bmatrix} \alpha\bar{\alpha} & \alpha\bar{\beta} \\ \beta\bar{\alpha} & \beta\bar{\beta} \end{bmatrix} = \begin{bmatrix} |\alpha|^2 & \alpha\bar{\beta} \\ \beta\bar{\alpha} & |\beta|^2 \end{bmatrix}$$

如果将 $|\psi\rangle$ 具体展开，比如：

$$|\psi\rangle = \cos\frac{\theta}{2}|0\rangle + e^{i\varphi}\sin\frac{\theta}{2}|1\rangle$$

密度矩阵就可以进行如下计算：

$$\rho = |\psi\rangle\langle\psi| = \begin{bmatrix} \cos^2\frac{\theta}{2} & e^{-i\varphi}\cos\frac{\theta}{2}\sin\frac{\theta}{2} \\ e^{i\varphi}\cos\frac{\theta}{2}\sin\frac{\theta}{2} & \sin^2\frac{\theta}{2} \end{bmatrix}$$

根据三角函数公式

$$\sin(2\alpha) = 2\sin\alpha\cos\alpha$$
$$\cos(2\alpha) = \cos^2\alpha - \sin^2\alpha = 2\cos^2\alpha - 1 = 1 - 2\sin^2\alpha$$

进一步化简后，可得

$$\rho = \frac{1}{2}\begin{bmatrix} 1+\cos\theta & \cos\varphi\sin\theta - i\sin\varphi\sin\theta \\ \cos\varphi\sin\theta + i\sin\varphi\sin\theta & 1-\cos\theta \end{bmatrix}$$

这表明密度矩阵不仅包含了量子系统的概率分布，还记录了状态的相干性信息（基态之间的量子叠加关系）。

2）密度矩阵的性质

密度矩阵有几个非常重要的性质，让它在量子计算和量子信息领域扮演关键角色。

- 迹为 1：密度矩阵的迹（对角线元素之和 $|\alpha|^2 + |\beta|^2$）等于 1，表示量子系统的总概率恒为 1。

- 对角线元素与测量概率：密度矩阵的对角线元素表示系统在各基态下的概率。例如，ρ_{00} 表示状态 $|0\rangle$ 的概率。

- 纯态与混合态：如果 $\rho = \rho^2$，那么密度矩阵表示的是一个纯态；否则，它表示一个混合态（多个纯态的统计混合）。

3）密度矩阵与布洛赫球

对于二能级量子系统，密度矩阵与布洛赫球有着紧密的联系。布洛赫球是一种几何表示法，可以直观地描述量子比特的状态。

由于

$$I = \begin{bmatrix} 1 & 0 \\ 0 & 1 \end{bmatrix}, \quad X = \sigma_x = \begin{bmatrix} 0 & 1 \\ 1 & 0 \end{bmatrix}, \quad Y = \sigma_y = \begin{bmatrix} 0 & -i \\ i & 0 \end{bmatrix}, \quad Z = \sigma_z = \begin{bmatrix} 1 & 0 \\ 0 & -1 \end{bmatrix}$$

因此有

$$\rho = \frac{1}{2}\begin{bmatrix} 1+\cos\theta & \cos\varphi\sin\theta - i\sin\varphi\sin\theta \\ \cos\varphi\sin\theta + i\sin\varphi\sin\theta & 1-\cos\theta \end{bmatrix}$$

$$= \frac{1}{2}\left(\begin{bmatrix} 1 & 0 \\ 0 & 1 \end{bmatrix} + \begin{bmatrix} 0 & \cos\varphi\sin\theta \\ \cos\varphi\sin\theta & 0 \end{bmatrix} + \begin{bmatrix} 0 & -i\sin\varphi\sin\theta \\ i\sin\varphi\sin\theta & 0 \end{bmatrix} + \begin{bmatrix} \cos\theta & 0 \\ 0 & -\cos\theta \end{bmatrix}\right)$$

$$= \frac{1}{2}\left(\begin{bmatrix} 1 & 0 \\ 0 & 1 \end{bmatrix} + \cos\varphi\sin\theta\begin{bmatrix} 1 & 0 \\ 0 & 1 \end{bmatrix} + \sin\varphi\sin\theta\begin{bmatrix} 0 & -i \\ i & 0 \end{bmatrix} + \cos\theta\begin{bmatrix} 1 & 0 \\ 0 & -1 \end{bmatrix}\right)$$

$$= \frac{1}{2}(\boldsymbol{I} + v_x\boldsymbol{X} + v_y\boldsymbol{Y} + v_z\boldsymbol{Z})$$

布洛赫球上的单位向量 $\vec{v}$ 表示为

$$\vec{v} = \begin{bmatrix} v_x \\ v_y \\ v_z \end{bmatrix} = \begin{bmatrix} \sin\theta\cos\varphi \\ \sin\theta\sin\varphi \\ \cos\theta \end{bmatrix}$$

而泡利矩阵组成的三维向量为

$$\vec{\sigma} = \begin{bmatrix} \sigma_x \\ \sigma_y \\ \sigma_z \end{bmatrix} = \begin{bmatrix} \boldsymbol{X} \\ \boldsymbol{Y} \\ \boldsymbol{Z} \end{bmatrix}$$

因此,密度矩阵可以用布洛赫球的表示方式写成

$$\rho = \frac{1}{2}\left(\boldsymbol{I} + \vec{v}^\mathrm{T} \cdot \vec{\sigma}\right)$$

如果以 $\{\boldsymbol{I}, \boldsymbol{X}, \boldsymbol{Y}, \boldsymbol{Z}\}$ 为基,则 ρ 与四元数同构。这让密度矩阵和四元数之间建立起了数学上的同构关系,让人感叹量子力学中的优雅对称性。

4) 幺正变换与密度矩阵的演化

除了描述量子系统当前的状态,密度矩阵还能用于计算系统随时间的演化。对于一个量子态 $|\psi\rangle$,其密度矩阵的演化遵循

$$\rho \rightarrow \boldsymbol{U}\rho\boldsymbol{U}^\dagger$$

这里,$\boldsymbol{U}$ 是一个幺正矩阵,表示量子系统的演化操作。这个公式表明,密度矩阵在时间演化过程中依然保持迹为 1,同时保留其描述系统概率分布和相干性的功能。

如果初始密度矩阵是 $\rho_0 = |\psi\rangle\langle\psi| = |\psi\rangle(|\psi\rangle)^\dagger$,则演化后的密度矩阵为

$$\rho = (\boldsymbol{U}|\psi\rangle)(\boldsymbol{U}|\psi\rangle)^\dagger$$

计算过程如下:

$$\begin{aligned} \rho &= (\boldsymbol{U}|\psi\rangle)(\boldsymbol{U}|\psi\rangle)^\dagger \\ &= (\boldsymbol{U}|\psi\rangle)(\langle\psi|\boldsymbol{U}^\dagger) \\ &= \boldsymbol{U}|\psi\rangle\langle\psi|\boldsymbol{U}^\dagger \\ &= \boldsymbol{U}\rho_0\boldsymbol{U}^\dagger \end{aligned}$$

4. $R_z(\theta)$ ——绕 z 轴旋转 θ 角

在量子力学中，$R_z(\theta)$ 是一个经典的幺正变换，专门用来描述量子比特绕 z 轴旋转 θ 角的过程。不仅如此，$R_z(\theta)$ 还能用来描述密度矩阵的演化，将量子力学中的抽象数学与直观几何完美结合。通过布洛赫球上的单位向量 $\vec{v}$ 和泡利矩阵组成的三维向量 $\vec{\sigma}$，我们可以清晰地看到密度矩阵在 $R_z(\theta)$ 作用下的变化。

密度矩阵 ρ 在 $R_z(\theta)$ 作用下的演化公式为

$$\rho = R_z(\theta)\rho_0 R_z(\theta)^\dagger$$

将初始密度矩阵 ρ_0 展开为布洛赫球表示：

$$\rho_0 = \frac{1}{2}(I + \vec{v}^T \cdot \vec{\sigma})$$

代入后得

$$\begin{aligned}\rho &= R_z(\theta)\rho_0 R_z(\theta)^\dagger \\ &= R_z(\theta)\frac{1}{2}(I + \vec{v}^T \cdot \vec{\sigma})R_z(\theta)^\dagger \\ &= R_z(\theta)\frac{1}{2}(I + v_x X + v_y Y + v_z Z)R_z(\theta)^\dagger \\ &= \frac{1}{2}(I + v_x R_z(\theta)XR_z(\theta)^\dagger + v_y R_z(\theta)YR_z(\theta)^\dagger + v_z R_z(\theta)ZR_z(\theta)^\dagger)\end{aligned}$$

这里，$\vec{v} = \begin{bmatrix} v_x \\ v_y \\ v_z \end{bmatrix} = \begin{bmatrix} \sin\theta\cos\varphi \\ \sin\theta\sin\varphi \\ \cos\theta \end{bmatrix}$ 是布洛赫球上的单位向量，表示量子比特的初始状态；

$\vec{\sigma} = \begin{bmatrix} \sigma_x \\ \sigma_y \\ \sigma_z \end{bmatrix} = \begin{bmatrix} X \\ Y \\ Z \end{bmatrix}$ 是泡利矩阵组成的三维向量。

展开 $R_z(\theta)XR_z(\theta)^\dagger$

为了看清楚密度矩阵的演化，我们需要展开每一项。

例如，展开 $R_z(\theta)\rho_0 R_z(\theta)^\dagger$。

$R_z(\theta)$ 的定义为

$$R_z(\theta) = e^{-i\frac{\theta}{2}Z} = \cos\frac{\theta}{2}I - i\sin\frac{\theta}{2}Z$$

利用泡利矩阵的代数性质：

- $X^2 = Y^2 = Z^2 = I$
- $XY = -YX = iZ$
- $YZ = -ZY = iX$

- $ZX = -XZ = \mathrm{i}Y$

我们可以得到

$$R_z(\theta)XR_z(\theta)^\dagger = \left(\cos\frac{\theta}{2}I - \mathrm{i}\sin\frac{\theta}{2}Z\right)X\left(\cos\frac{\theta}{2}I + \mathrm{i}\sin\frac{\theta}{2}Z\right)$$

$$= \cos^2\frac{\theta}{2}X + \mathrm{i}\sin\frac{\theta}{2}\cos\frac{\theta}{2}XZ - \mathrm{i}\sin\frac{\theta}{2}\cos\frac{\theta}{2}ZX + \sin^2\frac{\theta}{2}ZXZ$$

$$= \cos^2\frac{\theta}{2}X + \sin\frac{\theta}{2}\cos\frac{\theta}{2}Y + \sin\frac{\theta}{2}\cos\frac{\theta}{2}Y - \sin^2\frac{\theta}{2}X$$

$$= \left(\cos^2\frac{\theta}{2} - \sin^2\frac{\theta}{2}\right)X + 2\sin\frac{\theta}{2}\cos\frac{\theta}{2}Y$$

化简后可得

$$R_z(\theta)XR_z(\theta)^\dagger = \cos\theta X + \sin\theta Y$$

类似地,我们可以得到其他两项:

- $R_z(\theta)YR_z(\theta)^\dagger = \cos\theta Y - \sin\theta X$
- $R_z(\theta)ZR_z(\theta)^\dagger = Z$

将上述结果代入密度矩阵的演化公式,我们可以得到

$$\rho = \frac{1}{2}(I + v_x R_z(\theta)XR_z(\theta)^\dagger + v_y R_z(\theta)YR_z(\theta)^\dagger + v_z R_z(\theta)ZR_z(\theta)^\dagger)$$

$$= \frac{1}{2}(I + v_x(\cos\theta X + \sin\theta Y) + v_y(\cos\theta Y - \sin\theta X) + v_z Z)$$

$$= \frac{1}{2}(I + (v_x\cos\theta - v_y\sin\theta)X + (v_x\sin\theta + v_y\cos\theta)Y + v_z Z)$$

因为

$$\rho' = \frac{1}{2}(I + v'_x X + v'_y Y + v'_z Z)$$

$$= \frac{1}{2}(I + \vec{v'}^\mathrm{T} \cdot \vec{\sigma})$$

于是有

$$v'_x = v_x\cos\theta - v_y\sin\theta$$
$$v'_y = v_x\sin\theta + v_y\cos\theta$$
$$v'_z = v_z$$

即

绕 z 轴旋转 θ 角的矩阵

$$\begin{matrix} v'_x = v_x\cos\theta - v_y\sin\theta \\ v'_y = v_x\sin\theta + v_y\cos\theta \\ v'_z = v_z \end{matrix} \implies \vec{v'} = \begin{bmatrix} \cos\theta & -\sin\theta & 0 \\ \sin\theta & \cos\theta & 0 \\ 0 & 0 & 1 \end{bmatrix}\vec{v}$$

其中

$$\vec{v} = \begin{bmatrix} v_x \\ v_y \\ v_z \end{bmatrix} = \begin{bmatrix} \sin\theta\cos\varphi \\ \sin\theta\sin\varphi \\ \cos\theta \end{bmatrix}$$

通过这个公式，我们发现，$R_z(\theta)$ 的作用相当于让布洛赫球上的向量 $\vec{v}$ 绕 z 轴旋转了 θ 角。

也就是说，密度矩阵中的概率分布和相干性信息在 $R_z(\theta)$ 的作用下发生了几何上的旋转，这种变化可以直观地在布洛赫球上观察到。

通过类似的方法，我们还可以证明：

（1）$R_x(\theta)$ 为绕 x 轴旋转 θ 角的矩阵。

（2）$R_y(\theta)$ 为绕 y 轴旋转 θ 角的矩阵。

这些旋转门是量子计算的基础组件，它们在量子算法的实现中起到了至关重要的作用。

通过 $R_z(\theta)$ 利用的密度矩阵演化公式，我们不仅可以更清晰地理解量子系统的状态变化，还能够为量子算法的设计和优化提供理论支持。这就是量子力学的魅力——复杂的数学结构背后，隐藏着优雅的物理图景。

5.3 绕 x 轴的旋转：RX(θ)门

1. 什么是RX(θ)门？

RX(θ)门是基于泡利 X 矩阵（常称为 X 门）的生成元构建的。

数学上，RX(θ)门的定义为

$$R_x(\theta) = e^{-i\frac{\theta}{2}X}$$

其中，X 是泡利 X 矩阵：

$$X = \sigma_x = \begin{bmatrix} 0 & 1 \\ 1 & 0 \end{bmatrix}$$

展开后，RX(θ)门的矩阵形式为

$$R_x(\theta) = \cos\frac{\theta}{2}I - i\sin\frac{\theta}{2}X = \begin{bmatrix} \cos\frac{\theta}{2} & -i\sin\frac{\theta}{2} \\ -i\sin\frac{\theta}{2} & \cos\frac{\theta}{2} \end{bmatrix}$$

这里，$\cos\frac{\theta}{2}$ 和 $\sin\frac{\theta}{2}$ 是负责旋转的主要角色，它们决定量子比特在基态和激发态中的分布。

2. RX(θ)门的作用：基态上的旋转

为了直观地理解 RX(θ) 门的操作，让我们看看它如何作用于量子比特的基态 $|0\rangle$ 和 $|1\rangle$。

1）RX(θ)门作用在 $|0\rangle$ 上

RX(θ) 门的矩阵作用公式为

$$\boldsymbol{R}_x(\theta)|0\rangle = \begin{bmatrix} \cos\frac{\theta}{2} & -i\sin\frac{\theta}{2} \\ -i\sin\frac{\theta}{2} & \cos\frac{\theta}{2} \end{bmatrix} \begin{bmatrix} 1 \\ 0 \end{bmatrix} = \begin{bmatrix} \cos\frac{\theta}{2} \\ -i\sin\frac{\theta}{2} \end{bmatrix}$$

用量子态的形式表示为

$$\boldsymbol{R}_x(\theta)|0\rangle = \cos\frac{\theta}{2}|0\rangle - i\sin\frac{\theta}{2}|1\rangle$$

这个结果告诉我们，经过 RX(θ) 门操作后，量子比特从原来的基态 $|0\rangle$ 中"挪了一部分"到激发态 $|1\rangle$，其比例由 $\cos\frac{\theta}{2}$ 和 $\sin\frac{\theta}{2}$ 决定。

2）RX(θ)门作用在 $|1\rangle$ 上

同样地，将 RX(θ) 门作用于基态 $|1\rangle$：

$$\boldsymbol{R}_x(\theta)|1\rangle = \begin{bmatrix} \cos\frac{\theta}{2} & -i\sin\frac{\theta}{2} \\ -i\sin\frac{\theta}{2} & \cos\frac{\theta}{2} \end{bmatrix} \begin{bmatrix} 0 \\ 1 \end{bmatrix} = \begin{bmatrix} -i\sin\frac{\theta}{2} \\ \cos\frac{\theta}{2} \end{bmatrix}$$

用量子态形式表示为

$$\boldsymbol{R}_x(\theta)|1\rangle = -i\sin\frac{\theta}{2}|0\rangle + \cos\frac{\theta}{2}|1\rangle$$

3）旋转的几何图景

在布洛赫球的几何表示中，RX(θ) 门的作用可以形象地理解为让量子比特状态绕 x 轴旋转 θ 角。可以想象一下：布洛赫球上的量子比特像一个小箭头，而 RX(θ) 门通过调整 θ，改变这个箭头的指向，从而精准控制量子比特的状态（见图 5-2）。例如：

- 当 $\theta=0$ 时，状态保持不变；
- 当 $\theta=\pi$ 时，相当于 X 门；
- 当 $\theta=2\pi$ 时，量子比特完成一个完整的旋转，回到原来的状态。

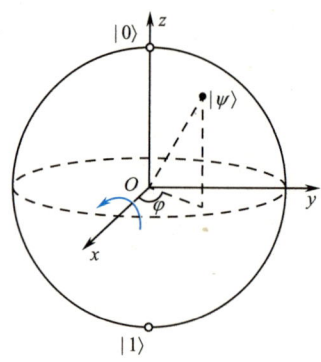

图 5-2　RX(θ)门控制量子比特的状态

这种几何视角不仅可以让我们直观地理解量子门的作用，还可以帮助我们设计复杂的量子线路。

3. RX(θ)门量子线路

（1）RX(θ)门量子线路符号如图 5-3 所示。

图 5-3　RX(θ)门量子线路符号

（2）实例操作：RX(θ)门旋转 π/2。

我们将参数 θ 设置为 π/2（90°），看看 RX(θ)门的效果：

$$R_x(\pi/2)|0\rangle = \cos\left(\frac{\pi}{4}\right)|0\rangle - i\sin\left(\frac{\pi}{4}\right)|1\rangle$$

计算出具体值：

$$R_x\left(\frac{\pi}{2}\right)|0\rangle = \frac{1}{\sqrt{2}}|0\rangle - \frac{i}{\sqrt{2}}|1\rangle$$

观察线路中布洛赫球的变化情况（见图 5-4）。

图 5-4　线路中布洛赫球的变化情况

这表明，经过 RX(θ)门操作后，量子态被旋转到了一个特殊的位置，既不是完全的 $|0\rangle$，也不是完全的 $|1\rangle$，而是两者的叠加态。用布洛赫球表示，量子态从 z 轴正方向（初态）旋转到了 y 轴负方向的位置。

5.4 绕 y 轴的旋转：RY(θ)门

1. 什么是 RY(θ)门？

RY(θ)门由泡利 Y 矩阵作为生成元而构成。

RY(θ)门的数学定义为

$$R_y(\theta) = e^{-i\frac{\theta}{2}Y}$$

其中，Y 是泡利 Y 矩阵：

$$Y = \sigma_y = \begin{bmatrix} 0 & -i \\ i & 0 \end{bmatrix}$$

展开后，RY(θ)门的矩阵形式为

$$R_y(\theta) = \cos\frac{\theta}{2} I - i\sin\frac{\theta}{2} Y = \begin{bmatrix} \cos\frac{\theta}{2} & -\sin\frac{\theta}{2} \\ \sin\frac{\theta}{2} & \cos\frac{\theta}{2} \end{bmatrix}$$

2. RY(θ)门的作用：基态上的旋转

为了更直观地理解 RY(θ)门的作用，让我们看看它如何改变量子比特的基态 $|0\rangle$ 和 $|1\rangle$。

1）RY(θ)门作用在 $|0\rangle$ 上

RY(θ)门的作用公式为

$$R_y(\theta)|0\rangle = \begin{bmatrix} \cos\frac{\theta}{2} & -\sin\frac{\theta}{2} \\ \sin\frac{\theta}{2} & \cos\frac{\theta}{2} \end{bmatrix} \begin{bmatrix} 1 \\ 0 \end{bmatrix} = \begin{bmatrix} \cos\frac{\theta}{2} \\ \sin\frac{\theta}{2} \end{bmatrix}$$

用量子态的形式表示为

$$R_y(\theta)|0\rangle = \cos\frac{\theta}{2}|0\rangle + \sin\frac{\theta}{2}|1\rangle$$

这表明，RY(θ)门通过旋转操作将量子比特从完全的基态 $|0\rangle$ 中拉出一部分，并与激发态 $|1\rangle$ 形成了量子叠加。

2）RY(θ)门作用在 $|1\rangle$ 上

类似地，将 RY(θ)门作用于基态 $|1\rangle$：

$$R_y(\theta)|1\rangle = \begin{bmatrix} \cos\frac{\theta}{2} & -\sin\frac{\theta}{2} \\ \sin\frac{\theta}{2} & \cos\frac{\theta}{2} \end{bmatrix} \begin{bmatrix} 0 \\ 1 \end{bmatrix} = \begin{bmatrix} -\sin\frac{\theta}{2} \\ \cos\frac{\theta}{2} \end{bmatrix}$$

用量子态形式表示为

$$R_y(\theta)|1\rangle = -\sin\frac{\theta}{2}|0\rangle + \cos\frac{\theta}{2}|1\rangle$$

这里，量子比特状态从激发态 $|1\rangle$ 中拉出了一部分，形成了新的叠加状态。

3）几何解读：绕 y 轴的旋转

RY(θ)门的几何意义是让量子比特状态沿着布洛赫球的 y 轴旋转（见图5-5）。假设初始状态是布洛赫球上的一个箭头，RY(θ)门的作用可以将箭头旋转 θ 角度：

- 当 $\theta = 0$ 时，状态保持不变；
- 当 $\theta = \pi$ 时，相当于 Y 门；
- 当 $\theta = 2\pi$ 时，量子比特完成一个完整的旋转，回到原来的状态。

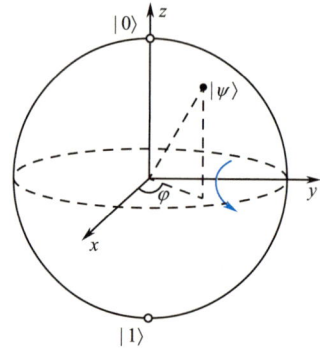

图5-5　绕 y 轴逆时针旋转 θ 角

这种几何上的描述不仅直观，还为我们设计和优化量子算法提供了重要的工具。

3. RY(θ)门量子线路

（1）RY(θ)门量子线路符号如图5-6所示。

图5-6　RY(θ)门量子线路符号

（2）实例操作：RY(θ)门旋转 $\pi/2$。

如果将参数 θ 设为 $\pi/2$（90°），我们来看看会发生什么：

$$R_y(\pi/2)|0\rangle = \cos\left(\frac{\pi}{4}\right)|0\rangle + \sin\left(\frac{\pi}{4}\right)|1\rangle$$

通过计算，得到

$$R_y\left(\frac{\pi}{2}\right)|0\rangle = \frac{1}{\sqrt{2}}|0\rangle + \frac{1}{\sqrt{2}}|1\rangle$$

这个结果表明，RY(θ)门将量子态从基态 |0⟩ 旋转到布洛赫球上的 x 轴正方向（见图 5-7）。

图 5-7　从基态 |0⟩ 旋转到布洛赫球上的 x 轴正方向

5.5　绕 z 轴的旋转：RZ(θ)门

1. 什么是 RZ(θ)门？

RZ(θ)门也称为相位转化门（Phase-Shift Gate），由泡利 Z 矩阵 **Z** 作为生成元而构建。先来看看 **Z** 矩阵的定义：

$$Z = \sigma_z = \begin{bmatrix} 1 & 0 \\ 0 & -1 \end{bmatrix}$$

RZ(θ)门的数学定义为

$$R_z(\theta) = e^{-i\frac{\theta}{2}Z}$$

经过推导，RZ(θ)门的矩阵形式为

$$R_z(\theta) = \begin{bmatrix} e^{-i\frac{\theta}{2}} & 0 \\ 0 & e^{i\frac{\theta}{2}} \end{bmatrix}$$

为了简化，我们可以忽略全局相位 $e^{-i\frac{\theta}{2}}$，因为它在物理上没有意义。最终，我们得到 RZ(θ)门的简化矩阵：

$$R_z(\theta) = \begin{bmatrix} 1 & 0 \\ 0 & e^{i\theta} \end{bmatrix}$$

2. RZ(θ)门的作用

RZ(θ)门的核心功能是改变量子态的相位，而不影响概率振幅。让我们具体看看它对基态的作用。

1）作用于 |0⟩ 上

$$R_z(\theta)|0\rangle = \begin{bmatrix} 1 & 0 \\ 0 & e^{i\theta} \end{bmatrix} \begin{bmatrix} 1 \\ 0 \end{bmatrix} = \begin{bmatrix} 1 \\ 0 \end{bmatrix} = |0\rangle$$

显然，RZ(θ)门对基态 |0⟩没有影响。

2）作用于|1⟩上

$$R_z(\theta)|1\rangle = \begin{bmatrix} 1 & 0 \\ 0 & e^{i\theta} \end{bmatrix}\begin{bmatrix} 0 \\ 1 \end{bmatrix} = \begin{bmatrix} 0 \\ e^{i\theta} \end{bmatrix} = e^{i\theta}|1\rangle$$

对于基态 |1⟩，RZ(θ)门会将其相位增加一个 θ 角。

3. RZ(θ)门的几何意义

在布洛赫球的表示中，RZ(θ)门可以看作一个绕 z 轴的旋转操作。假设量子态为

$$|\psi\rangle = \cos\theta|0\rangle + e^{i\phi}\sin\theta|1\rangle$$

经过 RZ(θ)门作用后，

$$R_z(\theta)|\psi\rangle = \cos\theta|0\rangle + e^{i(\phi+\theta)}\sin\theta|1\rangle$$

这说明 RZ(θ)门会让量子比特在布洛赫球上绕 z 轴旋转 θ 角（见图 5-8），而不会改变量子态在球面上的位置。这种特性使得 RZ(θ)门在调整量子态相位时非常高效且精确。

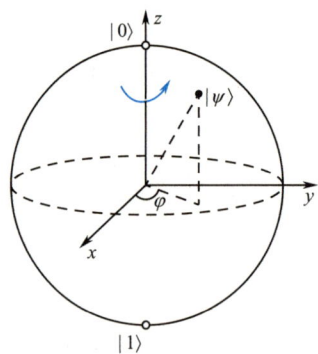

图 5-8　绕着 z 轴旋转 θ 角

4. RZ(θ)门的一些其他重要性质

1）共轭性质

RZ(θ)门的共轭转置为

$$R_z(\theta)^\dagger = R_z(-\theta)$$

这表明 RZ(θ)门的逆操作相当于绕 z 轴逆时针旋转 –θ 角，或等价于正时针旋转 θ 角。

2）结合泡利 X 矩阵

当 RZ(θ)门与泡利 X 矩阵 **X** 组合时，我们得到

$$XR_z(\theta)X = \begin{bmatrix} 0 & 1 \\ 1 & 0 \end{bmatrix} \begin{bmatrix} 1 & 0 \\ 0 & e^{i\theta} \end{bmatrix} \begin{bmatrix} 0 & 1 \\ 1 & 0 \end{bmatrix}$$

$$= \begin{bmatrix} 0 & e^{i\theta} \\ 1 & 0 \end{bmatrix} \begin{bmatrix} 0 & 1 \\ 1 & 0 \end{bmatrix} = \begin{bmatrix} e^{i\theta} & 0 \\ 0 & 1 \end{bmatrix}$$

$$= e^{i\theta} \begin{bmatrix} 1 & 0 \\ 0 & e^{-i\theta} \end{bmatrix}$$

$$= \begin{bmatrix} 1 & 0 \\ 0 & e^{-i\theta} \end{bmatrix} \quad (舍去全局相位)$$

即

$$XR_z(\theta)X = R_z(-\theta)$$

这表明，泡利 X 矩阵在作用前后会使 RZ(θ) 门的旋转方向反转。

5. 特殊实例：T 门、S 门和 Z 门

RZ(θ) 门有一些著名的特殊实例，具体如下所述。

- T 门：当 $\theta = \pi/4$ 时，RZ(θ) 门即 T 门：

$$T = R_z\left(\frac{\pi}{4}\right) = \begin{bmatrix} 1 & 0 \\ 0 & e^{i\frac{\pi}{4}} \end{bmatrix}$$

- S 门：当 $\theta = \pi/2$ 时，RZ(θ) 门即 S 门：

$$S = R_z\left(\frac{\pi}{2}\right) = \begin{bmatrix} 1 & 0 \\ 0 & i \end{bmatrix}$$

- Z 门：当 $\theta = \pi$ 时，RZ(θ) 门即 Z 门：

$$Z = R_z(\pi) = \begin{bmatrix} 1 & 0 \\ 0 & -1 \end{bmatrix}$$

这些特殊的旋转门在量子计算中扮演了至关重要的角色，广泛应用于算法设计、状态调整和纠错机制中。

6. RZ(θ) 门量子线路

（1）RZ(θ) 门量子线路符号如图 5-9 所示。

图 5-9　RZ(θ) 门量子线路符号

（2）RZ(θ) 门作用于基态：

$$R_z(\theta)|0\rangle = \begin{bmatrix} 1 & 0 \\ 0 & e^{i\theta} \end{bmatrix} \begin{bmatrix} 1 \\ 0 \end{bmatrix} = \begin{bmatrix} 1 \\ 0 \end{bmatrix} = |0\rangle$$

设置参数 $\theta = \pi/2$（见图 5-10）。我们观察图中的布洛赫球，当 RZ(θ) 门作用于基态时，相当于绕 z 轴旋转 90°，也就是量子态没有变化，量子态对应的向量没有移动位置。这意味着在这种情况下，量子态的相位没有发生改变，仍然保持原样。

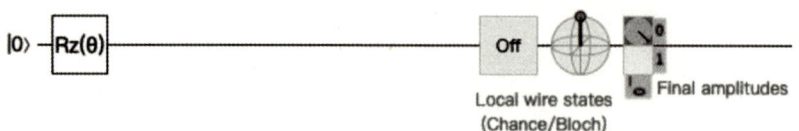

图 5-10　绕 z 轴旋转 90°

第 6 章

▼

量子魔法的协奏
多量子比特逻辑门

在经典计算机中，我们处理的是电路中的开关，开表示"1"，关表示"0"。简单吧！然而，量子计算则别具一格。在量子计算中，我们操控的是量子比特——这些独特的小家伙不仅可以是"0"或"1"，还可以既是"0"又是"1"。这仅仅是开始，当你想同时操控两个量子比特时，情况便变得如同指挥一场交响乐，复杂却充满了无限的可能性。

1. 量子逻辑门的超能力

首先，我们需要一种"指挥工具"来让这些量子比特听从指令。这就是量子逻辑门的使命，特别是"两量子比特门"。这些门的操作不仅仅是简单的开关，而是能够在两个量子比特之间产生一种"相互作用"，就像舞池中的一对舞伴，通过旋转和交替步伐，共同演绎出一场优雅的舞蹈。

2. 常见的两量子比特门

- **CNOT 门**：它就像是舞池中的领舞者。如果第一个比特是"1"，它就会告诉第二个比特："嘿，快翻个跟头！"而如果第一个比特是"0"，第二个比特则会平静地保持原状。这种逻辑可以被用来实现量子纠缠，即量子计算中至关重要的"魔法配方"。

- **SWAP 门**：顾名思义，这个门的任务就是让两个量子比特"互换位置"。

这些门操作并不是随意决定的，它们依赖于一种叫作"幺正变换"的数学手段，确保量子系统的演化是可逆的。这意味着，你可以像"倒放录像"一样回到初始状态，而这一点在经典计算中是做不到的。

3. 两量子比特系统的计算基

要理解两量子比特之间的交互，我们需要先了解它们的"计算基"。对于一个两量子比特系统，所有可能的状态可以用如下的基态表示。

- $|00\rangle$：两位量子比特都在"0"状态。
- $|01\rangle$：第一个比特是"0"，第二个比特是"1"。
- $|10\rangle$：第一个比特是"1"，第二个比特是"0"。
- $|11\rangle$：两位量子比特都在"1"状态。

用向量表示：

$$|00\rangle = \begin{bmatrix} 1 \\ 0 \\ 0 \\ 0 \end{bmatrix}, \quad |01\rangle = \begin{bmatrix} 0 \\ 1 \\ 0 \\ 0 \end{bmatrix}, \quad |10\rangle = \begin{bmatrix} 0 \\ 0 \\ 1 \\ 0 \end{bmatrix}, \quad |11\rangle = \begin{bmatrix} 0 \\ 0 \\ 0 \\ 1 \end{bmatrix}$$

想象一下，你在排列这 4 个状态时，就像在玩一场"超级立方体拼图"，它们是量子计算的基石。在我们的约定中，"基态 $|00\rangle$"的左侧"0"是高位，右侧"0"是低位。这种约定类似于你读一组双位数字时，左边是十位，右边是个位。

通过这些基础的两量子比特门，我们可以构建更加复杂的量子线路，就像用乐器的单音谱写一首宏伟的交响乐。从量子算法的实现到信息处理的升级，每一步都离不开这些门操作的支持。

6.1 量子态的结合术：张量积

说到量子计算中的张量积，你可以把它想象成一个组队游戏。两个或多个量子比特就像游戏里的英雄，单打独斗固然可以，但只有组队后才能释放出惊人的团队技能。而张量积正是让这些英雄组队的"合体技能书"。通过张量积运算，我们可以将不同的量子状态结合在一个更大的希尔伯特空间中，从而描述整个量子系统的状态。

张量积就像一场量子派对，邀请了两个状态 $|0\rangle$ 和 $|1\rangle$ 来参加。这时，规则是把两人组合的所有可能列出来：$|00\rangle$、$|01\rangle$、$|10\rangle$ 和 $|11\rangle$。更酷的是，这不仅仅是"组合"那么简单，还包括了相互作用和彼此的纠缠——这就是量子计算中强大的地方！

1. 什么是张量积？

简单来说，张量积就是用一种数学方式，把一个系统的状态和另一个系统的状态"缝合"在一起，从而构成一个复合系统。这个过程听起来复杂，但其实就是"逐项相乘"而已。比如：

$$|00\rangle = |0\rangle \otimes |0\rangle = \begin{bmatrix} 1 \\ 0 \end{bmatrix} \otimes \begin{bmatrix} 1 \\ 0 \end{bmatrix} = \begin{bmatrix} 1 \begin{bmatrix} 1 \\ 0 \end{bmatrix} \\ 0 \begin{bmatrix} 1 \\ 0 \end{bmatrix} \end{bmatrix} = \begin{bmatrix} 1 \\ 0 \\ 0 \\ 0 \end{bmatrix}$$

$$|01\rangle = |0\rangle \otimes |1\rangle = \begin{bmatrix} 1 \\ 0 \end{bmatrix} \otimes \begin{bmatrix} 0 \\ 1 \end{bmatrix} = \begin{bmatrix} 1 \begin{bmatrix} 0 \\ 1 \end{bmatrix} \\ 0 \begin{bmatrix} 0 \\ 1 \end{bmatrix} \end{bmatrix} = \begin{bmatrix} 0 \\ 1 \\ 0 \\ 0 \end{bmatrix}$$

$$|10\rangle = |1\rangle \otimes |0\rangle = \begin{bmatrix} 0 \\ 1 \end{bmatrix} \otimes \begin{bmatrix} 1 \\ 0 \end{bmatrix} = \begin{bmatrix} 0 \begin{bmatrix} 1 \\ 0 \end{bmatrix} \\ 1 \begin{bmatrix} 1 \\ 0 \end{bmatrix} \end{bmatrix} = \begin{bmatrix} 0 \\ 0 \\ 1 \\ 0 \end{bmatrix}$$

$$|11\rangle = |1\rangle \otimes |1\rangle = \begin{bmatrix} 0 \\ 1 \end{bmatrix} \otimes \begin{bmatrix} 0 \\ 1 \end{bmatrix} = \begin{bmatrix} 0 \begin{bmatrix} 0 \\ 1 \end{bmatrix} \\ 1 \begin{bmatrix} 0 \\ 1 \end{bmatrix} \end{bmatrix} = \begin{bmatrix} 0 \\ 0 \\ 0 \\ 1 \end{bmatrix}$$

2. 张量积的公式：量子计算的"乘法表"

以下是你需要记住的几条张量积公式，保证看完后让你"技能点满"。

- 分配律的量子版，先组合后分配，全都没问题：

  ➢ $A \otimes (B + C) = A \otimes B + A \otimes C$

  ➢ $|a\rangle \otimes (|b\rangle + |c\rangle) = |a\rangle \otimes |b\rangle + |a\rangle \otimes |c\rangle$

  ➢ $(A + B) \otimes C = A \otimes C + B \otimes C$

  ➢ $(|a\rangle + |b\rangle) \otimes |c\rangle = |a\rangle \otimes |c\rangle + |b\rangle \otimes |c\rangle$

- 量子标量系数可以"随便挪"：

  $$z(|a\rangle \otimes |b\rangle) = (z|a\rangle) \otimes |b\rangle = |a\rangle \otimes (z|b\rangle)$$

- 复杂矩阵也没啥，转置与共轭运算都通用：

  ➢ $(A \otimes B)^\dagger = A^\dagger \otimes B^\dagger$

  ➢ $(A \otimes B)^* = A^* \otimes B^*$

  ➢ $(A \otimes B)^{-1} = A^{-1} \otimes B^{-1}$

  ➢ $(A \otimes B)^T = A^T \otimes B^T$

- 如果你知道怎么计算迹（trace），那分成两部分计算也不算麻烦：

  $$\text{tr}(A \otimes B) = \text{tr}(A)\text{tr}(B)$$

在量子计算的奇妙世界里，量子比特是我们的"主角"，它们既可以是 0，也可以是 1，甚至可以是两者的"超级组合"。但故事不会那么简单，因为多个量子比特需要一起工作，而这往往涉及子空间之间复杂的相互作用。好消息是，有一整套精妙的数学工具可以帮助我们理顺这些"量子关系网"，让我们能够更高效地开展量子计算。下面，我们就来解锁这背后的"魔法公式"。

3. 张量积与矩阵乘法的奥秘

让我们从一个简单但强大的规律开始。

不同子空间的张量积的矩阵乘法，可以通过化简为各子空间内的矩阵乘法，再将结果进行张量积的方式来减少计算复杂度。

换句话说，如果量子比特是一支乐队，这个公式就像是排练的黄金法则——各乐手先练好自己的部分，再合成一场交响乐。数学上，这一规律的表现形式如下：

$$(A \otimes B)(C \otimes D) = (AC) \otimes (BD)$$

如果你觉得这还不够震撼,那么再看一个更复杂的例子:

$$(A_1 \otimes B_1)(A_2 \otimes B_2)(A_3 \otimes B_3) = (A_1 A_2 A_3) \otimes (B_1 B_2 B_3)$$

这意味着,无论操作的子空间有多复杂,只要遵循这个规律,最终都能简化成各自子空间的操作。

4. 狄拉克符号的妙用

在量子计算中,描述状态时常用狄拉克符号。它看起来有点像数学和艺术的结合,简洁而优雅。比如:

$$(|a\rangle\langle b|) \otimes (|c\rangle\langle d|) = (|a\rangle \otimes |c\rangle)(\langle b| \otimes \langle d|) = |ac\rangle\langle bd|$$

这种表达方式不仅简洁优雅,还能清楚地展示状态间的关联。你可以把它想象成在为每个量子比特贴上"身份标签",方便我们追踪它们的表现。

5. 更深入的操作公式

公式不仅在状态描述上有用,还可以直接作用于量子态。比如:

$$(A \otimes B)(|x\rangle \otimes |y\rangle) = A|x\rangle \otimes B|y\rangle$$

这说明,矩阵操作和状态叠加完全可以分步骤进行,就像在玩拼图:先拼好每块区域,最后将它们组合成一幅完整的图景。

如果状态是多个叠加态的组合,则公式依然适用:

$$(A \otimes B)\left(\sum_i c_i |x_i\rangle \otimes |y_i\rangle\right) = \sum_i c_i (A|x_i\rangle) \otimes (B|y_i\rangle)$$

这一特性让量子计算在处理复杂叠加态时变得更加高效,就像在高效利用"平行宇宙"的计算能力。

6. 张量积量子线路的趣味探索

量子计算的奇妙之处在于它不仅仅是一堆复杂的公式,而是一场数学与物理的"跨界演出"。在这里,我们通过一个实际例子来进一步感受量子线路中张量积的魔力。无论是整体计算还是逐步计算,都能展示量子世界的精妙逻辑。让我们一起揭开其中的奥秘吧!

1)整体计算张量积:一次性"团购"的操作

假设在时间 t_1 时,复合量子系统的状态为 $|\psi\rangle = |00\rangle$。接着,这个系统经过 X 门和 Z 门操作,我们想知道,在时间 t_2 时,系统会变成什么样子(见图 6-1)?

操作过程:

先回忆一下 X 门和 Z 门的矩阵形式:

$$X = \begin{bmatrix} 0 & 1 \\ 1 & 0 \end{bmatrix}, \quad Z = \begin{bmatrix} 1 & 0 \\ 0 & -1 \end{bmatrix}$$

通过张量积计算 $X \otimes Z$:

$$X \otimes Z = \begin{bmatrix} 0 & 1 \\ 1 & 0 \end{bmatrix} \otimes \begin{bmatrix} 1 & 0 \\ 0 & -1 \end{bmatrix} = \begin{bmatrix} 0 \cdot Z & 1 \cdot Z \\ 1 \cdot Z & 0 \cdot Z \end{bmatrix}$$

具体展开后得到：

$$\begin{bmatrix} 0 \begin{bmatrix} 1 & 0 \\ 0 & -1 \end{bmatrix} & 1 \begin{bmatrix} 1 & 0 \\ 0 & -1 \end{bmatrix} \\ 1 \begin{bmatrix} 1 & 0 \\ 0 & -1 \end{bmatrix} & 0 \begin{bmatrix} 1 & 0 \\ 0 & -1 \end{bmatrix} \end{bmatrix} = \begin{bmatrix} 0 & 0 & 1 & 0 \\ 0 & 0 & 0 & -1 \\ 1 & 0 & 0 & 0 \\ 0 & -1 & 0 & 0 \end{bmatrix}$$

现在，将初始状态 $|00\rangle$ 表示为列向量 $[1,0,0,0]^T$，然后进行矩阵乘法：

$$(X \otimes Z)|00\rangle = \begin{bmatrix} 0 & 0 & 1 & 0 \\ 0 & 0 & 0 & -1 \\ 1 & 0 & 0 & 1 \\ 0 & -1 & 0 & 0 \end{bmatrix} \begin{bmatrix} 1 \\ 0 \\ 0 \\ 0 \end{bmatrix} = \begin{bmatrix} 0 \\ 0 \\ 1 \\ 0 \end{bmatrix} = |10\rangle$$

结果是 $|10\rangle$，表明系统从 $|00\rangle$ 演化到了 $|10\rangle$，如图 6-1 所示。

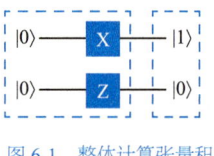

图 6-1 整体计算张量积

2）分步计算张量积

接下来，让我们看看逐步操作是否会得出相同的结果。在时间 t_1 时，复合系统的初始状态仍然是 $|\psi\rangle = |00\rangle$。我们分别对第一个子系统施加 X 门操作，对第二个子系统施加 Z 门操作（见图 6-2）。

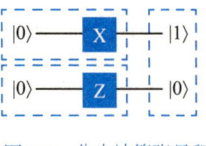

图 6-2 分步计算张量积

分步计算过程如下。

- 第一个子系统操作

对第一个量子比特施加 X 门：

$$X|0\rangle = \begin{bmatrix} 0 & 1 \\ 1 & 0 \end{bmatrix} \begin{bmatrix} 1 \\ 0 \end{bmatrix} = \begin{bmatrix} 0 \\ 1 \end{bmatrix} = |1\rangle$$

- 第二个子系统操作

对第二个量子比特施加 Z 门：

$$Z|0\rangle = \begin{bmatrix} 1 & 0 \\ 0 & -1 \end{bmatrix} \begin{bmatrix} 1 \\ 0 \end{bmatrix} = \begin{bmatrix} 1 \\ 0 \end{bmatrix} = |0\rangle$$

- 组合操作

将两个子系统的结果通过张量积组合：

$$(X|0\rangle) \otimes (Z|0\rangle) = |1\rangle \otimes |0\rangle = |10\rangle$$

其结果与整体计算张量积的结果完全一致，这充分证明了两种方法的等效性。

通过上面的例子，我们发现量子线路的计算可以选择"团购"操作（整体计算张量积）或者"分工合作"（逐步计算张量积）。无论选择哪种方式，结果都不会改变。这种灵活性让我们在设计量子算法时，可以根据需求选择最适合的计算方式。

6.2 双人舞的节奏：两量子比特门的通用公式

让我们走进量子计算的舞池，看看两量子比特门是如何像一对舞者，在精确节奏下完成配合的。这不仅是数学的技巧，更是对量子世界深层规律的一次"现场解析"。下面，我们通过总结通用公式，带你领略双人舞的奥妙。

1. 初始态的全员登场

在量子计算的世界中，量子态是主角，而所有可能的初始态就像舞会的参与者。对于一个双量子比特系统，存在 4 种可能的初始态，它们分别是：

$$|00\rangle = \begin{bmatrix} 1 \\ 0 \\ 0 \\ 0 \end{bmatrix}, \quad |01\rangle = \begin{bmatrix} 0 \\ 1 \\ 0 \\ 0 \end{bmatrix}, \quad |10\rangle = \begin{bmatrix} 0 \\ 0 \\ 1 \\ 0 \end{bmatrix}, \quad |11\rangle = \begin{bmatrix} 0 \\ 0 \\ 0 \\ 1 \end{bmatrix}$$

这些向量不仅是量子系统的基础构件，还定义了系统的状态空间。在量子门操作后，这些初始态将被转换为新的舞步，下面我们将分别研究每个初始态如何在不同量子门作用下发生变化。

2. 量子门：改变舞步的魔法

假设我们应用了某个双量子比特门（U 门），它像一个舞蹈指导，负责让 4 种初始态变换成新的状态：

$$|00\rangle \to |\varphi_0\rangle$$

$$|01\rangle \to |\varphi_1\rangle$$

$$|10\rangle \to |\varphi_2\rangle$$

$$|11\rangle \to |\varphi_3\rangle$$

这就像舞蹈中的每个动作都有自己的衔接顺序，而 U 门确保整个过程优雅、流畅。接下来，我们将通过数学形式把这些"舞步"具体化。

3. 通用公式的推导：分解动作的步骤

根据线性代数的原理，我们可以通过矩阵操作描述 U 门的行为。对每一个初始态应用 U 门，我们有：

$$U|00\rangle = |\varphi_0\rangle$$
$$U|01\rangle = |\varphi_1\rangle$$
$$U|10\rangle = |\varphi_2\rangle$$
$$U|11\rangle = |\varphi_3\rangle$$

为了提炼出 U 门的通用公式，我们将两边分别右乘对应态的转置共轭：

$$U|00\rangle\langle 00| = |\varphi_0\rangle\langle 00|$$
$$U|01\rangle\langle 01| = |\varphi_1\rangle\langle 01|$$
$$U|10\rangle\langle 10| = |\varphi_2\rangle\langle 10|$$
$$U|11\rangle\langle 11| = |\varphi_3\rangle\langle 11|$$

接着，我们把这些等式逐项相加。

左侧：

$$U|00\rangle\langle 00| + U|01\rangle\langle 01| + U|10\rangle\langle 10| + U|11\rangle\langle 11| = UI = U$$

其中 I 是单位矩阵，且 $|00\rangle\langle 00| + |01\rangle\langle 01| + |10\rangle\langle 10| + |11\rangle\langle 11| = I$。

右侧：

$$|\varphi_0\rangle\langle 00| + |\varphi_1\rangle\langle 01| + |\varphi_2\rangle\langle 10| + |\varphi_3\rangle\langle 11|$$

于是，我们得到了双量子比特门（U 门）的通用公式：

$$U = |\varphi_0\rangle\langle 00| + |\varphi_1\rangle\langle 01| + |\varphi_2\rangle\langle 10| + |\varphi_3\rangle\langle 11|$$

6.3 量子翻转的开关：CNOT 门

1. 高位作为控制比特

CNOT 门，通常称为"Control-NOT"门，是量子计算中一种重要的逻辑门，因其独特的功能而被形容为"调皮"。它的工作原理是通过控制比特的状态来决定目标比特的状态是否发生翻转。简单来说，CNOT 门就像一个"量子开关"：当控制比特为 1 时，目标比特的状态会发生翻转；当控制比特为 0 时，目标比特的状态保持不变。你可以将它比作一个开关操作，控制比特像开关按钮，目标比特则像需要被控制的灯泡。

接下来，让我们深入探讨 CNOT 门在量子计算中的表现。为了使这个看似抽象的概念更易理解，我们将展示它的矩阵形式，并在量子线路中演示其具体操作。

2. CNOT 门的矩阵形式与量子线路图

在量子计算的世界里，CNOT 门的矩阵形式如下所示：

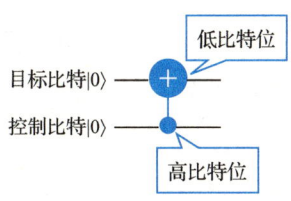

$$U_{\text{CNOT}} = \begin{bmatrix} 1 & 0 & 0 & 0 \\ 0 & 1 & 0 & 0 \\ 0 & 0 & 0 & 1 \\ 0 & 0 & 1 & 0 \end{bmatrix}$$

这个矩阵表示 CNOT 门对两个量子比特的作用。矩阵中的每一行和每一列都对应量子比特的不同状态。我们通常把控制比特放在"高位"，而把目标比特放在"低位"。

在量子线路图中，CNOT 门通过一条水平线连接两个量子比特——控制比特和目标比特。控制比特上有一个实心点，目标比特上则有一个"+"符号，表示目标比特会受到控制比特的影响。对应的 CNOT 门在线路中的显示如图 6-3 所示。

图 6-3　CNOT 门在线路中的显示

约定：量子线路从上到下为从低比特位到高比特位。

当低比特位为控制位时，量子线路图如图 6-4 所示。

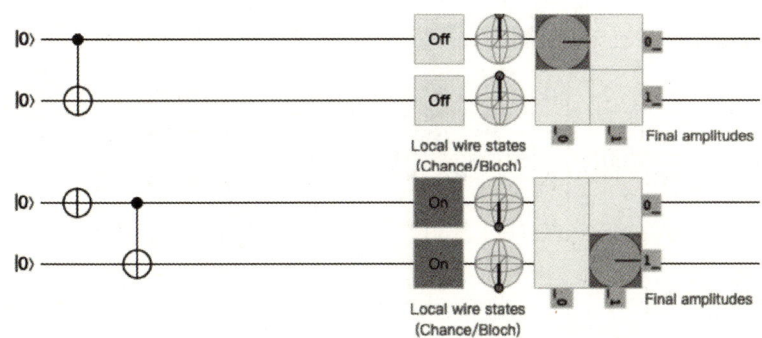

图 6-4　低比特位为控制位时的量子线路图

通过改变控制比特和目标比特的状态，我们可以实现不同的量子操作。在量子线路图上，我们可以清楚地看到量子态在不同比特之间的传递和变换。

3. 如何运作：量子态的变换

量子计算的一大魅力就在于它的"并行性"，CNOT 门也不例外。假设我们有 4 个基本量子态：

$$|00\rangle = \begin{bmatrix}1\\0\\0\\0\end{bmatrix},\ |01\rangle = \begin{bmatrix}0\\1\\0\\0\end{bmatrix},\ |10\rangle = \begin{bmatrix}0\\0\\1\\0\end{bmatrix},\ |11\rangle = \begin{bmatrix}0\\0\\0\\1\end{bmatrix}$$

在 CNOT 门的作用下，这些量子态的变换规律如图 6-5 所示。

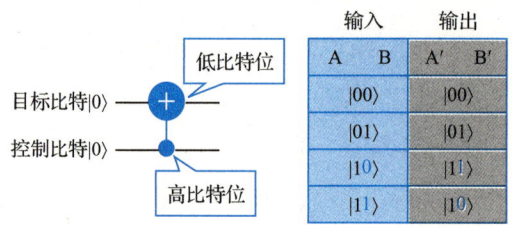

图 6-5　CNOT 门作用下量子态的变换规律

你可以发现，当控制比特的状态为 1 时（如 $|10\rangle$ 和 $|11\rangle$），目标比特的状态会发生翻转；而当控制比特的状态为 0 时（如 $|00\rangle$ 和 $|01\rangle$），目标比特的状态保持不变。

4. 一步步演示：矩阵计算

CNOT 门作用在两量子比特上，当高比特位的状态为 1 时（高比特位为控制比特位），将低比特位的量子态翻转，量子态变换的规律是：

$$U = |\varphi_0\rangle\langle 00| + |\varphi_1\rangle\langle 01| + |\varphi_2\rangle\langle 10| + |\varphi_3\rangle\langle 11|$$

根据变换矩阵计算公式，我们得到：

$$U_{\text{CNOT}} = |00\rangle\langle 00| + |01\rangle\langle 01| + |11\rangle\langle 10| + |10\rangle\langle 11|$$

将这个表达式逐步展开，我们可以清晰地看到量子态的变化规则：

$$\begin{bmatrix}1\\0\\0\\0\end{bmatrix}\langle 00| + \begin{bmatrix}0\\1\\0\\0\end{bmatrix}\langle 01| + \begin{bmatrix}0\\0\\0\\1\end{bmatrix}\langle 10| + \begin{bmatrix}0\\0\\1\\0\end{bmatrix}\langle 11| = \begin{bmatrix}1&0&0&0\\0&1&0&0\\0&0&0&1\\0&0&1&0\end{bmatrix}$$

即

$$U_{\text{CNOT}} = \begin{bmatrix}1&0&0&0\\0&1&0&0\\0&0&0&1\\0&0&1&0\end{bmatrix}$$

根据张量积的计算公式，我们对 CNOT 门的张量计算结果进行转换，从而得到了全新的表达形式：

$$(|a\rangle\langle b|) \otimes (|c\rangle\langle d|) = (|a\rangle \otimes |c\rangle)(\langle b| \otimes \langle d|) = |ac\rangle\langle bd|$$

倒过来看：
$$|ac\rangle\langle bd| = (|a\rangle\langle b|) \otimes (|c\rangle\langle d|)$$

于是，我们得到新的表达形式：

$$\begin{aligned}
\boldsymbol{U}_{\text{CNOT}} &= |00\rangle\langle 00| + |01\rangle\langle 01| + |11\rangle\langle 10| + |10\rangle\langle 11| \\
&= |0\rangle\langle 0| \otimes |0\rangle\langle 0| + |0\rangle\langle 0| \otimes |1\rangle\langle 1| + |1\rangle\langle 1| \otimes |1\rangle\langle 0| + |1\rangle\langle 1| \otimes |0\rangle\langle 1| \\
&= |0\rangle\langle 0| \otimes (|0\rangle\langle 0| + |1\rangle\langle 1|) + |1\rangle\langle 1| \otimes (|1\rangle\langle 0| + |0\rangle\langle 1|) \\
&= |0\rangle\langle 0| \otimes I + |1\rangle\langle 1| \otimes \boldsymbol{X}
\end{aligned}$$

其中：

$$\boldsymbol{X} = \boldsymbol{\sigma}_x = \begin{bmatrix} 0 & 1 \\ 1 & 0 \end{bmatrix}$$

5. 低比特位作为控制比特位

当低比特位作为控制比特位时，将会翻转高比特位的量子态，量子态的变换规律如图 6-6 所示。

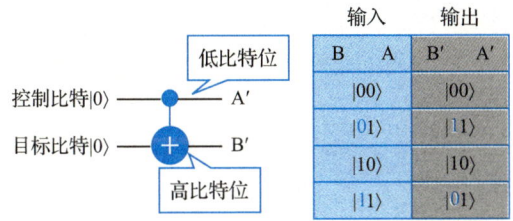

图 6-6　低比特位作为控制比特位时的量子态变换规律

根据变换矩阵计算公式，有：

$$\boldsymbol{U}_{\text{CNOT}} = |00\rangle\langle 00| + |11\rangle\langle 01| + |10\rangle\langle 10| + |01\rangle\langle 11|$$

$$= \begin{bmatrix} 1 \\ 0 \\ 0 \\ 0 \end{bmatrix}\langle 00| + \begin{bmatrix} 0 \\ 0 \\ 0 \\ 1 \end{bmatrix}\langle 01| + \begin{bmatrix} 0 \\ 0 \\ 1 \\ 0 \end{bmatrix}\langle 10| + \begin{bmatrix} 0 \\ 1 \\ 0 \\ 0 \end{bmatrix}\langle 11| = \begin{bmatrix} 1 & 0 & 0 & 0 \\ 0 & 0 & 0 & 1 \\ 0 & 0 & 1 & 0 \\ 0 & 1 & 0 & 0 \end{bmatrix}$$

6. 低比特位作为控制比特位：计算例子

假设 CNOT 门分别作用于基态 $|\psi\rangle = |00\rangle, |01\rangle, |10\rangle, |11\rangle$，得到新的量子态为

$$\boldsymbol{U}_{\text{CNOT}}|00\rangle = \begin{bmatrix} 1 & 0 & 0 & 0 \\ 0 & 0 & 0 & 1 \\ 0 & 0 & 1 & 0 \\ 0 & 1 & 0 & 0 \end{bmatrix}\begin{bmatrix} 1 \\ 0 \\ 0 \\ 0 \end{bmatrix} = \begin{bmatrix} 1 \\ 0 \\ 0 \\ 0 \end{bmatrix} = |00\rangle$$

$$U_{\text{CNOT}}|01\rangle = \begin{bmatrix} 1 & 0 & 0 & 0 \\ 0 & 0 & 0 & 1 \\ 0 & 0 & 1 & 0 \\ 0 & 1 & 0 & 0 \end{bmatrix} \begin{bmatrix} 0 \\ 1 \\ 0 \\ 0 \end{bmatrix} = \begin{bmatrix} 0 \\ 0 \\ 0 \\ 1 \end{bmatrix} = |11\rangle$$

$$U_{\text{CNOT}}|10\rangle = \begin{bmatrix} 1 & 0 & 0 & 0 \\ 0 & 0 & 0 & 1 \\ 0 & 0 & 1 & 0 \\ 0 & 1 & 0 & 0 \end{bmatrix} \begin{bmatrix} 0 \\ 0 \\ 1 \\ 0 \end{bmatrix} = \begin{bmatrix} 0 \\ 0 \\ 1 \\ 0 \end{bmatrix} = |10\rangle$$

$$U_{\text{CNOT}}|11\rangle = \begin{bmatrix} 1 & 0 & 0 & 0 \\ 0 & 0 & 0 & 1 \\ 0 & 0 & 1 & 0 \\ 0 & 1 & 0 & 0 \end{bmatrix} \begin{bmatrix} 0 \\ 0 \\ 0 \\ 1 \end{bmatrix} = \begin{bmatrix} 0 \\ 1 \\ 0 \\ 0 \end{bmatrix} = |01\rangle$$

经过验证，这与量子态变换规律表一致。

6.4 量子世界的换位舞蹈：SWAP门

SWAP门的操作类似于一对跳舞的伙伴，当它作用于两个量子比特时，会交换它们的状态，即对调它们的位置。

SWAP门在线路中的表示如图6-7所示。

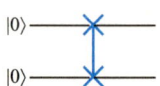

图6-7 SWAP门在线路中的表示

例如，如果SWAP门作用于基态$|01\rangle$，则它会将该量子态变换为$|10\rangle$，而反过来也同样适用，$|10\rangle$会变换为$|01\rangle$。这种状态交换不仅提高了量子比特的控制灵活性，也为我们在量子计算中实现复杂的量子操作提供了便利。

1. SWAP门的矩阵形式

为了更形象地理解SWAP门的工作原理，我们可以看它的矩阵表示：

$$U_{\text{SWAP}} = \begin{bmatrix} 1 & 0 & 0 & 0 \\ 0 & 0 & 1 & 0 \\ 0 & 1 & 0 & 0 \\ 0 & 0 & 0 & 1 \end{bmatrix}$$

如果我们将 SWAP 门应用于量子态 $|01\rangle$，则可以看到它会将该量子态变换为 $|10\rangle$，如下所示：

$$U_{\text{SWAP}}|01\rangle = \begin{bmatrix} 1 & 0 & 0 & 0 \\ 0 & 0 & 1 & 0 \\ 0 & 1 & 0 & 0 \\ 0 & 0 & 0 & 1 \end{bmatrix} \begin{bmatrix} 0 \\ 1 \\ 0 \\ 0 \end{bmatrix} = \begin{bmatrix} 0 \\ 0 \\ 1 \\ 0 \end{bmatrix} = |10\rangle$$

其中：

$$|01\rangle = |0\rangle \otimes |1\rangle = \begin{bmatrix} 1 \\ 0 \end{bmatrix} \otimes \begin{bmatrix} 0 \\ 1 \end{bmatrix} = \begin{bmatrix} 1\begin{bmatrix} 0 \\ 1 \end{bmatrix} \\ 0\begin{bmatrix} 0 \\ 1 \end{bmatrix} \end{bmatrix} = \begin{bmatrix} 0 \\ 1 \\ 0 \\ 0 \end{bmatrix}$$

$$|10\rangle = |1\rangle \otimes |0\rangle = \begin{bmatrix} 0 \\ 1 \end{bmatrix} \otimes \begin{bmatrix} 1 \\ 0 \end{bmatrix} = \begin{bmatrix} 0\begin{bmatrix} 1 \\ 0 \end{bmatrix} \\ 1\begin{bmatrix} 1 \\ 0 \end{bmatrix} \end{bmatrix} = \begin{bmatrix} 0 \\ 0 \\ 1 \\ 0 \end{bmatrix}$$

SWAP 门应用于 $|01\rangle$ 的量子线路图如图 6-8 所示。

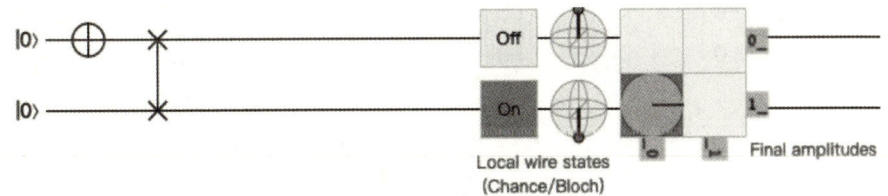

图 6-8　SWAP 门应用于 $|01\rangle$ 的量子线路图

而如果我们将 SWAP 门作用在 $|10\rangle$ 上，则会将其变回 $|01\rangle$：

$$U_{\text{SWAP}}|10\rangle = \begin{bmatrix} 1 & 0 & 0 & 0 \\ 0 & 0 & 1 & 0 \\ 0 & 1 & 0 & 0 \\ 0 & 0 & 0 & 1 \end{bmatrix} \begin{bmatrix} 0 \\ 0 \\ 1 \\ 0 \end{bmatrix} = \begin{bmatrix} 0 \\ 1 \\ 0 \\ 0 \end{bmatrix} = |01\rangle$$

SWAP 门应用于 $|10\rangle$ 的量子线路图如图 6-9 所示。

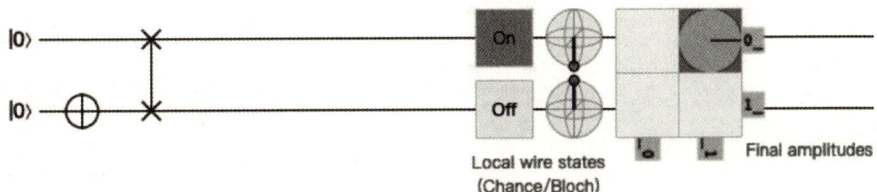

图 6-9　SWAP 门应用于 $|10\rangle$ 的量子线路图

在矩阵形式的运算中，我们可以通过计算得到 SWAP 门的结果。而在布洛赫球上，我们可以观察到对应量子态的变化，结果完全一致。

2. 矩阵的计算过程

SWAP 门量子态的变换规律如图 6-10 所示。

输入	输出
A B	A′ B′
$\|00\rangle$	$\|00\rangle$
$\|01\rangle$	$\|10\rangle$
$\|10\rangle$	$\|01\rangle$
$\|11\rangle$	$\|11\rangle$

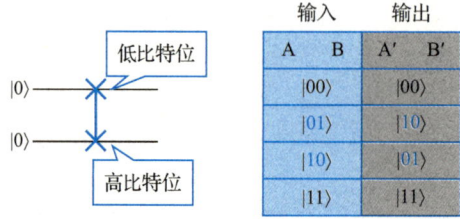

图 6-10 SWAP 门量子态的变换规律

SWAP 门的矩阵是一个 4 × 4 矩阵，它的计算公式为：

$$\boldsymbol{U}_{\text{SWAP}} = |00\rangle\langle 00| + |10\rangle\langle 01| + |01\rangle\langle 10| + |11\rangle\langle 11|$$

展开后，我们得到：

$$\begin{bmatrix}1\\0\\0\\0\end{bmatrix}\langle 00| + \begin{bmatrix}0\\0\\1\\0\end{bmatrix}\langle 01| + \begin{bmatrix}0\\1\\0\\0\end{bmatrix}\langle 10| + \begin{bmatrix}0\\0\\0\\1\end{bmatrix}\langle 11| = \begin{bmatrix}1&0&0&0\\0&0&1&0\\0&1&0&0\\0&0&0&1\end{bmatrix}$$

即

$$\boldsymbol{U}_{\text{SWAP}} = \begin{bmatrix}1&0&0&0\\0&0&1&0\\0&1&0&0\\0&0&0&1\end{bmatrix}$$

3. SWAP 门性质

接下来，让我们揭示 SWAP 门的一个重要特性：它等价于连续作用 3 个 CNOT 门的组合。也就是说，SWAP 门可以通过执行 3 个 CNOT 门来实现（见图 6-11）。

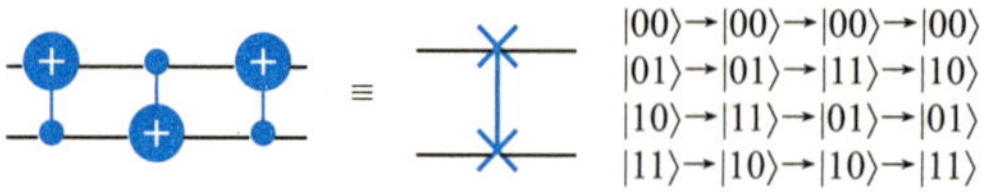

图 6-11 连续作用 3 个 CNOT 门

这个结论可能会让人感到有些奇怪，但我们可以通过矩阵运算来验证它的正确性。具体来说，SWAP 门可以表示为：

$$\boldsymbol{U}_{\text{SWAP}_{ij}} = \boldsymbol{U}_{\text{CNOT}_{ij}} \boldsymbol{U}_{\text{CNOT}_{ji}} \boldsymbol{U}_{\text{CNOT}_{ij}}$$

为了验证这个结论，我们可以通过将 CNOT 门的矩阵代入计算来检查是否与 SWAP 矩阵相符。首先，我们来看两个 CNOT 门的矩阵形式。

- 当低比特位作为控制位时，CNOT 矩阵为：

$$U_{\text{CNOT}_{ij}} = \begin{bmatrix} 1 & 0 & 0 & 0 \\ 0 & 0 & 0 & 1 \\ 0 & 0 & 1 & 0 \\ 0 & 1 & 0 & 0 \end{bmatrix}$$

- 当高比特位作为控制位时，CNOT 矩阵为：

$$U_{\text{CNOT}_{ji}} = \begin{bmatrix} 1 & 0 & 0 & 0 \\ 0 & 1 & 0 & 0 \\ 0 & 0 & 0 & 1 \\ 0 & 0 & 1 & 0 \end{bmatrix}$$

接下来，我们将 CNOT 矩阵相乘，并与 SWAP 门的矩阵进行比较。如果结果一致，那么我们就能确认 SWAP 等价于 3 个 CNOT 门的连续作用。

$$U_{\text{CNOT}_{ij}} U_{\text{CNOT}_{ji}} U_{\text{CNOT}_{ij}} = \begin{bmatrix} 1 & 0 & 0 & 0 \\ 0 & 0 & 0 & 1 \\ 0 & 0 & 1 & 0 \\ 0 & 1 & 0 & 0 \end{bmatrix} \begin{bmatrix} 1 & 0 & 0 & 0 \\ 0 & 1 & 0 & 0 \\ 0 & 0 & 0 & 1 \\ 0 & 0 & 1 & 0 \end{bmatrix} \begin{bmatrix} 1 & 0 & 0 & 0 \\ 0 & 0 & 0 & 1 \\ 0 & 0 & 1 & 0 \\ 0 & 1 & 0 & 0 \end{bmatrix}$$

$$= \begin{bmatrix} 1 & 0 & 0 & 0 \\ 0 & 0 & 1 & 0 \\ 0 & 0 & 0 & 1 \\ 0 & 1 & 0 & 0 \end{bmatrix} \begin{bmatrix} 1 & 0 & 0 & 0 \\ 0 & 0 & 0 & 1 \\ 0 & 0 & 1 & 0 \\ 0 & 1 & 0 & 0 \end{bmatrix}$$

$$= \begin{bmatrix} 1 & 0 & 0 & 0 \\ 0 & 0 & 1 & 0 \\ 0 & 1 & 0 & 0 \\ 0 & 0 & 0 & 1 \end{bmatrix}$$

$$= U_{\text{SWAP}}$$

通过这个验证过程，我们可以看到 SWAP 门与 3 个 CNOT 门的组合是完全等价的。

6.5 旋转的魔法桥梁：CR 门

控制相位门（Control Phase Gate），通常用 CR 来表示，是量子计算中一个非常神奇的操作。它就像一座桥梁，能够通过控制量子比特的状态来调控另一量子比特的相位，就像一位魔法师，挥动魔杖让世界发生变化！让我们一起来探讨一下这座"魔法桥梁"

的奥秘吧。

1. 控制相位门的基本操作

控制相位门的工作方式与控制非门（CNOT 门）有些相似，但它的"魔力"并不在于交换量子比特的状态，而在于给目标比特施加一个相位变化。

当控制比特（也就是那位指挥官）处于 $|0\rangle$ 状态时，控制相位门就像一位懒散的法师，完全不做任何事情。目标比特（那个被控制的量子比特）依然保持原状，毫无变化。

然而，当控制比特变成 $|1\rangle$ 状态时，控制相位门便会施展它的魔法——给目标比特施加一个"相位旋转"。你可以把它想象成一个旋转的时钟，目标比特的相位会根据某个角度变化。这种变化被称为"相位变换"（Phase Shift），即目标比特的相位被改变了一个 θ 角。

2. 控制相位门的矩阵形式

为了让魔法更具科学性，我们来看看控制相位门的矩阵形式。

控制相位门的矩阵形式为：

$$U_{CR} = \begin{bmatrix} 1 & 0 & 0 & 0 \\ 0 & 1 & 0 & 0 \\ 0 & 0 & 1 & 0 \\ 0 & 0 & 0 & e^{i\theta} \end{bmatrix}$$

在这个矩阵中，控制比特（第一个量子比特）的状态决定了目标比特（第二个量子比特）是否受到影响。只有当控制比特的状态为 $|1\rangle$ 时，目标比特的相位才会发生变化，具体来说，它的相位会增加一个 θ 的角度，即 $e^{i\theta}$。

3. CR 门的线路图

如果我们将控制相位门表示成电路图的形式，就可以直观地看到它是如何发挥作用的。CR 门在线路中的显示如图 6-12 所示。

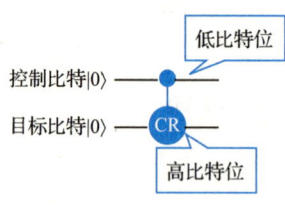

图 6-12　CR 门在线路中的显示

我们有两个量子比特：一个是控制比特，另一个是目标比特。

- 控制比特通常用一个带有实心点的符号来表示。
- 目标比特则通过带有 CR 标记的线路与控制比特相连，表示它正在受到控制比特的影响。

当你看到图 6-12 时，你就能直观地明白控制相位门是如何在控制比特的指挥下"旋转"目标比特的相位的。

6.6 三重奏的乐谱：三量子比特门的通用公式

让我们深入了解三量子比特门的推导过程。首先，我们需要理解量子态变换的过程，然后通过一步一步计算，得出三量子比特变换公式。我们将通过列出每个量子态的变换过程，计算变换前的对偶向量，结合变换矩阵，最终得到变换后的结果。

步骤一：列出量子态变换列表

首先，假设我们有一个三量子比特系统，我们需要变换的量子态包括 $|000\rangle$，$|001\rangle$，$|010\rangle$，$|011\rangle$，$|100\rangle$，$|101\rangle$，$|110\rangle$，$|111\rangle$。对于每一个量子态，我们都有一个相应的变换后态 $|\varphi_0\rangle$，$|\varphi_1\rangle$，$\cdots$，$|\varphi_7\rangle$。我们可以将这些状态看作"输入输出"对，表示系统在变换前后的状态。

这些量子态变换的列表如下所示：

$$|000\rangle \to |\varphi_0\rangle, |001\rangle \to |\varphi_1\rangle$$
$$|010\rangle \to |\varphi_2\rangle, |011\rangle \to |\varphi_3\rangle$$
$$|100\rangle \to |\varphi_4\rangle, |101\rangle \to |\varphi_5\rangle$$
$$|110\rangle \to |\varphi_6\rangle, |111\rangle \to |\varphi_7\rangle$$

步骤二：对偶向量的引入

接下来，我们需要考虑对偶向量。对偶向量是通过对量子态的每个元素进行共轭复数操作并进行转置得到的。我们将这些对偶向量与变换矩阵相乘，从而得到新的量子态。

例如，对于量子态 $|000\rangle$，其对偶向量表示为 $\langle 000|$。我们会将每个对偶向量与变换后的量子态相乘，最终通过相加得到整体的变换结果。

步骤三：计算变换后的量子态

在此步骤中，我们将每个变换后的量子态与相应的对偶向量相乘。例如：

$$\boldsymbol{U}|000\rangle = |\varphi_0\rangle$$
$$\boldsymbol{U}|001\rangle = |\varphi_1\rangle$$
$$\boldsymbol{U}|010\rangle = |\varphi_2\rangle$$
$$\boldsymbol{U}|011\rangle = |\varphi_3\rangle$$
$$\boldsymbol{U}|100\rangle = |\varphi_4\rangle$$
$$\boldsymbol{U}|101\rangle = |\varphi_5\rangle$$
$$\boldsymbol{U}|110\rangle = |\varphi_6\rangle$$
$$\boldsymbol{U}|111\rangle = |\varphi_7\rangle$$

两边分别同乘 $\langle 000|, \langle 001|, \langle 010|, \langle 011|, \langle 100|, \langle 101|, \langle 110|, \langle 111|$ 有：

$$U|000\rangle\langle 000|=|\varphi_0\rangle\langle 000|, \quad U|001\rangle\langle 001|=|\varphi_1\rangle\langle 001|$$
$$U|010\rangle\langle 010|=|\varphi_2\rangle\langle 010|, \quad U|011\rangle\langle 011|=|\varphi_3\rangle\langle 011|$$
$$U|100\rangle\langle 100|=|\varphi_4\rangle\langle 100|, \quad U|101\rangle\langle 101|=|\varphi_5\rangle\langle 101|$$
$$U|110\rangle\langle 110|=|\varphi_6\rangle\langle 110|, \quad U|111\rangle\langle 111|=|\varphi_7\rangle\langle 111|$$

步骤四：结合变换矩阵进行相加运算

上述公式左侧相加：

$$U|000\rangle\langle 000|+U|001\rangle\langle 001|+U|010\rangle\langle 010|+U|011\rangle\langle 011|+U|100\rangle\langle 100|+$$
$$U|101\rangle\langle 101|+U|110\rangle\langle 110|+U|111\rangle\langle 111|$$
$$=U\begin{pmatrix}|000\rangle\langle 000|+|001\rangle\langle 001|+|010\rangle\langle 010|+|011\rangle\langle 011|+|100\rangle\langle 100|+\\ |101\rangle\langle 101|+|110\rangle\langle 110|+|111\rangle\langle 111|\end{pmatrix}$$

上述公式右侧相加：

$$|\varphi_0\rangle\langle 000|+|\varphi_1\rangle\langle 001|+|\varphi_2\rangle\langle 010|+|\varphi_3\rangle\langle 011|+$$
$$|\varphi_4\rangle\langle 100|+|\varphi_5\rangle\langle 101|+|\varphi_6\rangle\langle 110|+|\varphi_7\rangle\langle 111|$$

根据公式：

$$|000\rangle=\begin{bmatrix}1\\0\\0\\0\\0\\0\\0\\0\end{bmatrix} \quad |001\rangle=\begin{bmatrix}0\\1\\0\\0\\0\\0\\0\\0\end{bmatrix} \quad |010\rangle=\begin{bmatrix}0\\0\\1\\0\\0\\0\\0\\0\end{bmatrix} \quad |011\rangle=\begin{bmatrix}0\\0\\0\\1\\0\\0\\0\\0\end{bmatrix}$$

$$|100\rangle=\begin{bmatrix}0\\0\\0\\0\\1\\0\\0\\0\end{bmatrix} \quad |101\rangle=\begin{bmatrix}0\\0\\0\\0\\0\\1\\0\\0\end{bmatrix} \quad |110\rangle=\begin{bmatrix}0\\0\\0\\0\\0\\0\\1\\0\end{bmatrix} \quad |111\rangle=\begin{bmatrix}0\\0\\0\\0\\0\\0\\0\\1\end{bmatrix}$$

以及：

$$|000\rangle\langle 000|+|001\rangle\langle 001|+|010\rangle\langle 010|+|011\rangle\langle 011|+$$
$$|100\rangle\langle 100|+|101\rangle\langle 101|+|110\rangle\langle 110|+|111\rangle\langle 111|=I$$

（完备性方程 $\sum_{i=1}^{n}|e_i\rangle\langle e_i|=I$，后续章节有详细说明）

得到最终的三量子比特变换公式：

$$U = |\varphi_0\rangle\langle 000| + |\varphi_1\rangle\langle 001| + |\varphi_2\rangle\langle 010| + |\varphi_3\rangle\langle 011| +$$
$$|\varphi_4\rangle\langle 100| + |\varphi_5\rangle\langle 101| + |\varphi_6\rangle\langle 110| + |\varphi_7\rangle\langle 111|$$

6.7 量子比特的三重奏：Toffoli（CCNOT）门

欢迎来到量子计算的"乐队排练室"！在这里，我们要认识一个量子计算领域的"明星乐器"——Toffoli 门，也叫 CCNOT 门。Toffoli 门就像一场三人乐队的演奏：它包含两个控制比特和一个目标比特。这两个控制比特可以看作乐队的领队，它们决定目标比特是否"翻跟头"。而什么时候翻转呢？只有当这两个控制比特的状态都为 1 时，目标比特才会被翻转。换句话说，Toffoli 门对目标比特的影响完全取决于控制比特的"投票结果"。如果控制比特一致认为"翻转吧"，目标比特就得乖乖听话。

这是不是有点像经典计算机里的 AND 门？没错！但是，不要被它的表象所迷惑，Toffoli 门可比 AND 门聪明多了——它是量子世界的产物，能操控量子叠加态和量子纠缠态，这使得它的功能远远超出了传统逻辑门的范畴。

在经典计算中，AND 门只是做一个简单的逻辑判断：当两个输入都为 1 时输出 1，其他情况输出 0。而在量子计算中，Toffoli 门不仅可以完成 AND 的功能，还能对叠加态和纠缠态进行操作。

例如，Toffoli 门可以实现比特翻转、比特交换，甚至可以作为量子算法中更复杂操作的基本构建块。它的这种灵活性使其成为许多量子算法（如 Shor 算法和 Grover 搜索算法）的核心组件。

1. Toffoli 门的线路图

在量子线路图中，Toffoli 门通常画成"两个点（●）+ 一个 ⊕ 符号"的结构（见图 6-13）。

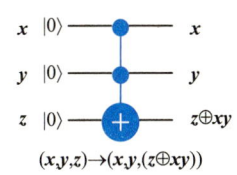

图 6-13　Toffoli 门在线路中的显示

- ● 表示控制比特。

- ⊕ 表示目标比特。当两个控制比特的状态都为 1 时，这里会触发翻转操作。

你可以将其想象成电路开关的量子版：当两个控制开关都打开时，灯泡才会亮（目标比特发生翻转）。

2. Toffoli 门的量子态变换表

我们来看一下 Toffoli 门的具体行为，图 6-14 展示了它如何操作三比特系统。

输入 AB	输出 $A'B'$
$|000\rangle$	$|000\rangle$
$|001\rangle$	$|001\rangle$
$|010\rangle$	$|010\rangle$
$|011\rangle$	$|011\rangle$
$|100\rangle$	$|100\rangle$
$|101\rangle$	$|101\rangle$
$|110\rangle$	$|111\rangle$
$|111\rangle$	$|110\rangle$

图 6-14　Toffoli 门的量子态变换表

从图 6-14 中可以看出，当两个控制比特的状态为 1 时，目标比特的状态发生翻转；在其他情况下，目标比特的状态保持不变。

3. Toffoli 门的矩阵计算

让我们从头开始拆解 Toffoli 门的"内核代码"。它的工作原理实际上基于一个量子变换矩阵——一种将经典逻辑门映射到量子世界的工具。

根据三量子比特变换公式：

$$U = |\varphi_0\rangle\langle 000| + |\varphi_1\rangle\langle 001| + |\varphi_2\rangle\langle 010| + |\varphi_3\rangle\langle 011| +$$
$$|\varphi_4\rangle\langle 100| + |\varphi_5\rangle\langle 101| + |\varphi_6\rangle\langle 110| + |\varphi_7\rangle\langle 111|$$

这个矩阵可以构建为：

$$U_{\text{CCNOT}} = |000\rangle\langle 000| + |001\rangle\langle 001| + |010\rangle\langle 010| + |011\rangle\langle 011| +$$
$$|100\rangle\langle 100| + |101\rangle\langle 101| + |111\rangle\langle 110| + |110\rangle\langle 111|$$

具体来说：

- 当输入状态是 $|000\rangle$ 到 $|101\rangle$ 的任何状态时，输出和输入完全一致，意味着这些状态没有被改变。
- 当输入状态是 $|110\rangle$ 或 $|111\rangle$ 时，Toffoli 门会施展它的"翻转魔法"，交换最后两个比特。这就是它的关键特性。

数学界的老朋友——矩阵表示，可以写成如下形式：

$$U_{CCNOT} = \begin{bmatrix} 1 & 0 & 0 & 0 & 0 & 0 & 0 & 0 \\ 0 & 1 & 0 & 0 & 0 & 0 & 0 & 0 \\ 0 & 0 & 1 & 0 & 0 & 0 & 0 & 0 \\ 0 & 0 & 0 & 1 & 0 & 0 & 0 & 0 \\ 0 & 0 & 0 & 0 & 1 & 0 & 0 & 0 \\ 0 & 0 & 0 & 0 & 0 & 1 & 0 & 0 \\ 0 & 0 & 0 & 0 & 0 & 0 & 0 & 1 \\ 0 & 0 & 0 & 0 & 0 & 0 & 1 & 0 \end{bmatrix}$$

你可能会问："为什么这么复杂的矩阵，偏偏这么重要？"因为它在量子计算中是逻辑操作的核心工具，尤其在多比特协作的场景中，它能够帮助控制比特与目标比特完美配合。

通过更高效的表示方法，我们可以将其简化为两部分：

$$U_{CCNOT} = (|00\rangle\langle 00| + |01\rangle\langle 01| + |10\rangle\langle 10|) \otimes I + |11\rangle\langle 11| \otimes X$$

这里的 ⊗ 是张量积操作，意思是将控制比特的状态和目标比特的变换规则结合起来。

- 第一部分：当控制比特不是 $|11\rangle$ 时，目标比特保持原状。
- 第二部分：当控制比特为 $|11\rangle$ 时，目标比特会被翻转（通过泡利 X 门完成）。

用比喻的方式理解：这就像是一种"团队合作"，只有当队长（控制比特）点头（都为 1）时，队员（目标比特）才会表演"后空翻"。如果队长没有发出命令，队员则会安静地待在原地。

4. 实际计算中的 Toffoli 门

让我们通过一个简单的例子来感受 Toffoli 门的魔力，将抽象的量子理论转化为直观易懂的具体操作。

1）例子：从基态到量子态

我们假设初始基态为 $|\psi\rangle = |110\rangle$，这表示两个控制比特的状态都是 1，而目标比特的状态是 0。接下来，我们把这个基态送入 Toffoli 门进行量子操作。

- 第一步：逻辑判断

根据 Toffoli 门的定义，当两个控制比特的状态都为 $1(|1\rangle,|1\rangle)$ 时，满足"翻转"的条件。因此，目标比特的状态将从 0 翻转为 1。我们的预期结果是：

$$U_{CCNOT}|110\rangle = |111\rangle$$

- 第二步：验证结果

通过进一步计算，我们可以清晰地看到 Toffoli 门的量子态变换过程：

$$U_{\text{CCNOT}}|110\rangle = \begin{bmatrix} 1 & 0 & 0 & 0 & 0 & 0 & 0 & 0 \\ 0 & 1 & 0 & 0 & 0 & 0 & 0 & 0 \\ 0 & 0 & 1 & 0 & 0 & 0 & 0 & 0 \\ 0 & 0 & 0 & 1 & 0 & 0 & 0 & 0 \\ 0 & 0 & 0 & 0 & 1 & 0 & 0 & 0 \\ 0 & 0 & 0 & 0 & 0 & 1 & 0 & 0 \\ 0 & 0 & 0 & 0 & 0 & 0 & 0 & 1 \\ 0 & 0 & 0 & 0 & 0 & 0 & 1 & 0 \end{bmatrix} \cdot \begin{bmatrix} 0 \\ 0 \\ 0 \\ 0 \\ 0 \\ 0 \\ 1 \\ 0 \end{bmatrix} = \begin{bmatrix} 0 \\ 0 \\ 0 \\ 0 \\ 0 \\ 0 \\ 0 \\ 1 \end{bmatrix} = |111\rangle$$

我们可以看到，计算结果和预期的完全一致，目标比特成功翻转！

上面给出了 Toffoli 门的矩阵形式运算结果，下面展示了相应的量子线路在布洛赫球上的量子态变化（见图 6-15）。通过对比两者的结果，我们发现它们是完全一致的。

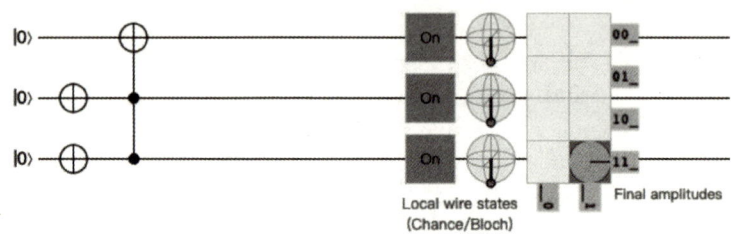

图 6-15　量子线路在布洛赫球上的量子态变化

2）进一步验证：反向操作

为了更深入地理解，我们再来看看 Toffoli 门对 $|111\rangle$ 的作用。

- 初始状态

现在的基态是 $|111\rangle$，也就是两个控制比特的状态都为 1，目标比特的状态为 1。按照 Toffoli 门的规则，当控制比特的状态都为 1 时，目标比特会再次翻转，导致目标比特的状态从 1 变为 0，回到 $|110\rangle$。

- 计算验证

同样，具体的量子态变换如下：

$$U_{\text{CCNOT}}|111\rangle = \begin{bmatrix} 1 & 0 & 0 & 0 & 0 & 0 & 0 & 0 \\ 0 & 1 & 0 & 0 & 0 & 0 & 0 & 0 \\ 0 & 0 & 1 & 0 & 0 & 0 & 0 & 0 \\ 0 & 0 & 0 & 1 & 0 & 0 & 0 & 0 \\ 0 & 0 & 0 & 0 & 1 & 0 & 0 & 0 \\ 0 & 0 & 0 & 0 & 0 & 1 & 0 & 0 \\ 0 & 0 & 0 & 0 & 0 & 0 & 0 & 1 \\ 0 & 0 & 0 & 0 & 0 & 0 & 1 & 0 \end{bmatrix} \cdot \begin{bmatrix} 0 \\ 0 \\ 0 \\ 0 \\ 0 \\ 0 \\ 0 \\ 1 \end{bmatrix} = \begin{bmatrix} 0 \\ 0 \\ 0 \\ 0 \\ 0 \\ 0 \\ 1 \\ 0 \end{bmatrix} = |110\rangle$$

结果再次验证了 Toffoli 门的规则：当控制比特的状态都为 1 时，翻转目标比特的状态。

6.8 量子控制下的优雅交换：Fredkin（CSWAP）门

如果量子计算是一场奇幻的表演，Fredkin 门（也称为 CSWAP 门）一定是那个温文尔雅的魔术师。它手执"控制比特"的魔杖，优雅地在两位目标比特之间施展神奇的交换魔法。

1. 什么是 Fredkin 门

Fredkin 门是一个三比特门，它有以下 3 位主角。

- 控制比特：这个比特是舞台上的指挥官，决定接下来的表演是否会发生。
- 目标比特 A 和目标比特 B：这两位比特是表演的"舞者"，它们会在指挥官的命令下交换位置。

Fredkin 门的行为准则非常简单，具体如下所述。

- 当控制比特的状态为 0 时：目标比特 A 和 B "安安静静地待着"，什么也不会发生。
- 当控制比特的状态为 1 时：目标比特 A 和 B "手拉手跳一支交换舞"，彼此交换量子态。

用量子术语来描述，Fredkin 门的变换规则可以概括为：

$$|C\rangle|A\rangle|B\rangle \xrightarrow{\text{Fredkin}} \begin{cases} |C\rangle|A\rangle|B\rangle, & \text{if } C=0 \\ |C\rangle|B\rangle|A\rangle, & \text{if } C=1 \end{cases}$$

Fredkin 门（高比特位为控制比特位）的量子态变换规律如图 6-16 所示。

输入	输出
A B	A' B'
|000⟩	|000⟩
|001⟩	|001⟩
|010⟩	|010⟩
|011⟩	|011⟩
|100⟩	|100⟩
|101⟩	|110⟩
|110⟩	|101⟩
|111⟩	|111⟩

图 6-16　Fredkin 门的量子态变换规律

2. Fredkin 门的矩阵计算：精确到每一个量子比特的"动作片"

在量子计算的世界里，矩阵是描述门操作的"剧本"，而量子态是表演的"演员"。

要理解 Fredkin 门如何实现它的"控制交换魔法",我们首先需要审视它的数学表达,也就是矩阵形式。

根据量子态变换表,其具体的矩阵计算公式如下:

$$U_{\text{CSWAP}} = |000\rangle\langle 000| + |001\rangle\langle 001| + |010\rangle\langle 010| + |011\rangle\langle 011| + \\ |100\rangle\langle 100| + |101\rangle\langle 110| + |110\rangle\langle 101| + |111\rangle\langle 111|$$

当我们用矩阵表示时,它看起来是这样的:

$$U_{\text{CSWAP}} = \begin{bmatrix} 1 & 0 & 0 & 0 & 0 & 0 & 0 & 0 \\ 0 & 1 & 0 & 0 & 0 & 0 & 0 & 0 \\ 0 & 0 & 1 & 0 & 0 & 0 & 0 & 0 \\ 0 & 0 & 0 & 1 & 0 & 0 & 0 & 0 \\ 0 & 0 & 0 & 0 & 1 & 0 & 0 & 0 \\ 0 & 0 & 0 & 0 & 0 & 0 & 1 & 0 \\ 0 & 0 & 0 & 0 & 0 & 1 & 0 & 0 \\ 0 & 0 & 0 & 0 & 0 & 0 & 0 & 1 \end{bmatrix}$$

3. Fredkin 门的特性揭秘:带开关的翻转艺术

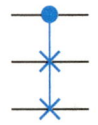

图 6-17 Fredkin 门的线路图

Fredkin 门的线路图如图 6-17 所示。

Fredkin 门的线路图中有 3 个主要角色:

● 一个控制比特(用实心点标注)。

● 两个目标比特(线路中的两个 ×)。

4. Fredkin 门的实际应用例子:来点实战例子吧

为了更直观地理解 Fredkin 门,我们来看一个具体计算例子。

1)初始量子态设置

假设有两个基态:

$$|\psi_1\rangle = |110\rangle, \quad |\psi_2\rangle = |101\rangle$$

现在,我们让 Fredkin 门作用在这两个基态上,观察量子态如何变化。

2)Fredkin 门的计算过程

● 首先,我们计算 Fredkin 门作用于第一个态:

$$U_{\text{CSWAP}} |110\rangle = \begin{bmatrix} 1 & 0 & 0 & 0 & 0 & 0 & 0 & 0 \\ 0 & 1 & 0 & 0 & 0 & 0 & 0 & 0 \\ 0 & 0 & 1 & 0 & 0 & 0 & 0 & 0 \\ 0 & 0 & 0 & 1 & 0 & 0 & 0 & 0 \\ 0 & 0 & 0 & 0 & 1 & 0 & 0 & 0 \\ 0 & 0 & 0 & 0 & 0 & 0 & 1 & 0 \\ 0 & 0 & 0 & 0 & 0 & 1 & 0 & 0 \\ 0 & 0 & 0 & 0 & 0 & 0 & 0 & 1 \end{bmatrix} \begin{bmatrix} 0 \\ 0 \\ 0 \\ 0 \\ 0 \\ 0 \\ 1 \\ 0 \end{bmatrix} = \begin{bmatrix} 0 \\ 0 \\ 0 \\ 0 \\ 0 \\ 1 \\ 0 \\ 0 \end{bmatrix}$$

结果是：
$$U_{\text{CSWAP}} |110\rangle = |101\rangle$$

- 接着计算 Fredkin 门作用于第二个态：

$$U_{\text{CSWAP}} |101\rangle = \begin{bmatrix} 1 & 0 & 0 & 0 & 0 & 0 & 0 & 0 \\ 0 & 1 & 0 & 0 & 0 & 0 & 0 & 0 \\ 0 & 0 & 1 & 0 & 0 & 0 & 0 & 0 \\ 0 & 0 & 0 & 1 & 0 & 0 & 0 & 0 \\ 0 & 0 & 0 & 0 & 1 & 0 & 0 & 0 \\ 0 & 0 & 0 & 0 & 0 & 0 & 1 & 0 \\ 0 & 0 & 0 & 0 & 0 & 1 & 0 & 0 \\ 0 & 0 & 0 & 0 & 0 & 0 & 0 & 1 \end{bmatrix} \begin{bmatrix} 0 \\ 0 \\ 0 \\ 0 \\ 0 \\ 1 \\ 0 \\ 0 \end{bmatrix} = \begin{bmatrix} 0 \\ 0 \\ 0 \\ 0 \\ 0 \\ 0 \\ 1 \\ 0 \end{bmatrix}$$

结果是：
$$U_{\text{CSWAP}} |101\rangle = |110\rangle$$

通过计算可以看到，原来的两个基态在 Fredkin 门的作用下完成了状态交换。这正是我们预期的结果！

第 7 章

揭秘量子测量的奥秘

7.1 从开场到落幕：量子态的神秘演化

想象你手里有一只奇特的钟摆，但它既不是普通机械钟摆，也不是电子的，它是"量子钟摆"。量子态的演化，就是在描述这个量子钟摆的每一次轻轻晃动和腾空起舞。从它刚刚被拨动的那一刻，到最终停下时呈现的姿态，整个过程都遵循量子力学中无比神秘的"薛定谔方程"。

这听起来可能有些高深，但简单来说，量子态的演化是一种<u>确定的、线性的过程</u>，类似于音乐家根据乐谱演奏——每一个音符都有规律，但也带着不可思议的和谐美。在量子计算中，这种演化的实现方式是通过<u>量子门</u>——一种用于对量子比特施加操作的"神奇工具"。

1. 量子态是如何演化的

1）薛定谔方程登场

在经典物理中，运动轨迹可以用牛顿力学描述；而在量子世界中，一个量子系统的状态变化由薛定谔方程支配。就像一本时间旅行指南，只要你知道系统在某一时刻的状态，薛定谔方程就可以告诉你它未来的命运。

2）波函数的角色

封闭系统的状态由一个波函数来描述，而这个波函数正是薛定谔方程的解。不同于普通的"波"，波函数实际上是描述一个量子系统可能性的超级计算机，它将所有可能的量子态以概率的形式呈现出来。

2. 量子计算中的演化步骤（见图 7-1）

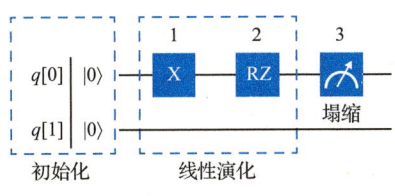

图 7-1　量子计算中的演化步骤

为了把这些概念具象化，我们使用量子计算的语言来解释"量子态的演化"。

1）初始化：量子比特起跑线

开始时，我们需要将量子比特设置成某个特定状态，通常是基态 $|0\rangle$。这就像启动一辆车前，先确保挡位在空挡。

2）线性演化：量子门的华丽登场

接下来，通过施加一系列量子门，比如 Hadamard 门，我们可以把量子比特从基态

送入叠加态。此时，量子比特进入"超级英雄模式"，既是 |0⟩，又是 |1⟩。

3）测量：结局揭晓的瞬间

最后，我们对量子比特进行测量，揭示它的最终状态。此时，量子态会塌缩，不再是叠加态,而是确定地落在某个经典态(如 |0⟩ 或 |1⟩)。这就像是打开神秘的量子盲盒，揭晓里面的奖励是什么。

7.2 量子的终极命运：测量与塌缩

测量量子态，就像是一场不可逆的"命运审判"，它让量子态的多样性瞬间收缩成一种单一的结果。科学家早就发现,当你对一个量子系统进行测量时,它的状态会"塌缩"。这种塌缩意味着，原本可能同时存在于多个状态的量子比特，瞬间选定一个明确的状态，其他可能性就像泡沫一样消散。

1. 测量量子态：从概率到现实

我们不能直接存储或者读取量子态，因为它不像书页上写着清晰的字，而更像是漂浮在水面上的涟漪——难以捉摸。所以，我们只能通过量子态塌缩到经典比特的方式，间接了解量子态的信息。这些信息通常以概率分布的形式呈现，比如：

- $|\alpha|^2$：表示测量得到 |0⟩ 的概率。
- $|\beta|^2$：表示测量得到 |1⟩ 的概率。

由于量子力学有自己的"小九九"，这些概率的总和必须是 1，即

$$|\alpha|^2 + |\beta|^2 = 1$$

要精确描述这种概率分布，通常需要进行多次测量，就像买彩票一样，只有多买几注，才能统计出真正的中奖概率。

2. 量子测量的三种常见方式

1）投影测量（Projective Measurement）

这是最为经典的测量方式，相当于直接问量子比特："你是 |0⟩ 还是 |1⟩？"在这两种状态中，系统会随机选一个，并告诉你答案。

2）弱测量（Weak Measurement）

不同于投影测量那样"一锤定音"，弱测量提供了一种不干扰系统整体状态的测量方式。

3）POVM 测量（Positive Operator-Valued Measure）

这是一种更通用的测量方法，允许对量子系统进行多维度的观察，就像一位量子侦探，揭示隐藏在量子态中的细节。

3. 测量背后的数学语言

测量结果的每种可能性对应一个特征值 λ，而量子态的塌缩方向则由与特征值相关联的特征向量决定。可以想象一下，在测量位置或动量时，每个可能的结果就像是一个钉子，量子态沿着钉子的方向滑落。

7.3 测量中的数学基础：矩阵与量子纠缠

在量子计算的世界里，数学是法师，矩阵是魔杖，而纠缠则是那些不可思议的魔法。通过这一节，我们将带你轻松穿梭于这些量子奇观之中，以通俗易懂的方式揭开它们背后的奥秘。

7.3.1 量子计算的基本结构：正规矩阵

量子力学中有一个重要的概念，那就是正规矩阵。正规矩阵就像量子计算的建筑蓝图，是一切量子操作的基础架构。你可以把它想象成量子计算世界中的"砖块"——它不显山不露水，但没有它，量子计算的整个大楼就会倒塌。

正规矩阵在量子计算中至关重要，它们帮助我们理解量子系统的演化、量子态的测量，甚至是量子纠缠的这一奇妙现象。简单来说，正规矩阵是满足一些特定条件的矩阵，而这些条件使它们在量子计算中发挥着举足轻重的作用。那么，这些条件到底是什么呢？让我们逐一揭开谜底！

1. 正规矩阵的主要"家族成员"（见图 7-2）

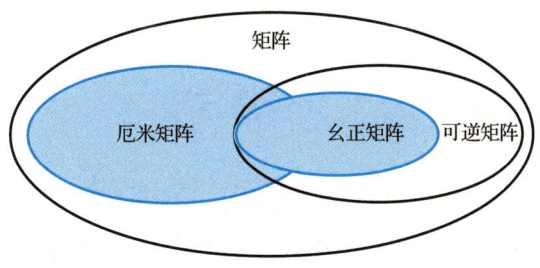

图 7-2 正规矩阵的主要"家族成员"

1）厄米矩阵

想象一下，厄米矩阵就像一个特殊的自恋者——它的转置复共轭矩阵等于它自己。这一特性，使它非常适用于描述量子力学中的可观察量（如能量、动量等），因为这些物理量的值只能是实数。

2）幺正矩阵

幺正矩阵则是个不太喜欢改变别人的矩阵。它有一个非常迷人的性质：它能够保持向量的长度和角度不变。在量子计算中，量子门操作通常由幺正矩阵表示，它们负责改变量子比特的状态，但不会改变系统的整体结构。

2. 正规矩阵的数学细节

你可能会想，正规矩阵到底长什么样？其实，正规矩阵具有一些特殊的数学性质，这些性质使它在量子计算中发挥着重要作用。我们来一一揭秘这些性质。

1）正规矩阵的基本性质

- 对于一个正规矩阵 A，它满足：

$$A^{\dagger}A = AA^{\dagger}$$

其中，$A^{\dagger}$ 是 A 的共轭转置矩阵。这个公式就像是正规矩阵的一张"身份证"，它证明了这个矩阵的正规身份。

- 如果 A 是正规矩阵，那么 A 的特征向量可以构成一个规范正交基。换句话说，你可以找到一组标准化的基向量，它们能够完全描述这个矩阵的性质，简化了我们对系统的理解。

2）当正规矩阵的特征值为实数时，它就是厄米矩阵

如果你碰到一个正规矩阵，而它的所有特征值都是实数，那么它就变成了一个厄米矩阵。这些特征值像是一个个独立的能量级别，代表了量子系统的不同状态。

3）当正规矩阵的特征值的模长为 1 时，它就是酉矩阵（幺正矩阵）

如果一个正规矩阵的特征值的模长（特征值的绝对值）都为 1，那么它就是酉矩阵，也就是我们所熟知的幺正矩阵。酉矩阵在量子计算中非常重要，因为它能够保持量子态的规范性，确保在量子计算过程中不丢失信息。

7.3.2 量子态的"全景图"：完备性方程

在量子计算的奇妙世界中，如果你想要完整了解量子态，或者是量子比特的所有可能状态，完备性方程就是你打开这个神秘盒子的钥匙。它能够让我们准确地将量子比特的所有可能状态排列出来，形成一幅清晰的全景图。为了让这个概念更加直观，我们将通过一系列的数学和物理原理，逐步揭示完备性方程的奥秘。

1. 标准正交基：量子空间的"坐标轴"

在深入了解完备性方程之前，首先需要理解一个基本概念——标准正交基。什么是标准正交基呢？它其实由一组"特殊"的向量组成，这些向量具有两个非常关键的特性，即归一化和正交性。

- 归一化：意味着每个向量的长度都是 1。
- 正交性：意味着不同的向量之间，内积等于 0，即它们相互垂直。

这就像你有一组直角坐标轴（x 轴、y 轴、z 轴等），这些坐标轴相互垂直，而且每个轴的长度都是单位长度。通过这些坐标轴，你就能精确地描述任何一个向量的位置。

在量子计算中，标准正交基就类似于这样的坐标轴，能够用来表示量子态的"位置"。通过将量子态表达为这些基向量的线性组合，我们能够在量子态空间中定位任意一个量子态。

标准正交基可以表示为一组向量 $\{|e_i\rangle\}$，它们满足以下关系：

$$\langle e_i | e_j \rangle = \delta_{ij}$$

这意味着，当 $i = j$ 时，内积是 1；而当 $i \neq j$ 时，内积是 0。也就是每个基向量与自己有正交关系，而与其他向量互相垂直。

2. 构建量子态的"拼图"：完备性方程

完备性方程的魔力在于，它让我们可以通过这些标准正交基来"重建"任何一个量子态。它告诉我们，任何一个量子态都可以被分解成一组标准正交基的线性组合。数学上，完备性方程如下所示：

$$\sum_{i=1}^{n} |e_i\rangle\langle e_i| = I$$

这个方程有点像是一个拼图的公式，告诉我们如何通过拼接每一个基向量的外积，最终"拼成"单位矩阵 I（这就像是整个量子空间的全景图）。看似复杂的方程，实际上是在告诉我们，任何量子态都可以在标准正交基的帮助下被完整地表达出来。

证明过程如下：

令：

$$|x\rangle = \sum_{i=1}^{n} c_i |e_i\rangle$$

由于：

$$\langle e_j | x \rangle = \sum_{i=1}^{n} c_i \langle e_j | e_i \rangle = \sum_{i=1}^{n} c_i \delta_{ji} = c_j$$

即：

$$c_j = \langle e_j | x \rangle$$

可得：

$$|x\rangle = \sum_{i=1}^{n} c_i |e_i\rangle = \sum_{i=1}^{n} |e_i\rangle c_i = \sum_{i=1}^{n} |e_i\rangle\langle e_i | x \rangle = \left(\sum_{i=1}^{n} |e_i\rangle\langle e_i| \right) |x\rangle$$

由于 $|x\rangle$ 是任意的，最后可以得到：

$$\sum_{i=1}^{n}|e_i\rangle\langle e_i|=I$$

让我们通过一个具体的例子来加深理解。

假设我们有两个量子比特。每个量子比特有两个可能的状态：0 和 1。那么，两个量子比特的所有可能组合将有 4 种状态：$|00\rangle$、$|01\rangle$、$|10\rangle$ 和 $|11\rangle$。这些状态构成了一个标准正交基，表示为：

$$|00\rangle = \begin{bmatrix}1\\0\\0\\0\end{bmatrix}, \quad |01\rangle = \begin{bmatrix}0\\1\\0\\0\end{bmatrix}, \quad |10\rangle = \begin{bmatrix}0\\0\\1\\0\end{bmatrix}, \quad |11\rangle = \begin{bmatrix}0\\0\\0\\1\end{bmatrix}$$

接下来，我们进行外积运算。外积运算是将两个向量相乘，得到一个矩阵。在这个例子中，我们可以进行如下的外积运算：

$$|00\rangle\langle 00|+|01\rangle\langle 01|+|10\rangle\langle 10|+|11\rangle\langle 11|$$

这种外积运算的结果是一个 4×4 的矩阵，这个矩阵就是单位矩阵 I，它表示量子系统所有可能状态的"全景图"。为了让这个过程更直观，我们将外积展开来计算：

$$\begin{bmatrix}1\\0\\0\\0\end{bmatrix}[1\ 0\ 0\ 0]+\begin{bmatrix}0\\1\\0\\0\end{bmatrix}[0\ 1\ 0\ 0]+\begin{bmatrix}0\\0\\1\\0\end{bmatrix}[0\ 0\ 1\ 0]+\begin{bmatrix}0\\0\\0\\1\end{bmatrix}[0\ 0\ 0\ 1]$$

将这些矩阵加在一起，我们得到一个 4×4 的矩阵：

$$\begin{bmatrix}1&0&0&0\\0&0&0&0\\0&0&0&0\\0&0&0&0\end{bmatrix}+\begin{bmatrix}0&0&0&0\\0&1&0&0\\0&0&0&0\\0&0&0&0\end{bmatrix}+\begin{bmatrix}0&0&0&0\\0&0&0&0\\0&0&1&0\\0&0&0&0\end{bmatrix}+\begin{bmatrix}0&0&0&0\\0&0&0&0\\0&0&0&0\\0&0&0&1\end{bmatrix}=\begin{bmatrix}1&0&0&0\\0&1&0&0\\0&0&1&0\\0&0&0&1\end{bmatrix}=I$$

这个结果正是单位矩阵 I，这就简单地验证了完备性方程：通过标准正交基的外积运算，我们成功"拼接"出量子系统的完整描述。

7.3.3 将复杂的矩阵变简单：特征分解

特征分解（或称谱分解），是一套用来拆解复杂矩阵的"万能钥匙"。它可以将一个复杂的矩阵拆解成更简单的组成部分，找出其最本质的特征——特征值和特征向量。通俗地说，特征分解就像是为矩阵做一次"体检"，通过找到矩阵的"体温"（特征值）和

"体型"（特征向量）。而后，我们就可以利用这些零件重新构造出原来的矩阵，而这种形式通常更加简洁和易于理解。

先来看公式，别怕，看懂了你会觉得自己超厉害：

$$A = V \begin{bmatrix} \lambda_1 & \cdots & 0 \\ \vdots & \ddots & \vdots \\ 0 & \cdots & \lambda_n \end{bmatrix} V^{-1}$$

这里，矩阵 A 是被分解的"主角"，$\lambda_i (i=1,2,\cdots,n)$ 是特征值，V 是由特征向量排列成的矩阵。如果矩阵 A 是对角化的，我们就可以使用这种方法对其进行分解——注意，并非所有矩阵都能对角化，这要求矩阵本身是"听话"的类型，如正规矩阵。

1. 为什么特征分解这么重要

1）从复杂到简单

特征分解的核心目标是用最简单的方式来描述一个矩阵。矩阵本身可能非常复杂，内部充满了各种难以捉摸的关系，但通过特征分解，它可以用特征值和特征向量的形式简洁地表达。这就像将一幅抽象画拆解成基本的几何形状，突然间，一切都变得明了。

2）与厄米矩阵的"深度关系"

如果矩阵是厄米矩阵，那么它一定可以对角化！更妙的是，厄米矩阵的特征值总是实数，这使特征分解在物理学中尤其重要，特别是在量子力学领域。物理学家喜欢厄米矩阵，因为它们具有优雅且"听话"的数学性质。

3）帮助我们解决问题

在量子计算中，特征分解被用来处理厄米算符，如哈密顿算符（Hamiltonian）。通过特征分解，我们能够高效地分析量子系统的状态和演化过程。

2. 通过公式一步步来看

首先，根据完备性方程：

$$\sum_{i=1}^{n} |e_i\rangle\langle e_i| = I$$

这意味着，特征向量 $|e_i\rangle$ 构成了一个标准正交基，可以用来表示任意的量子态。如果我们让矩阵 A 作用在这个基上，并两边乘以 A：

$$A\sum_{i=1}^{n} |e_i\rangle\langle e_i| = AI$$

接下来，利用特征值和特征向量的定义 $A|e_i\rangle = \lambda_i |e_i\rangle$，我们可以推导出：

$$A = \sum_{i=1}^{n} \lambda_i |e_i\rangle\langle e_i|$$

这就是特征分解的核心公式！看到了吗，矩阵 A 被拆解成了特征值 λ_i 和特征向量

$|e_i\rangle$ 的组合形式。

3. 特征分解的实际应用

1）降维与压缩

假设你的手机里存了大量超高分辨率的图片，每张图片可能达到几百兆比特。如果直接存储这些图片，手机的存储空间很快就会用尽。但通过特征分解，我们可以提取每张图片的主要特征，并用更少的空间存储这些信息。这样虽然数据被压缩了，但图片的主要内容和信息依然得以保留。

2）数据分析中的神器

在大数据和机器学习中，特征分解是主成分分析（PCA）的核心工具。PCA通过特征分解帮助我们找出数据中最重要的特征，并忽略那些无关的"噪声"信息。通过这样的方法，我们可以把复杂的高维数据映射到低维空间，从而节省了计算资源的消耗，并且使结果更加直观。

7.4 量子态的观察者：投影算子

在量子计算中，我们常常需要观察量子态的一部分特性，就像科学家用显微镜观察细胞一样。投影算子（Projection Operator）正是这样一台高精度的"显微镜"，它可以将一个量子态分解到特定的方向上，为我们揭示量子世界的一些"秘密"。接下来，让我们深入探索投影算子的定义、性质以及它在量子计算中的重要作用。

1. 什么是投影算子

投影算子本质上是一个数学工具，它能够将一个向量 $|v\rangle$ "投影"到一个特定的方向（比如某个单位向量 $|e_k\rangle$ 所指的方向）（见图7-3）。这个方向可以看作我们关注的"观察点"。

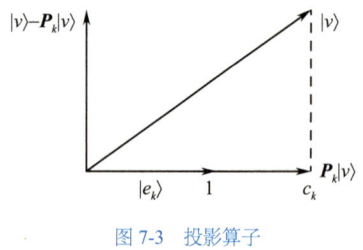

图7-3 投影算子

在定义投影算子时，我们使用了单位向量 $|e_k\rangle$ 的外积，具体公式为：

$$P_k = |e_k\rangle\langle e_k|$$

换个通俗的比喻，投影算子就像一个"影子生成器"。如果你是一个三维立体物体，而投影算子就像是根据指定的光线方向，在墙上生成你影子的工具。这里，墙的方向对应于单位向量 $|e_k\rangle$，而投影算子确保你的影子既忠实又精准地反映了你在这个方向上的"投影"。

2. 投影算子的三大黄金法则

投影算子不仅是量子力学工具箱中的一件利器，还带有几个有趣的数学特性，堪称其"黄金法则"。

1）平方等于自身（幂等性，自信的算子）

$$P_k^2 = P_k$$

这个性质表明，投影算子是非常自信的！它的操作重复执行多次，结果依然是一样的。就像你每次用直尺测量同一块木板，长度永远不变。

2）两两正交（互不干扰）

$$P_k P_j = 0 \ (k \neq j)$$

不同方向上的投影算子彼此正交，意味着它们的乘积是一个全零矩阵。就像两个互不干扰的灯光，它们各自只照亮自己的区域。

3）总和为单位矩阵（完备性方程）

$$\sum_k P_k = I$$

所有投影算子的总和等于单位矩阵 I，这表明这些方向共同构成了一个完备的"观察系统"，没有遗漏任何角落。

这些黄金法则赋予了投影算子许多妙用。

- **分解量子态**：投影算子能够将量子态分解到不同的子空间，让我们分别研究每个方向上的特性。
- **量子测量的核心**：在量子测量中，我们使用投影算子来提取某些特定方向上的信息。这正是量子力学独特的"观察哲学"。
- **完备性保障**：总和为单位矩阵的性质确保了投影算子构成的系统不会丢失任何信息。

3. 投影算子的工作原理

假设我们有一个量子态向量 $|v\rangle$，将它投影到方向 $|e_k\rangle$ 上，投影算子的作用可以写成：

$$P_k |v\rangle = |e_k\rangle\langle e_k | v\rangle$$

$\langle e_k | v\rangle$：这是内积，表示 $|v\rangle$ 在 $|e_k\rangle$ 上的投影长度，记为 c_k。

$P_k |v\rangle = c_k |e_k\rangle$：投影后的结果是向量在目标方向上的投影，长度为 c_k。

一个例子：二维空间中的投影算子

为了更直观地理解投影算子的作用，我们来看一个二维空间中的例子。假设我们使用 H 门生成两个标准正交基：

$$|e_1\rangle = H|0\rangle = \frac{1}{\sqrt{2}}(|0\rangle+|1\rangle) = \frac{1}{\sqrt{2}}\begin{bmatrix}1\\1\end{bmatrix}$$

$$|e_2\rangle = H|1\rangle = \frac{1}{\sqrt{2}}(|0\rangle-|1\rangle) = \frac{1}{\sqrt{2}}\begin{bmatrix}1\\-1\end{bmatrix}$$

在这里，我们可以通过它们的外积计算投影算子：

$$P_1 = |e_1\rangle\langle e_1| = \frac{1}{\sqrt{2}}\begin{bmatrix}1\\1\end{bmatrix}\frac{1}{\sqrt{2}}[1\ 1] = \frac{1}{2}\begin{bmatrix}1 & 1\\1 & 1\end{bmatrix}$$

$$P_2 = |e_2\rangle\langle e_2| = \frac{1}{\sqrt{2}}\begin{bmatrix}1\\-1\end{bmatrix}\frac{1}{\sqrt{2}}[1\ -1] = \frac{1}{2}\begin{bmatrix}1 & -1\\-1 & 1\end{bmatrix}$$

验证完备性方程：

$$P_1 + P_2 = \begin{bmatrix}1 & 0\\0 & 1\end{bmatrix} = I$$

投影算子的总和果然等于单位矩阵，这说明两个方向已经完全覆盖了整个二维空间。同时，它们的乘积是全零矩阵：

$$P_1 P_2 = \begin{bmatrix}0 & 0\\0 & 0\end{bmatrix}$$

这表明两个投影算子互相独立，不会互相"捣乱"。

7.5 解锁矩阵的"DNA"：谱分解与投影算子的深度关联

假设 A 是一个正规矩阵，拥有特征值 $\{\lambda_i\}$ 和对应的特征向量 $\{|e_i\rangle\}$，那么矩阵的谱分解公式可以写成：

$$A = \sum_{i=1}^{n}\lambda_i |e_i\rangle\langle e_i|$$

翻译成通俗的语言就是：

- 特征值 λ_i 是矩阵的"标签"，描述矩阵在特定方向上的伸缩或旋转程度。
- 特征向量 $|e_i\rangle$ 是这些方向的"坐标轴"，表示矩阵在这些方向上的行为是完全独

立的。
- 谱分解公式则是将矩阵拆解为"特征向量的投影+特征值的加权"。这就像用积木搭建大楼,每块积木的形状和大小都由方向(特征向量)和伸缩程度(特征值)共同决定。

1. 投影算子在谱分解中的角色

这时,投影算子就闪亮登场了!根据投影算子的定义:

$$P_k = |e_k\rangle\langle e_k|$$

它负责把任意向量投影到特征向量 $|e_k\rangle$ 所在的方向上。因此,谱分解公式可以进一步写成:

$$A = \sum_i \lambda_i P_i$$

这意味着,矩阵 A 的行为可以视为一系列投影算子的组合,每个投影算子 P_i 负责一个特征方向,而特征值 λ_i 则是该方向的权重。

2. 几何意义:从分解到重建

要理解谱分解的几何意义,不妨把矩阵 A 看作一个"投影工作室"。当矩阵作用于一个向量 $|v\rangle$ 时,整个过程分 3 步完成。

- 投影:矩阵首先把 $|v\rangle$ 投影到所有的特征向量 $|e_i\rangle$ 上,得到一组投影分量 $\langle e_i|v\rangle$。
- 加权:每个投影分量会根据对应的特征值 λ_i 被加权。特征值较大,就相当于在这个方向上"放大";特征值较小,就相当于在这个方向上"缩小"。
- 重建:将所有加权后的投影分量叠加,得到结果向量 $A|v\rangle$。

可以用一个生活中的例子来比喻:

- 想象你在一个舞台上打光,矩阵 A 是一台高科技灯光装置。
- 特征向量 $|e_i\rangle$ 是舞台上不同的灯光方向,投影算子 P_i 决定光线的角度。
- 特征值 λ_i 则是灯光的亮度调节器。
- 结果是,在不同方向上的灯光综合作用下,你的身影被完整地呈现出来。

7.6 量子态的定格:投影测量

在经典世界中,我们通过眼睛观察物体,通过耳朵听取声音,感知周围的环境。然而,在量子世界里,一切都显得更加独特和"个性化"。在这里,测量不仅仅是简单的"看一看",它更像是一场量子态的"深度访谈"。通过这种测量过程,量子系统的秘密得以通过数学和概率的方式被揭示出来。这种过程被称为投影测量，它是量子力学中的一种"侦探手段"，帮助我们从迷雾般的叠加态中提取清晰的结果。

1. 投影测量的主角登场：可观测量 A

投影测量是由一个叫作可观测量（Observable）的"主角"来描述的。

可观测量 A 是定义在量子系统状态空间上的自伴算子（表达自伴算子的矩阵是厄米矩阵）。在量子力学中，自伴算子，也称为自伴算符或厄米算符。

可观测量 A 还可以通过"化整为零"方式，用谱分解表示为如下形式：

$$A = \sum_i \lambda_i P_i$$

其中：

- λ_i 是可观测量 A 的特征值，对应可能测量的结果。
- P_i 是对应的投影算子，决定了系统在该特征值上的状态分量。

2. 从概率到结果：测量过程

在量子世界中，测量不仅仅是一次简单的"抓拍"，更像是一场"赌博"——每次测量的结果并不确定，而是由概率支配的。假设我们要测量一个处于量子态 $|\psi\rangle$ 的系统，并观察可观测量 A，其过程如下。

1）概率计算

测量得到结果 λ_i 的概率是：

$$p_i = p(\lambda = \lambda_i) = \langle \psi | P_i | \psi \rangle$$

其中，$P_i = |e_i\rangle\langle e_i|$，换句话说，这个概率取决于当前量子态 $|\psi\rangle$ 投影到对应特征状态 $|e_i\rangle$ 上的"相似程度"。

2）测量后的状态

如果测量结果对应的是 λ_i，系统的状态将会"坍缩"到对应的投影方向：

$$|\psi'\rangle = \frac{P_i |\psi\rangle}{\sqrt{p_i}}$$

这意味着，测量不仅告诉你"答案"，还重新定义了系统的状态。测量就像为量子系统拍了一张快照，但拍完后，系统可能被"吓得"瞬间换了个姿势。

7.6.1 测量算子揭秘

当你第一次听到"测量算子"这个词时，是否会想到一个穿着白大褂、手持工具的科学家，正在对量子态进行"操作"？别急，这其实是一种非常"斯文"的操作，它们通过数学的方式帮助我们解读量子系统的秘密，就像福尔摩斯通过放大镜寻找线索一样。

测量算子是量子测量的核心角色，也是量子力学中的"隐形之手"。

一般来说，测量算子（如 POVM）不仅包含投影算子，还包括其他更广义的描述形式，用于更灵活的测量模型。投影算子可以看作测量算子的一个特例。

1. 测量算子的定义与任务

量子测量由一组测量算子 $\{M_i\}$ 描述。它们的职责是作用于量子系统的状态空间（State Space），解析出系统的可能结果。这里的 i 是一个"标签"，用来标识实验中可能出现的每一种结果。换句话说，每个测量算子 M_i 就像量子世界中的一个"分流器"，将量子态分成不同的测量路径。

如果测量前量子系统的状态是 $|\psi\rangle$，那么得到结果 i 的概率是：

$$p(i) = \langle \psi | M_i^\dagger M_i | \psi \rangle$$

这里，$M_i^\dagger$ 是 M_i 的转置共轭矩阵，就像数学中的"镜像操作"。

2. 测量的"坍缩效应"

测量就像一场量子态的"选秀比赛"。当你对量子态 $|\psi\rangle$ 进行测量时，它会被"拉票"到一个新的状态 $|\alpha\rangle$ 上，而拉票的结果用概率来描述。

1）投影概率

如果量子态被投影到 $|\alpha\rangle$，它的概率是：

$$P_\alpha = |\langle \psi | \alpha \rangle|^2$$

这意味着，态 $|\psi\rangle$ 和 $|\alpha\rangle$ 的"亲密程度"决定了结果出现的可能性。

2）正交态的概率

在其他情况下，量子态会被投影到与 $|\alpha\rangle$ 正交的方向，其概率是：

$$1 - P_\alpha$$

正交态可以理解为与当前选中的态"互不干扰"的另一个方向。一旦测量发生，量子态就会像被"定格"了一样，坍缩到测量得到的态上，变为：

$$|\psi'\rangle = \frac{M_i |\psi\rangle}{\sqrt{\langle \psi | M_i^\dagger M_i | \psi \rangle}}$$

这个过程被称为"坍缩效应"。说白了，量子态在测量后会忘记自己的过去，只记得现在！

3. 测量算子的"黄金法则"：完备性

量子力学中最令人安心的地方就是它的数学规律严谨且完备。为了保证测量算子的描述是"无漏洞"的，我们引入了一个重要条件，叫作完备性方程：

$$\sum_i M_i^\dagger M_i = I$$

这里，I 是单位矩阵，表示"不偏不倚的中立立场"。这个方程的意义如下所述。

1）概率和为 1

所有可能测量结果的概率加起来必须等于 1，也就是说，系统不会"出界"或"丢失"。

$$\sum_i p(i) = \sum_i \langle \psi | M_i^\dagger M_i | \psi \rangle = 1$$

2）算子完备性

测量算子 M_i 的转置共轭矩阵与自身相乘的总和必须等于单位矩阵。这意味着，测量算子可涵盖所有可能的结果，保证系统"测得准"。

4. 测量算子的日常解读：通俗类比

为了帮助理解测量算子和完备性，可以通过以下场景来做通俗类比。

1）电影院里的座位分配

假设你走进一个电影院，电影院的每个区域（比如 VIP 区、普通区）对应一个测量算子 M_i。你的座位选择概率 $p(i)$ 取决于你离这个区域的距离（量子态内积的大小）。最终，你一定会坐到某个区域（概率总和为 1），而所有区域加起来刚好填满电影院（完备性条件）。

2）分拣快递的分流机

想象一台快递分拣机，每条分拣轨道对应一个测量算子 M_i。快递包裹（量子态）经过分拣机时，会被随机送到一条轨道上，而所有轨道加起来正好覆盖了所有可能的分拣结果（完备性条件）。

7.6.2 量子世界的"抛硬币"游戏：单量子比特测量

在量子计算的宇宙中，单量子比特的测量是一个相当重要的桥段。它就像是一场充满悬念的抛硬币游戏：在测量之前，你并不知道量子比特会是"正面"（状态 $|0\rangle$）还是"反面"（状态 $|1\rangle$），但你知道的是，这一结果是由两个测量算子 M_0 和 M_1 来决定的。

1. 什么是单量子比特测量？

单量子比特测量的核心，是用两个测量算子 M_0 和 M_1 将量子比特的状态分解到两个基态上。

- 基态 $|0\rangle$：这是量子比特的"地板状态"，对应测量算子 M_0。

$$M_0 = |0\rangle\langle 0|$$

- 激发态 $|1\rangle$：这是量子比特的"天花板状态"，对应测量算子 M_1。

$$M_1 = |1\rangle\langle 1|$$

这些算子不仅对称且优雅，还具有一种"老实本分"的特性：它们都是自伴算子，也就是它们的转置共轭矩阵等于它们自己：

$$M_0^\dagger = M_0, M_1^\dagger = M_1$$

更重要的是，这些测量算子满足了量子力学的"金科玉律"——完备性方程：

$$M_0^\dagger M_0 + M_1^\dagger M_1 = M_0 + M_1 = I$$

这个方程像是告诉你，量子比特的测量永远不会跑出界限：无论是 $|0\rangle$ 还是 $|1\rangle$，两者的概率加起来一定等于 1。

2. 测量的悬念：它会"坍缩"到哪里？

假设系统在测量之前的状态是：

$$|\psi\rangle = \alpha|0\rangle + \beta|1\rangle$$

这表示量子比特的状态是基态 $|0\rangle$ 和激发态 $|1\rangle$ 的叠加，每种状态的概率由系数 α 和 β 的大小决定。这里，$|\alpha|^2$ 和 $|\beta|^2$ 分别是量子比特坍缩到 $|0\rangle$ 和 $|1\rangle$ 的概率。

1）测量结果为 0 的概率

如果测量结果为 $|0\rangle$，概率为：

$$p(0) = \langle\psi|M_0^\dagger M_0|\psi\rangle = \langle\psi|M_0|\psi\rangle = |\alpha|^2$$

计算过程如下：

$$\begin{aligned}p(0) &= \langle\psi|M_0^\dagger M_0|\psi\rangle = \langle\psi|M_0|\psi\rangle = \langle\psi||0\rangle\langle 0||\psi\rangle \\ &= \langle\psi|0\rangle\langle 0|\psi\rangle \\ &= [\bar{\alpha}\ \bar{\beta}]\begin{bmatrix}1\\0\end{bmatrix}[1\ 0]\begin{bmatrix}\alpha\\\beta\end{bmatrix} \\ &= \bar{\alpha}\alpha \\ &= |\alpha|^2\end{aligned}$$

测量之后，系统的状态坍缩为：

$$|\psi'\rangle = \frac{M_0|\psi\rangle}{\sqrt{\langle\psi|M_0^\dagger M_0|\psi\rangle}} = \frac{M_0|\psi\rangle}{|\alpha|} = \frac{\alpha}{|\alpha|}|0\rangle$$

简单来说，量子比特的状态被"固定"到了 $|0\rangle$，并且保留了原本的"相位信息"。

2）测量结果为 1 的概率

如果测量结果为 $|1\rangle$，概率为：

$$p(1) = \langle\psi|M_1^\dagger M_1|\psi\rangle = \langle\psi|M_1|\psi\rangle = |\beta|^2$$

计算过程如下：

$$p(1) = \langle\psi|M_1^\dagger M_1|\psi\rangle = \langle\psi|M_1|\psi\rangle = \langle\psi\|1\rangle\langle 1\|\psi\rangle$$
$$= \langle\psi|1\rangle\langle 1|\psi\rangle$$
$$= [\bar{\alpha}\ \bar{\beta}]\begin{bmatrix}0\\1\end{bmatrix}[0\ 1]\begin{bmatrix}\alpha\\\beta\end{bmatrix}$$
$$= \bar{\beta}\beta$$
$$= |\beta|^2$$

测量之后,系统的状态坍缩为:

$$|\psi'\rangle = \frac{M_1|\psi\rangle}{\sqrt{\langle\psi|M_1^\dagger M_1|\psi\rangle}} = \frac{M_1|\psi\rangle}{|\beta|} = \frac{\beta}{|\beta|}|1\rangle$$

7.7 量子计算的"终极揭晓":量子线路测量方法

量子线路是量子计算中一种常用的可视化工具,由量子比特和作用在它们上的量子逻辑门组成。它像一张电路图,每条线代表一个量子比特的"旅程",每个符号(逻辑门)代表一个操作。例如,哈达玛门(H门)会将量子比特送入叠加态,而 CNOT 门则负责制造量子比特之间的纠缠态。最终,所有这些操作共同作用在量子比特上,将其引导到一个新的量子状态。

在真实的量子计算机中,量子态本身是无法直接观察的。由于量子力学中的不确定性原则,你不能"偷看"量子比特的状态,否则会导致量子比特的状态坍缩。为了间接提取信息,我们需要通过测量操作来获得量子比特的状态。

图 7-4 测量操作符号

在量子线路图中,测量操作符号如图 7-4 所示。

假设我们在计算基($|0\rangle$,$|1\rangle$)下进行测量,测量操作可以用如下矩阵表示:

$$M_0 = |0\rangle\langle 0| = \begin{bmatrix}1 & 0\\0 & 0\end{bmatrix}$$

$$M_1 = |1\rangle\langle 1| = \begin{bmatrix}0 & 0\\0 & 1\end{bmatrix}$$

让我们进入量子计算的迷你舞台,体验如何对单量子比特进行测量。假设你是一名量子厨师,而量子线路就像你的"烹饪指南"。今天,我们将以一个简单的量子比特为主角,通过"准备-演化-测量"三步过程来完成一个量子实验。

一个简单的单量子比特量子线路如图 7-5 所示。

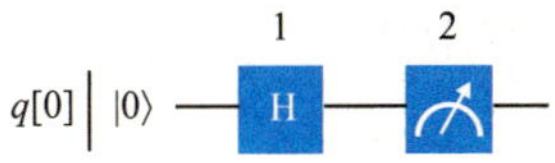

$$q[0] | |0\rangle - \boxed{H}^1 - \boxed{}^2$$

图 7-5　单量子比特量子线路

1. 场景搭建：初始状态 $|0\rangle$

故事的开端，我们的量子比特被设置为初始状态 $|0\rangle$。这就好比你手中的鸡蛋——它仍是完整的，未经处理的原材料。

2. 演化第一步：加入 H 门，制作叠加态

接下来，我们给量子比特加一点"调料"，也就是施加一个 H 门。这个门会将量子比特从基础态 $|0\rangle$ "搅拌"成一个均匀的叠加态：

$$|\psi\rangle = \boldsymbol{H}|0\rangle = \frac{1}{\sqrt{2}}(|0\rangle + |1\rangle)$$

通俗地说，你的鸡蛋不再是完整的鸡蛋，它已经被"打散"成两种状态的混合体，50% 的概率是 $|0\rangle$，50% 的概率是 $|1\rangle$。

3. 核心步骤：测量操作

接下来，我们进行测量，这就像用一根"量子探针"去观察比特的状态。然而，量子测量有个特点——你一测它，它就"害羞"了，立马坍缩到某个确定的状态。也就是说，比特会从 $|\psi\rangle = \frac{1}{\sqrt{2}}(|0\rangle + |1\rangle)$ 的叠加态变成 $|0\rangle$ 或 $|1\rangle$ 的确定态。

那么，测量结果的概率如何计算呢？根据投影测量的公式：

- 测量结果为 $|0\rangle$ 的概率：

$$p(0) = \langle\psi|\boldsymbol{M}_0^\dagger \boldsymbol{M}_0|\psi\rangle = \langle\psi|\boldsymbol{M}_0|\psi\rangle = \frac{1}{\sqrt{2}}\begin{bmatrix}1 & 1\end{bmatrix}\begin{bmatrix}1 & 0 \\ 0 & 0\end{bmatrix}\frac{1}{\sqrt{2}}\begin{bmatrix}1 \\ 1\end{bmatrix} = \frac{1}{2}$$

- 测量结果为 $|1\rangle$ 的概率：

$$p(1) = \langle\psi|\boldsymbol{M}_1^\dagger \boldsymbol{M}_1|\psi\rangle = \langle\psi|\boldsymbol{M}_1|\psi\rangle = \frac{1}{\sqrt{2}}\begin{bmatrix}1 & 1\end{bmatrix}\begin{bmatrix}0 & 0 \\ 0 & 1\end{bmatrix}\frac{1}{\sqrt{2}}\begin{bmatrix}1 \\ 1\end{bmatrix} = \frac{1}{2}$$

这表明，测量后 $|0\rangle$ 和 $|1\rangle$ 的概率是均等的——这完全符合我们用 H 门创造的均匀叠加态。

4. 测量后的状态：坍缩的故事

假如测量结果为 $|0\rangle$，比特的状态就会坍缩为 $|0\rangle$，也就是：

$$|\psi'\rangle = \frac{\boldsymbol{M}_0|\psi\rangle}{\sqrt{\langle\psi|\boldsymbol{M}_0^\dagger \boldsymbol{M}_0|\psi\rangle}} = \frac{\boldsymbol{M}_0|\psi\rangle}{|\alpha|} = \frac{\alpha}{|\alpha|}|0\rangle = |0\rangle$$

如果测量结果为 $|1\rangle$，则状态变成：

$$|\psi'\rangle = \frac{M_1|\psi\rangle}{\sqrt{\langle\psi|M_1^\dagger M_1|\psi\rangle}} = \frac{M_1|\psi\rangle}{|\beta|} = \frac{\beta}{|\beta|}|1\rangle = |1\rangle$$

测量后的状态确定无疑，再也不是叠加态。这就像你用探针扎破了气泡，里面的量子"秘密"已经全部被释放出来。

在真实的量子计算机中，每次测量都会让量子态"消失"。所以，为了多次统计测量结果的概率分布，我们需要重复准备初始态、施加逻辑门，然后进行测量。通过足够多的测量次数，我们可以统计出 $|0\rangle$ 和 $|1\rangle$ 的出现频率，从而近似计算它们的概率。

第 8 章

▼

量子计算的开篇传奇
D-J 算法

8.1 从 Deutsch-Jozsa 问题出发

Deutsch-Jozsa 问题不仅是量子计算史上的经典问题,还是揭开量子计算神秘面纱的重要篇章。这个问题最早由 David Deutsch 和 Richard Jozsa 于 1992 年提出,至今仍被视为量子计算超越经典计算机的标志性例子。

想象一下,我们有一个神秘的黑盒函数 $f(x)$,它接受一个比特串 x 作为输入,并返回 0 或 1。你已知该函数有两个特点:它要么是恒定的(无论输入 x 是什么,它总是返回 0 或总是返回 1),要么是平衡的(对于所有可能的输入,输出的一半是 0,输出的一半是 1)。问题的核心在于:如何以最少的尝试次数,确定这个函数到底是恒定的,还是平衡的?

让我们进一步理解这个问题。假设输入 $x \in \{0,1\}^n$ 是一个由 0 和 1 组成的任意 n 位二进制数。举个例子,当 $n = 3$ 时,输入可能是 010,当 $n = 5$ 时,输入可能是 10001。我们可以通过两种方式来描述这个函数。

- **常数函数**:对于所有 x,函数总是返回同一个值——要么总是 0,要么总是 1。
- **平衡函数**:对于所有 x,函数的输出是平衡的——一半的输入返回 0,另一半返回 1。

Deutsch-Jozsa 问题的挑战在于:面对一个未知函数时,我们应如何在最少的查询次数内,确定它是常数函数还是平衡函数?

8.2 量子比特的四重奏:探秘量子计算算法

现在,让我们来谈谈量子比特的"奇妙四重奏"。量子计算的核心之一就是量子比特的超级位置性质,它使一个量子比特能够同时处于多个状态。为了演示这一点,我们来看一个有趣的实验:假设有一个神秘的函数,它只会在 4 种可能的操作之间选择一个,而你可以通过对给定输入和输出进行测试来判断它究竟是哪一种。

假设你知道这个函数一定是平衡函数或者是常数函数。为了确定它的性质,最直观的做法是测试几个不同的输入值,观察输出的规律性。经典的计算方法往往需要多次测试才能确认结果。而量子计算,凭借量子比特的奇妙性质,可以通过少量的尝试即可完成这个任务。

我们可以通过下面的例子来具体演示这一过程。

1. 平衡函数：输出是有规律的

（1）$f(x) = x$：

$$\begin{bmatrix} 1 & 0 \\ 0 & 1 \end{bmatrix} |0\rangle = \begin{bmatrix} 1 & 0 \\ 0 & 1 \end{bmatrix} \begin{bmatrix} 1 \\ 0 \end{bmatrix} = \begin{bmatrix} 1 \\ 0 \end{bmatrix} = |0\rangle$$

$$\begin{bmatrix} 1 & 0 \\ 0 & 1 \end{bmatrix} |1\rangle = \begin{bmatrix} 1 & 0 \\ 0 & 1 \end{bmatrix} \begin{bmatrix} 0 \\ 1 \end{bmatrix} = \begin{bmatrix} 0 \\ 1 \end{bmatrix} = |1\rangle$$

（2）$f(x) = \neg x$：

$$\begin{bmatrix} 0 & 1 \\ 1 & 0 \end{bmatrix} |0\rangle = \begin{bmatrix} 0 & 1 \\ 1 & 0 \end{bmatrix} \begin{bmatrix} 1 \\ 0 \end{bmatrix} = \begin{bmatrix} 0 \\ 1 \end{bmatrix} = |1\rangle$$

$$\begin{bmatrix} 0 & 1 \\ 1 & 0 \end{bmatrix} |1\rangle = \begin{bmatrix} 0 & 1 \\ 1 & 0 \end{bmatrix} \begin{bmatrix} 0 \\ 1 \end{bmatrix} = \begin{bmatrix} 1 \\ 0 \end{bmatrix} = |0\rangle$$

它总是会转换为 $|0\rangle$ 或 $|1\rangle$。

2. 常数函数：无论输入 x 是什么，输出总是一样的

（1）$f(x) = |0\rangle$：

$$\begin{bmatrix} 1 & 1 \\ 0 & 0 \end{bmatrix} |0\rangle = \begin{bmatrix} 1 & 1 \\ 0 & 0 \end{bmatrix} \begin{bmatrix} 1 \\ 0 \end{bmatrix} = \begin{bmatrix} 1 \\ 0 \end{bmatrix} = |0\rangle$$

$$\begin{bmatrix} 1 & 1 \\ 0 & 0 \end{bmatrix} |1\rangle = \begin{bmatrix} 1 & 1 \\ 0 & 0 \end{bmatrix} \begin{bmatrix} 0 \\ 1 \end{bmatrix} = \begin{bmatrix} 1 \\ 0 \end{bmatrix} = |0\rangle$$

总是产生 $|0\rangle$。

（2）$f(x) = |1\rangle$：

$$\begin{bmatrix} 0 & 0 \\ 1 & 1 \end{bmatrix} |0\rangle = \begin{bmatrix} 0 & 0 \\ 1 & 1 \end{bmatrix} \begin{bmatrix} 1 \\ 0 \end{bmatrix} = \begin{bmatrix} 0 \\ 1 \end{bmatrix} = |1\rangle$$

$$\begin{bmatrix} 0 & 0 \\ 1 & 1 \end{bmatrix} |1\rangle = \begin{bmatrix} 0 & 0 \\ 1 & 1 \end{bmatrix} \begin{bmatrix} 0 \\ 1 \end{bmatrix} = \begin{bmatrix} 0 \\ 1 \end{bmatrix} = |1\rangle$$

同样地，在其他情况下，$f(x)$ 会始终返回同样的输出值。

要判断一个函数是平衡函数还是常数函数，经典的方法通常需要测试多个输入值，逐一确认输出值。然而，在量子计算中，由于量子叠加态和量子纠缠的特性，我们可以通过一次巧妙的量子操作，一举揭开谜底。

量子计算的强大之处在于它通过超越经典计算机的方式，能够更高效地解决这类问题。这也正是 Deutsch-Jozsa 问题展示量子计算优势的地方：量子计算能够在仅一次查询的情况下，判断出这个神秘的函数到底是恒定的还是平衡的——而这一点在经典计算机上是无法实现的。

8.3 量子计算的关键角色：神秘的 Oracle

在古希腊，提到"神谕"便会让人联想到德尔斐神殿的女祭司。她们似乎拥有"透视未来"的能力，能为问题提供回答，通常是肯定或否定——这种回答总是神秘莫测。想象一下，你走进神殿，问："我明天会中奖吗？"女祭司可能会微微一笑，告诉你"是"或"否"。然而，她的回答有时是模糊不清的，需要你根据实际情况来解读和理解。

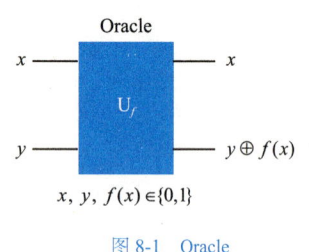

图 8-1 Oracle

那么，神谕与量子计算中的 Oracle（见图 8-1）有何相似之处呢？在量子计算的世界里，Oracle 也是一个"神秘的黑盒"，它能够接受量子态作为输入，并执行某些特定的操作，最终帮助我们能揭示出一些信息。在 Deutsch-Jozsa 算法中，Oracle 主要用于帮助我们判断一个布尔函数是"常数函数"还是"平衡函数"。

Oracle 的要点：

- 尽可能快速且高效：我们希望通过 Oracle 得到答案时，能像闪电一样迅速，而不是让我们等上几个世纪。
- 尽量减少 Oracle 的调用次数：想象一下，每次调用 Oracle 都像是你去问那个神秘的女祭司一个问题。显然，频繁地提问并不是最佳选择——我们希望通过最少的问询次数，快速得出问题的答案。

在量子计算中，Oracle 的工作方式与其输入的比特串有关。我们输入一个由 0 和 1 组成的比特串，Oracle 会告诉我们该函数是常数函数还是平衡函数。具体来说，Oracle 的作用可以通过一个简单的数学公式来表示。假设我们有一个函数 f，它接收一个 n 位二进制数作为输入，输出的结果只有 0 或 1。那么函数 f 就可以表示为：

$$f:\{0,1\}^n \to \{0,1\}$$

而在量子计算中，Oracle 作为一个量子黑盒的表现形式，实际上是通过量子线路实现的。这里可以把"量子线路"想象成一个神秘的机器，输入一些量子比特后，经过一系列复杂的量子操作，最终输出一些新的量子比特。我们的目标是设计这样一个量子线路，让它能轻松地判断给定的函数是常数函数还是平衡函数。

量子算法中的 Oracle 操作可以通过以下公式来表示：

$$U_f:|x\rangle|y\rangle \to |x\rangle|y \oplus f(x)\rangle$$

这里的 ⊕ 代表"异或"操作（XOR），它就像一个量子版的"开关"。具体来说，

如果 $f(x)$ 是常数函数，所有输出都会是一样的；如果是平衡函数，输出将是等量的 0 和 1 的组合。

图 8-2 为 Oracle 操作状态变化表。

y	$f(x)$	$y \oplus f(x)$
0	0	0
0	1	1
1	0	1
1	1	0

图 8-2 Oracle 操作状态变化表

在这段操作中：

- $|x\rangle$ 是量子比特的输入，它代表我们要检查的输入值。
- $|y\rangle$ 是辅助量子比特，它帮助我们储存与函数 $f(x)$ 相关的结果。
- 最后，通过量子操作，我们将得到一个新的量子态，结果是 $y \oplus f(x)$，表示通过量子计算，我们得到了与 $f(x)$ 相关的答案。

8.4 第一步量子算法：Deutsch 算法

接下来，我们将深入了解量子计算中的第一个算法——Deutsch 算法。如图 8-3 所示，Deutsch 算法通过量子态的演化，解决了经典计算中一个看似简单但不容易处理的问题。我们将通过逐步演示量子态的演化过程，让你一窥量子计算的魔力，帮助你理解每个步骤。

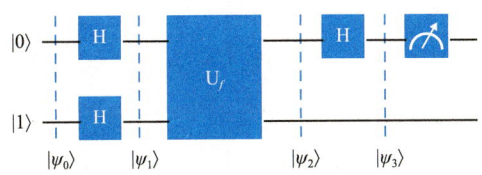

图 8-3 Deutsch 算法量子态的演化

1. 量子态演化的示范

（1）我们准备两个量子比特，一个是 $|0\rangle$，一个是 $|1\rangle$，它们的张量积组合在一起，形成初始状态：

$$|\psi_0\rangle = |0\rangle \otimes |1\rangle$$

（2）我们对这两个量子比特分别施加 H 门。这一操作就像是按下了量子比特的"混合"按钮，强行使它们进入叠加态。经过 H 门的处理后，这两个量子比特从基态变成了叠加态，具体如下：

$$|\psi_1\rangle = H|0\rangle \otimes H|1\rangle = \frac{1}{\sqrt{2}}(|0\rangle+|1\rangle) \otimes \frac{1}{\sqrt{2}}(|0\rangle-|1\rangle)$$

$$= \frac{1}{2}(|0\rangle\otimes|0\rangle-|0\rangle\otimes|1\rangle+|1\rangle\otimes|0\rangle-|1\rangle\otimes|1\rangle)$$

$$= \frac{1}{2}(|00\rangle-|01\rangle+|10\rangle-|11\rangle)$$

（3）我们通过量子操作"U"进一步演化这个量子态。U 操作是一个黑盒操作，也就是 Deutsch 算法中的 Oracle，它会根据给定的布尔函数 $f(x)$ 对输入态进行处理。具体来说，这个操作将量子比特 $|x\rangle|y\rangle$ 变换为 $|x\rangle|y \oplus f(x)\rangle$，其中 $\oplus$ 代表异或操作。

所以，经过 U 操作后，我们得到新的量子态 $|\psi_2\rangle$，它的计算公式是：

$$|\psi_2\rangle = \frac{1}{2}(|0\rangle|0 \oplus f(0)\rangle-|0\rangle|1 \oplus f(0)\rangle+|1\rangle|0 \oplus f(1)\rangle-|1\rangle|1 \oplus f(1)\rangle)$$

让我们在这里停留一下，深刻感受量子计算的魅力。通过使用 H 门和 Oracle 操作，我们已经让量子态变得非常复杂，开始包含一些我们可以从中提取的信息。接下来，我们需要分析这个状态，以确定函数是<u>常数函数</u>还是<u>平衡函数</u>。

2. 常数函数与平衡函数的判断

在 Deutsch 算法中，我们将布尔函数分为两类：常数函数和平衡函数。常数函数的输出总是相同的（要么全是 0，要么全是 1），而平衡函数的输出则在 0 和 1 之间平衡地切换。通过量子计算，我们可以通过少量的操作快速判断一个函数是哪一类。

首先，分析一下当 $f(0)=0$ 和 $f(0)=1$ 时的情况。我们得到以下表达式：

- 当 $f(0)=0$ 时，得到 $|0 \oplus f(0)\rangle-|1 \oplus f(0)\rangle = |0\rangle-|1\rangle$。
- 当 $f(0)=1$ 时，得到 $|0 \oplus f(0)\rangle-|1 \oplus f(0)\rangle = -(|0\rangle-|1\rangle)$。

通过这种计算，我们得出结论：

$$|0 \oplus f(0)\rangle-|1 \oplus f(0)\rangle = (-1)^{f(0)}(|0\rangle-|1\rangle)$$

同样的逻辑可以应用到 $f(1)$ 上，因此我们可以得出更为简捷的形式：

$$|\psi_2\rangle = \frac{1}{2}(|0\rangle(|0 \oplus f(0)\rangle-|1 \oplus f(0)\rangle)+|1\rangle(|0 \oplus f(1)\rangle-|1 \oplus f(1)\rangle))$$

$$= \frac{1}{2}(|0\rangle(-1)^{f(0)}(|0\rangle-|1\rangle)+|1\rangle(-1)^{f(1)}(|0\rangle-|1\rangle))$$

$$= \frac{1}{2}((-1)^{f(0)}|0\rangle+(-1)^{f(1)}|1\rangle)(|0\rangle-|1\rangle)$$

接下来，我们对这个状态施加 H 门变换，这一步就像是给量子态做一个"最后的调整"，目的是让我们能清楚地看到常数函数与平衡函数之间的差异。

施加 H 门后的新量子态 $|\psi_3\rangle$ 为：

$$|\psi_3\rangle = H|\psi_2\rangle$$
$$= \frac{1}{2}H\left((-1)^{f(0)}|0\rangle + (-1)^{f(1)}|1\rangle\right)(|0\rangle - |1\rangle)$$
$$= \frac{1}{2}\left((-1)^{f(0)}H|0\rangle + (-1)^{f(1)}H|1\rangle\right)(|0\rangle - |1\rangle)$$
$$= \frac{1}{2}\left((-1)^{f(0)}\frac{1}{\sqrt{2}}(|0\rangle+|1\rangle) + (-1)^{f(1)}\frac{1}{\sqrt{2}}(|0\rangle-|1\rangle)(|0\rangle-|1\rangle)\right)$$
$$= \left((-1)^{f(0)}\frac{1}{2}(|0\rangle+|1\rangle) + (-1)^{f(1)}\frac{1}{2}(|0\rangle-|1\rangle)\right)\left(\frac{1}{\sqrt{2}}|0\rangle - \frac{1}{\sqrt{2}}|1\rangle\right)$$

1) $f(x)$ 为平衡函数

当 $f(0) = f(1) = 0$ 时：

$$|\psi_3\rangle = \left(\frac{1}{2}(|0\rangle+|1\rangle) + \frac{1}{2}(|0\rangle-|1\rangle)\right)\left(\frac{1}{\sqrt{2}}|0\rangle - \frac{1}{\sqrt{2}}|1\rangle\right)$$
$$= |0\rangle \otimes \left(\frac{1}{\sqrt{2}}|0\rangle - \frac{1}{\sqrt{2}}|1\rangle\right)$$

当 $f(0) = f(1) = 1$ 时：

$$|\psi_3\rangle = \left(-\frac{1}{2}(|0\rangle+|1\rangle) - \frac{1}{2}(|0\rangle-|1\rangle)\right)\left(\frac{1}{\sqrt{2}}|0\rangle - \frac{1}{\sqrt{2}}|1\rangle\right)$$
$$= (-|0\rangle) \otimes \left(\frac{1}{\sqrt{2}}|0\rangle - \frac{1}{\sqrt{2}}|1\rangle\right)$$

经过计算，我们最终得到的状态可能是：

- 当 $f(0)=0$ 且 $f(1)=0$ 时，对于被测量的线路，量子态为 $|0\rangle$，也就是说，测量结果会给我们一个 0，这表明这是一个常数函数。
- 当 $f(0)=1$ 且 $f(1)=1$ 时，对于被测量的线路，量子态为 $-|0\rangle$，同样也会显示常数函数的性质。

根据量子测量公式：

$$p(0) = \langle\psi|M_0^\dagger M_0|\psi\rangle = \langle\psi|M_0|\psi\rangle = 1$$

也就是说，如果测量结果恒为 1，即说明是一个<u>常数函数</u>。

2) $f(x)$ 为平衡函数

当 $f(0) = 1$，$f(1) = 0$ 时：

$$|\psi_3\rangle = \left(-\frac{1}{2}(|0\rangle+|1\rangle) + \frac{1}{2}(|0\rangle-|1\rangle)\right)\left(\frac{1}{\sqrt{2}}|0\rangle - \frac{1}{\sqrt{2}}|1\rangle\right)$$
$$= (-|1\rangle) \otimes \left(\frac{1}{\sqrt{2}}|0\rangle - \frac{1}{\sqrt{2}}|1\rangle\right)$$

当 $f(0) = 0$，$f(1) = 1$ 时：

$$|\psi_3\rangle = \left(\frac{1}{2}(|0\rangle+|1\rangle)-\frac{1}{2}(|0\rangle-|1\rangle)\right)\left(\frac{1}{\sqrt{2}}|0\rangle-\frac{1}{\sqrt{2}}|1\rangle\right)$$
$$=|1\rangle\otimes\left(\frac{1}{\sqrt{2}}|0\rangle-\frac{1}{\sqrt{2}}|1\rangle\right)$$

对于平衡函数，我们得到的情况则完全不同：

- 当 $f(0)=1$ 且 $f(1)=0$ 时，对于被测量的线路，量子态为 $-|1\rangle$。
- 当 $f(0)=0$ 且 $f(1)=1$ 时，对于被测量的线路，量子态为 $|1\rangle$。

根据量子测量公式：

$$p(0)=\langle\psi|M_0^\dagger M_0|\psi\rangle=\langle\psi|M_0|\psi\rangle=0$$

也就是说，如果测量结果 $p(0)$ 恒为 0，即说明是一个<u>平衡函数</u>。

8.5 从 1 到 n：D-J 算法的升级

量子世界就像一个奇幻的舞台，每次我们增加一个"演员"（量子比特），舞台上的戏剧性就翻倍。接下来，让我们从 1 个量子比特扩展到 n 个量子比特，一步步揭开 D-J 算法的奥秘，如图 8-4 所示为 D-J 算法的量子线路图。

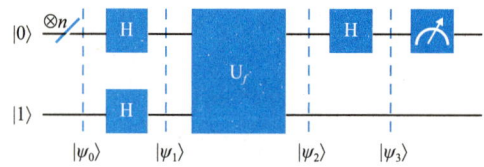

图 8-4　D-J 算法的量子线路图

1. 初始状态：所有人就位！

系统开始时，n 个量子比特全都老老实实地处于 $|0\rangle$ 态，而另有一个调皮的量子比特 $|1\rangle$ 充当"捣蛋鬼"。因此，初始状态可以表示为：

$$|\psi_0\rangle=|0\rangle^{\otimes n}|1\rangle$$

2. 用 H 门"点亮"舞台

接下来，我们为每个量子比特施加一个 H 门，就像给演员穿上魔法戏服。H 门能够将一个经典态"平均分配"到两个量子态之间。当对线路中上面的 n 个量子比特施加 H 门时，量子系统的状态变为：

$$(\boldsymbol{H}|0\rangle)^{\otimes n} = \frac{1}{\sqrt{2^n}}(|0\rangle+|1\rangle)^{\otimes n}$$

$$= \frac{1}{\sqrt{2^n}}\begin{bmatrix}1\\1\end{bmatrix}^{\otimes n}$$

$$= \frac{1}{\sqrt{2^n}}\begin{bmatrix}1\\1\\\vdots\\1\end{bmatrix}$$

$$= \frac{1}{\sqrt{2^n}}\left(\begin{bmatrix}1\\0\\\vdots\\0\end{bmatrix}+\begin{bmatrix}0\\1\\\vdots\\0\end{bmatrix}+\cdots+\begin{bmatrix}0\\0\\\vdots\\1\end{bmatrix}\right)$$

$$= \frac{1}{\sqrt{2^n}}(|0\rangle+|1\rangle+|2\rangle+\cdots+|2^n-1\rangle)$$

$$= \frac{1}{\sqrt{2^n}}\sum_{x=0}^{2^n-1}|x\rangle$$

而给线路下面那个调皮的比特 $|1\rangle$ 施加 H 门后，量子系统的状态变为：

$$\boldsymbol{H}|1\rangle = \frac{1}{\sqrt{2}}(|0\rangle-|1\rangle)$$

因此，最后量子系统的状态变为：

$$|\psi_1\rangle = \frac{1}{\sqrt{2^n}}\sum_{x=0}^{2^n-1}|x\rangle \otimes \frac{1}{\sqrt{2}}(|0\rangle-|1\rangle)$$

3. U_f 门登场：数据加工的魔法手

U_f 门登场，它负责执行特定的函数运算。U_f 门的任务是这样的：

$$\boldsymbol{U}_f: |x\rangle|y\rangle \mapsto |x\rangle|y\oplus f(x)\rangle$$

它的意思很简单：对于输入 $|x\rangle$，根据 $f(x)$ 的结果，翻转（或不翻转）后面的 $|y\rangle$。于是，量子系统的状态变为：

$$|\psi_2\rangle = \left(\frac{1}{\sqrt{2^n}}\sum_{x=0}^{2^n-1}|x\rangle\right) \otimes \frac{1}{\sqrt{2}}(|0\oplus f(x)\rangle-|1\oplus f(x)\rangle)$$

$$= \left(\frac{1}{\sqrt{2^n}}\sum_{x=0}^{2^n-1}|x\rangle\right) \otimes \frac{1}{\sqrt{2}}(|f(x)\rangle-|1\oplus f(x)\rangle)$$

当 $f(x)=0$ 时：

$$\frac{1}{\sqrt{2}}(|f(x)\rangle-|1\oplus f(x)\rangle) = \frac{1}{\sqrt{2}}(|0\rangle-|1\rangle)$$

当 $f(x)=1$ 时：

$$\frac{1}{\sqrt{2}}(|f(x)\rangle - |1 \oplus f(x)\rangle) = \frac{1}{\sqrt{2}}(|1\rangle - |0\rangle)$$

于是可以写成通用公式：

$$\frac{1}{\sqrt{2}}(|f(x)\rangle - |1 \oplus f(x)\rangle) = \frac{1}{\sqrt{2}}(-1)^{f(x)}(|0\rangle - |1\rangle)$$

代入 $|\psi_2\rangle$，进一步简化，我们可以写成：

$$\left(\frac{1}{\sqrt{2^n}}\sum_{x=0}^{2^n-1}|x\rangle\right) \otimes \frac{1}{\sqrt{2}}(-1)^{f(x)}(|0\rangle - |1\rangle)$$

我们移动一下系数 $(-1)^{f(x)}$，最后变形为：

$$\left(\frac{1}{\sqrt{2^n}}\sum_{x=0}^{2^n-1}(-1)^{f(x)}|x\rangle\right) \otimes \frac{1}{\sqrt{2}}(|0\rangle - |1\rangle)$$

此时的量子态如图 8-5 所示。

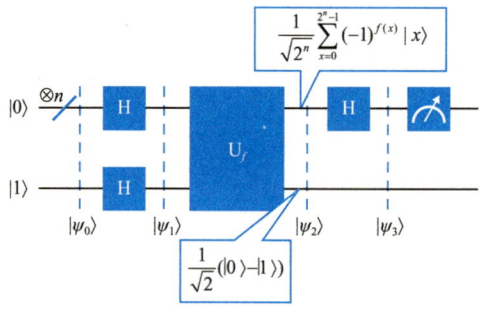

图 8-5　U_f 门后的量子态

4. 再次使用 H 门

当我们计算 $|\psi_3\rangle$ 时，我们忽略最后一个量子比特：

$$\frac{1}{\sqrt{2}}(|0\rangle - |1\rangle)$$

只关注前 n 个量子比特：

$$|\psi_2'\rangle = \frac{1}{\sqrt{2^n}}\sum_{x=0}^{2^n-1}(-1)^{f(x)}|x\rangle$$

由于：

$$H|0\rangle = \frac{1}{\sqrt{2}}(|0\rangle + |1\rangle) = \frac{1}{\sqrt{2}}(|0\rangle + (-1)^0|1\rangle)$$

$$H|1\rangle = \frac{1}{\sqrt{2}}(|0\rangle - |1\rangle) = \frac{1}{\sqrt{2}}(|0\rangle + (-1)^1|1\rangle)$$

对于单量子比特，即任意 $x \in \{0,1\}$，可得：

$$H|x\rangle = \frac{1}{\sqrt{2}}(|0\rangle + (-1)^x |1\rangle)$$

$$= \frac{1}{\sqrt{2}} \sum_{u \in \{0,1\}} (-1)^{xu} |u\rangle$$

而对于 2 个量子比特，有：

$$(H \otimes H)|x_1 x_2\rangle = H|x_1\rangle \otimes H|x_2\rangle$$

$$= \frac{1}{\sqrt{2}} \sum_{u_1 \in \{0,1\}} (-1)^{x_1 u_1} |u_1\rangle \otimes \frac{1}{\sqrt{2}} \sum_{u_2 \in \{0,1\}} (-1)^{x_2 u_2} |u_2\rangle$$

$$= \frac{1}{\sqrt{2^2}} \sum_{u_1, u_2 \in \{0,1\}} (-1)^{x_1 u_1 + x_2 u_2} |u_1\rangle |u_2\rangle$$

$$= \frac{1}{\sqrt{2^2}} \sum_{u_1, u_2 \in \{0,1\}} (-1)^{x_1 u_1 + x_2 u_2} |u_1 u_2\rangle$$

如果是 n 位，那么有：

$$H^{\otimes n}|x_1 x_2 \cdots x_n\rangle = \frac{1}{\sqrt{2^n}} \sum_{u \in \{0,1\}^n} (-1)^{x_1 u_1 + x_2 u_2 + \cdots + x_n u_n} |u_1 u_2 \cdots u_n\rangle$$

我们用 x 表示 $x_1 x_2 \cdots x_n$，u 表示 $u_1 u_2 \cdots u_n$，

则 $x_1 u_1 + x_2 u_2 + \cdots + x_n u_n$ 可以看作 x, u 的点积：

$$x \cdot u = x_1 u_1 + x_2 u_2 + \cdots + x_n u_n$$

于是有：

$$H^{\otimes n}|x\rangle = \frac{1}{\sqrt{2^n}} \sum_{u=0}^{2^n - 1} (-1)^{x \cdot u} |u\rangle$$

计算上面 n 个量子比特的量子态 $|\psi_2'\rangle$ 经过 H 门后的量子态：

$$|\psi_3'\rangle = H^{\otimes n} \frac{1}{\sqrt{2^n}} \sum_{x=0}^{2^n - 1} (-1)^{f(x)} |x\rangle$$

$$= \frac{1}{\sqrt{2^n}} \sum_{x=0}^{2^n - 1} (-1)^{f(x)} H^{\otimes n} |x\rangle$$

$$= \frac{1}{\sqrt{2^n}} \sum_{x=0}^{2^n - 1} (-1)^{f(x)} \left(\frac{1}{\sqrt{2^n}} \sum_{u=0}^{2^n - 1} (-1)^{x \cdot u} |u\rangle \right)$$

$$= \frac{1}{2^n} \sum_{u=0}^{2^n - 1} \left(\sum_{x=0}^{2^n - 1} (-1)^{f(x)} (-1)^{x \cdot u} \right) |u\rangle$$

5. 当 $f(x)$ 为常数函数

$f(x) = 0$ 时：$(-1)^{f(x)} = 1$

$$|\psi_3'\rangle = \frac{1}{2^n} \sum_{u=0}^{2^n - 1} \left(\sum_{x=0}^{2^n - 1} (-1)^{x \cdot u} \right) |u\rangle$$

$f(x)=1$ 时：$(-1)^{f(x)}=-1$

$$|\psi_3'\rangle = -\frac{1}{2^n}\sum_{u=0}^{2^n-1}(\sum_{x=0}^{2^n-1}(-1)^{x\cdot u})|u\rangle$$

这里，我们只关注如下取值情形：

$$\sum_{u=0}^{2^n-1}|u\rangle = |0\rangle^{\otimes n} = |00000\cdots 0\rangle$$

所以有：

$$\sum_{x=0}^{2^n-1}(-1)^{x\cdot u} = \sum_{x=0}^{2^n-1}(-1)^0 = \sum_{x=0}^{2^n-1}1 = 2^n$$

$f(x)=0$ 时：

$$|\psi_3'\rangle = \frac{1}{2^n}\sum_{u=0}^{2^n-1}2^n|u\rangle = \sum_{u=0}^{2^n-1}|u\rangle = |0\rangle^{\otimes n}$$

$f(x)=1$ 时：

$$|\psi_3'\rangle = -|0\rangle^{\otimes n}$$

这意味着必然测得 $|0\rangle^{\otimes n}$。反过来说，测得该结果就说明是一个<u>常数函数</u>。

6. 当 $f(x)$ 为平衡函数

由于，我们只关注取值：

$$\sum_{u=0}^{2^n-1}|u\rangle = |0\rangle^{\otimes n} = |00000\cdots 0\rangle$$

所以有：

$$|\psi_3'\rangle = \frac{1}{\sqrt{2^n}}\sum_{x=0}^{2^n-1}(-1)^{f(x)}\left(\frac{1}{\sqrt{2^n}}\sum_{u=0}^{2^n-1}(-1)^{x\cdot u}|u\rangle\right)$$

$$= \frac{1}{2^n}\sum_{u=0}^{2^n-1}\left(\sum_{x=0}^{2^n-1}(-1)^{f(x)}(-1)^0\right)|u\rangle$$

$$= \frac{1}{2^n}\sum_{u=0}^{2^n-1}\left(\sum_{x=0}^{2^n-1}(-1)^{f(x)}\right)|u\rangle$$

由于 $f(x)$ 为平衡函数的时候：一半是 $f(x)=0$，一半是 $f(x)=1$，那么 $\sum_{x=0}^{2^n-1}(-1)^{f(x)}$ 是 2^n 次求和，是偶数，所以结果必为 0。

这意味着必然无法测得 $|0\rangle^{\otimes n}$。反过来说，测得该结果说明就是一个<u>平衡函数</u>。

第 9 章

▼

量子振幅放大的奇妙之旅

9.1 量子态的几何之旅：常用几何变换

1. 向量内积的几何意义

在经典的几何世界里，向量内积是一个非常基础的概念，而在量子计算的领域中，它也扮演着不可或缺的角色。让我们从基础出发，解锁内积背后的几何奥秘！

假设我们有两个向量 v 和 w：

$$v = \begin{bmatrix} v_1 \\ v_2 \\ \vdots \\ v_n \end{bmatrix} \quad v^\mathrm{T} = [v_1 v_2 \cdots v_n]$$

$$w = \begin{bmatrix} w_1 \\ w_2 \\ \vdots \\ w_n \end{bmatrix} \quad w^\mathrm{T} = [w_1 w_2 \cdots w_n]$$

它们的内积 $v^\mathrm{T}w$ 如下：

$$v^\mathrm{T}w = [v_1 v_2 \cdots v_n]\begin{bmatrix} w_1 \\ w_2 \\ \vdots \\ w_n \end{bmatrix} = v_1 w_1 + v_2 w_2 + \cdots + v_n w_n$$

同样地，反过来计算 $w^\mathrm{T}v$：

$$w^\mathrm{T}v = [w_1 w_2 \cdots w_n]\begin{bmatrix} v_1 \\ v_2 \\ \vdots \\ v_n \end{bmatrix} = w_1 v_1 + w_2 v_2 + \cdots + w_n v_n$$

这两个结果是相等的：

$$v^\mathrm{T}w = w^\mathrm{T}v$$

那么，这有什么几何意义呢（见图 9-1）？

它实际上是向量 w 在向量 v 上的投影长度 $|w_1|$，乘以 v 的长度 $|v|$，也就是：

$$w^\mathrm{T}v = \langle w, v \rangle = |w_1| \cdot |v|$$

当然，反过来也成立：

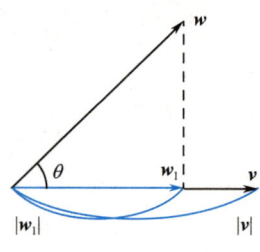

图 9-1　向量内积的几何意义

$$v^T w = \langle v, w \rangle = |v_1| \cdot |w|$$

特别情况：单位向量的内积

当 v 是一个单位向量（长度为1）时，这个公式变得更加简洁和直观。在这种情况下，内积直接等于 w 在 v 上的投影长度：

$$w^T v = \langle w, v \rangle = |w_1|$$

也就是说，内积不仅仅是一个枯燥的代数运算，它同时告诉我们：在几何空间中，向量 w 的一部分沿着 v 的方向"投影"了多少。此时 $w^T v$ 就是 w 在 v 上的投影 w_1。

2. 任意维度反射变换：欧氏空间

线性代数的魅力之一，就是让我们能够在任意维度的空间中玩"魔术"！这次，我们要聊的是反射变换。那么，反射变换是怎么做到的呢？别急，咱们慢慢讲清楚。

1）反射变换的数学魔法

在任意 n 维空间中，反射变换可以用以下公式表示：

$$R_n = I_n - 2vv^T$$

- I_n 是 $n \times n$ 的单位矩阵，简单来说，就是那个对角线全是 1、其他地方全是 0 的矩阵。
- v 是一个归一化向量，也就是长度为 1 的向量（$|v|=1$）。
- vv^T 是一个 $n \times n$ 的矩阵，代表 v 自己和自己的"外积"结果。

矩阵 R_n 的作用，就是对任何向量 w 进行反射操作。说白了，就是让 w 关于向量 v 的垂直分量（法线）做一个"镜像映射"，得到一个新的向量 w'（见图9-2）。

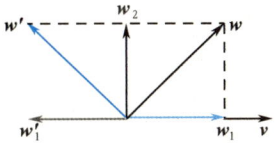

图 9-2　矩阵 R_n 的作用

2）怎么验证这个结论？

我们来解剖一下这个公式，看看它究竟怎么把 w 翻个面：

$$R_n w = (I_n - 2vv^T)w = w - 2vv^T w$$

这里的 $v^T w$ 是 v 和 w 的内积，根据内积的几何意义，它表示 w 在 v 上的投影长度。由于 v 是单位向量，投影可以表示为：

$$vv^T w = |w_1| v = w_1$$

于是，反射变换就变成：

$$R_n w = w - 2vv^T w = w - 2w_1$$

3）为什么这本质上会是个镜像映射？

我们借助平行四边形定则来解释这个几何现象。

- 向量 w 可以分解为两部分。
    - w_1：沿着 v 的方向的投影分量。
    - w_2：垂直于 v 的分量（法线），换句话说：

$$w = w_1 + w_2$$

- 反射变换的目标，是让水平分量 w_1 做一个镜像翻转，同时保持 w_2 不变。这样，反射后的向量变为：

$$w' = w_2 - w_1$$

- 根据公式计算，镜像翻转后，新的向量 w' 为：

$$w' = w_2 - w_1 = w - 2w_1 = R_n w$$

这样一来，w 的垂直分量就完成了"镜中相见"的旅程，而平行分量保持不变。

3. 任意维度反射变换：希尔伯特空间

根据我们之前总结的实向量与复向量的变换关系，在希尔伯特空间中，反射变换的公式可以写成：

$$R_n = I_n - 2|\psi\rangle\langle\psi|$$

- I_n 是 $n \times n$ 的单位矩阵。
- $|\psi\rangle$ 是一个归一化的量子态向量，满足 $\langle\psi|\psi\rangle = 1$，即长度为 1。
- $|\psi\rangle\langle\psi|$ 是一个投影矩阵，用于描述量子态在某一特定方向上的分量。

R_n 作用于任何量子态向量 $|\psi\rangle$，相当于关于 $|\psi\rangle$ 垂直方向（法线）做镜像映射（见图 9-3）。

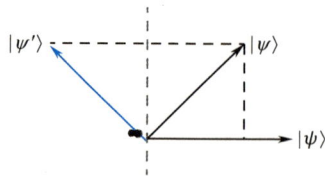

图 9-3　R_n 作用于任何量子态向量 $|\psi\rangle$

4. 任意维度镜像变换：欧氏空间

从原始反射变换公式出发，我们对其进行了轻微调整：

$$R_n = 2vv^T - I_n$$

- I_n 是 $n \times n$ 的单位矩阵。

- v 是一个单位向量，长度为 1。
- vv^T 是一个 $n \times n$ 的矩阵，代表 v 自己和自己的"外积"结果。它用来描述投影的矩阵，将任何向量 w 映射到 v 的方向上。增加一个负号，相当于在任意维空间中，将 w' 反向翻转至 w'' 的位置。显然，其与原向量关于 v 形成镜像映射关系。

R_n 作用于任何向量，相当于对 v 做镜像映射（见图 9-4）。

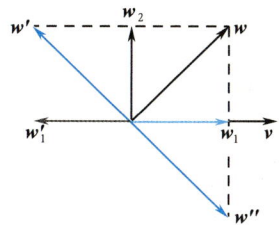

图 9-4　关于 v 做镜像映射

5. 任意维度镜像变换：希尔伯特空间

根据我们之前总结的实向量与复向量的变换关系，我们可以得到下面等价的公式：

$$R_n = 2|\psi\rangle\langle\psi| - I_n$$

R_n 作用于任何量子态向量 $|\psi\rangle$，相当于关于 $|\psi\rangle$ 做镜像映射（见图 9-5）。

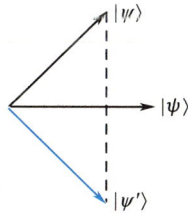

图 9-5　关于 $|\psi\rangle$ 做镜像映射

6. 连续两次反射变换相当于旋转

第一次反射变换（见图 9-6）：我们得到对应的新的量子态 $|\psi'\rangle$。

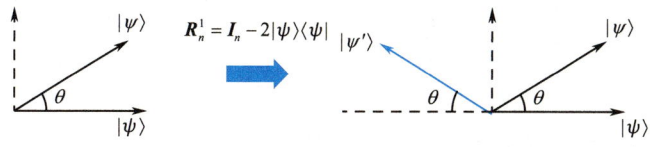

图 9-6　第一次反射变换

第二次反射变换（见图 9-7）：我们得到对应的新的量子态。

从图上我们可以直观地看到，连续两次反射变换，相当于逆时针旋转了 2θ 的角度。

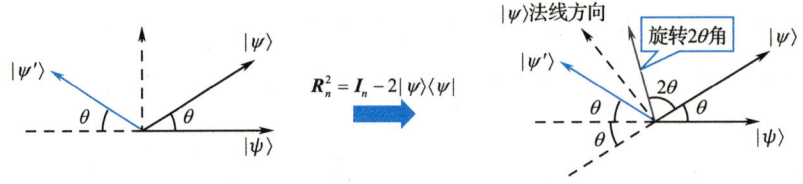

图 9-7　第二次反射变换

7. 连续两次镜像相当于旋转

第一次镜像映射（见图 9-8）：我们得到新的量子态 $|\psi'\rangle$。

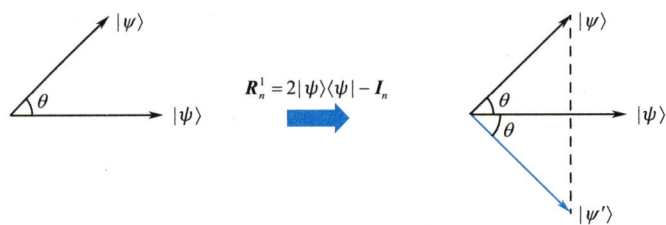

图 9-8　第一次镜像映射

第二次镜像映射（见图 9-9）：我们得到新的量子态。

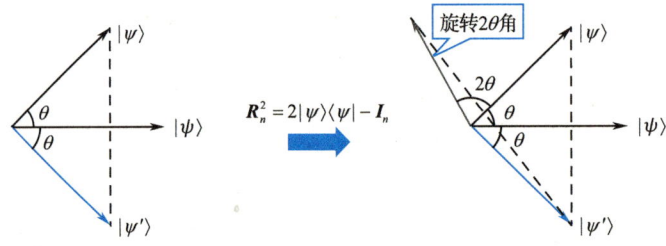

图 9-9　第二次镜像映射

从图上我们可以直观地看到，连续两次镜像变换，相当于逆时针旋转了 2θ 的角度。

9.2　振幅放大技术揭秘

振幅放大技术的核心任务是：调整量子态中各部分的"存在感"。换句话说，它通过数学上的"放大操作"让目标态的振幅变得更大，从而提高测量时命中目标态的概率。这对于量子搜索和优化问题至关重要，因为它可以显著减少所需的计算资源。

首先，我们假设有一个有限集合 Ω，其中每个元素都可以用一个二元分类函数 f 来确定目标状态。例如：

- $|\psi\rangle$ 是一个叠加态，包含目标态 $|\beta\rangle$ 和非目标态 $|\alpha\rangle$。
- 目标是让 $|\beta\rangle$ 的振幅（"存在感"）在叠加态中占据主导地位。

量子力学的线性组合原则允许我们将 $|\psi\rangle$ 表示为：

$$|\psi\rangle = \cos(\theta/2)|\alpha\rangle + \sin(\theta/2)|\beta\rangle$$

其中：

- θ 是振幅分布的一个参数，描述了 $|\alpha\rangle$ 和 $|\beta\rangle$ 的相对占比。
- $\cos(\theta/2)$ 和 $\sin(\theta/2)$ 分别对应非目标态和目标态的振幅。

1. 振幅放大的操作过程

1）构造振幅放大算子 Q

Q 是一系列量子门操作的组合，用于放大目标态 $|\beta\rangle$ 的振幅。它可以被看作一种旋转操作，将目标态的"权重"逐步推向最大值。

2）迭代放大

将 Q 连续 k 次作用于初始量子态 $|\psi\rangle$，得到的新量子态可以用以下公式表示：

$$Q^k|\psi\rangle = \cos\left(\frac{(2k+1)\theta}{2}\right)|\alpha\rangle + \sin\left(\frac{(2k+1)\theta}{2}\right)|\beta\rangle$$

每次作用都会进一步增加目标态 $|\beta\rangle$ 的振幅，同时减少非目标态 $|\alpha\rangle$ 的振幅。

3）终极效果

当 k 达到某个临界值时，目标态 $|\beta\rangle$ 的振幅会接近 1，测量结果几乎总是 $|\beta\rangle$。这一过程就像一个量子探照灯，把目标态从背景中"提取"出来。

2. 振幅放大的意义

振幅放大技术是量子计算的核心组件，尤其在 Grover 算法等应用中发挥着重要作用。

- 搜索问题：通过振幅放大，搜索未排序数据的速度从经典计算的 $O(N)$ 提升到量子计算的 $O(\sqrt{N})$。
- 优化问题：快速锁定目标状态，提高效率。

9.2.1 振幅放大算子的奥秘

我们从一个初始状态 $|\psi\rangle$ 开始，这个状态已经根据集合 Ω 和分类标准 f 制备完毕。换句话说，$|\psi\rangle$ 是一张"量子地图"，包含了目标态 $|\beta\rangle$ 和非目标态 $|\alpha\rangle$ 的信息。我

们的任务是利用振幅放大算子 Q，让目标态 $|\beta\rangle$ 的振幅变得更大，以便在测量时更容易命中目标。

振幅放大算子线路图如图 9-10 所示。

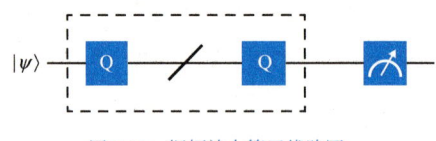

图 9-10 振幅放大算子线路图

定义振幅放大算子

构造振幅放大算子的过程，其实就是通过两个关键操作 P_1 和 P 的组合完成的。数学表达如下：

$$P_1 = 2|\alpha\rangle\langle\alpha| - I, P = 2|\psi\rangle\langle\psi| - I, Q = PP_1$$

* 我们可以看到，P_1 和 P 都符合镜像公式。

- P_1 的作用：P_1 是针对非目标态 $|\alpha\rangle$ 的镜像变换。它以 $|\alpha\rangle$ 为中心，将其他状态翻转过去。

- P 的作用：P 则针对初始态 $|\psi\rangle$ 进行镜像变换，类似于让整个叠加态围绕 $|\psi\rangle$ 做镜像翻转。

- $Q = PP_1$ 的组合操作：振幅放大算子 Q 的精髓就在于两个镜像变换操作的叠加。通过这种"镜中镜"的巧妙安排，它逐步将目标态 $|\beta\rangle$ 的振幅放大。或者，也可以采用等价的表达方式：

$$P_1 = I - 2|\beta\rangle\langle\beta|, P = I - 2|\psi\rangle\langle\psi|, Q = -PP_1$$

* 我们可以看到，P_1 和 P 都符合反射公式。

9.2.2 相位翻转的惊奇之处

指定态的相位翻转算子：

$$P_1 = 2|\alpha\rangle\langle\alpha| - I$$

指定态的相位翻转算子的量子线路图如图 9-11 所示。

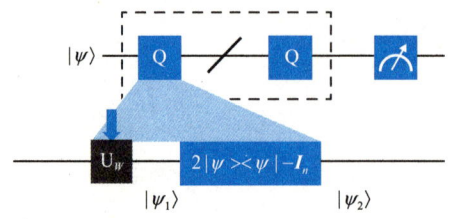

图 9-11 指定态的相位翻转算子的量子线路图

P_1 作用于量子态向量 $|\psi\rangle$（见图 9-12）。

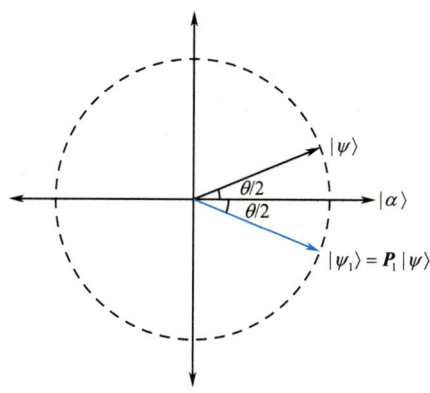

图 9-12　P_1 作用于量子态向量 $|\psi\rangle$

相当于关于 $|\alpha\rangle$ 做镜像映射，也就是图中的相位翻转，得到新的量子态：

$$|\psi_1\rangle = P_1|\psi\rangle = \cos\frac{\theta}{2}|\alpha\rangle - \sin\frac{\theta}{2}|\beta\rangle$$

9.2.3　镜像翻转的趣味解读

镜像翻转的量子线路图如图 9-13 所示。

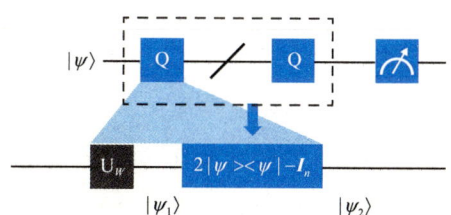

图 9-13　镜像翻转的量子线路图

第二次镜像映射：

$$P = 2|\psi\rangle\langle\psi| - I$$

P 作用于量子态向量 $|\psi_1\rangle$，相当于关于 $|\psi\rangle$ 做镜像映射。

$$|\psi_2\rangle = P|\psi_1\rangle = \cos\frac{3\theta}{2}|\alpha\rangle + \sin\frac{3\theta}{2}|\beta\rangle$$

振幅放大算子 $Q = PP_1$，通过连续两次镜像映射可以定义一次旋转，也就是旋转了 θ 角度（见图 9-14）。当然，我们也可以通过两次反射来实现旋转。

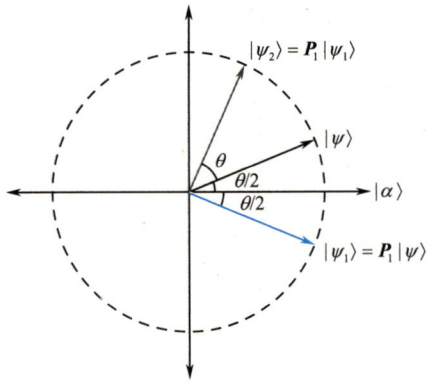

图 9-14　连续两次镜像映射旋转了 θ 角度

9.2.4　振幅放大的实际应用

在量子态空间 $\{|\alpha\rangle,|\beta\rangle\}$ 中,振幅放大算子 Q 的作用可以用一个简单却充满几何美感的矩阵来描述:

$$Q = \begin{bmatrix} \cos\theta & -\sin\theta \\ \sin\theta & \cos\theta \end{bmatrix}$$

这实际上是一个旋转矩阵,代表在量子态平面上以角度 θ 做逆时针旋转。换句话说,振幅放大就像是一个"量子摇摆舞",每次 Q 的作用都会让量子态顺时针或逆时针"摇摆"一小步,从而逐渐靠近目标态。

公式为:

$$Q^k |\psi\rangle = \cos\left(\frac{2k+1}{2}\theta\right)|\alpha\rangle + \sin\left(\frac{2k+1}{2}\theta\right)|\beta\rangle$$

当 Q 作用在量子态 $|\psi\rangle$:

$$|\psi\rangle = \begin{bmatrix} \alpha \\ \beta \end{bmatrix} = \begin{bmatrix} \cos\left(\dfrac{\theta}{2}\right) \\ \sin\left(\dfrac{\theta}{2}\right) \end{bmatrix}$$

$k=1$ 时:

$$Q^1|\psi\rangle = Q^1 \begin{bmatrix} \alpha \\ \beta \end{bmatrix} = \begin{bmatrix} \cos(\theta) & -\sin(\theta) \\ \sin(\theta) & \cos(\theta) \end{bmatrix} \begin{bmatrix} \cos(\theta/2) \\ \sin(\theta/2) \end{bmatrix} = \begin{bmatrix} \cos(\theta+\theta/2) \\ \sin(\theta+\theta/2) \end{bmatrix}$$

$k=2$ 时:

$$Q^2|\psi\rangle = \begin{bmatrix} \cos(2\theta+\theta/2) \\ \sin(2\theta+\theta/2) \end{bmatrix}$$

......

$k = n$ 时：

$$Q^n|\psi\rangle = \begin{bmatrix} \cos((2n+1)\theta/2) \\ \sin((2n+1)\theta/2) \end{bmatrix} = \cos((2n+1)\theta/2)|0\rangle + \sin((2n+1)\theta/2)|1\rangle$$

选取合适的旋转次数 k 使得 $\sin^2\left(\dfrac{2k+1}{2}\theta\right)$ 的值接近 1，从而在测量时以极大的概率获得目标态 $|\beta\rangle$。相比经典的遍历分类方法，振幅放大量子线路可以充分体现量子计算的优势。在后面的 Grover 算法章节中，我们将进一步了解振幅放大算法是如何应用到具体的搜索场景中的。

第 10 章

▼

开启量子搜索的新时代
Grover 算法

在经典计算机的世界里，搜索无序数据的过程往往让人感到像大海捞针一样麻烦：一项一项地检查，直到找到那个令人心心念念的目标。而量子计算带来了革命性的 Grover 算法，让这个任务变得更像用"磁铁"去捞针——效率显著提高。本章将带你初步了解 Grover 算法，感受它的魔力和魅力。

10.1 数据搜索的量子革命：Grover 算法初探

假设我们面前有一个庞大的无序数据集合，任务是找到其中符合某种条件的元素，比如从一堆随机数字中找出 12。用经典计算机来解决这个问题，最直观的方法就是"遍历搜寻"，也就是一个一个地尝试，直到找到那个"对的"。

为什么经典方法效率低？

- 无序性：数据集合是无序的，无法使用任何排序或索引技巧进行优化。
- 时间成本高：对于 N 个数据项，平均需要检查 $N/2$ 次，最坏情况下需要检查 N 次。
- 复杂度高：算法的时间复杂度为 $O(N)$，数据规模 N 越大，搜索时间越长。

然而，量子计算带来了革命性的变化，特别是通过 Grover 算法，它可以将时间复杂度从 $O(N)$ 降低到 $O(\sqrt{N})$。这意味着数据规模越大，量子算法的优势越明显。

在量子搜索中，我们的目标可以简单定义为找到满足条件 $f(x)=1$ 的 x，其中：

- $f:\{0,1,2,3,\cdots,N-1\} \to \{0,1\}$ 是目标判别函数。
- 当 $x=x_0$ 时，$f(x)=1$；否则 $f(x)=0$。

10.2 量子搜索的魔法工具：Grover 算法详解

1. 数据表示

在量子世界中，数据的存储方式与传统计算机不同，它是通过量子态来编码的。如果我们有 n 个量子比特，这些量子比特可以表示 $2^n = N$ 个数据项。每个数据都有唯一的索引，比如"0001""010"，方便我们查询。

假设：

- $N=2^n$ 是数据的总数。
- 有 M 个数据满足 $f(x)=1$（通常情况下，$M=1$，即只寻找一个目标数据项）。

2. 搜索目标的量子定义

在量子计算中,为了实现搜索目标,我们引入了一个函数 $f(x)$ 来标识目标数据项:

$$f(x) = \begin{cases} 1, & x = x_0 \\ 0, & x \neq x_0 \end{cases}$$

这意味着,当 x 是目标值 x_0 时,函数 $f(x)$ 返回 1,否则返回 0。

3. Oracle 的引入:让量子知道目标

量子计算的奥秘在于 Oracle(预言机),它就像一个会回答"是"或"否"的神秘盒子(见图 10-1)。

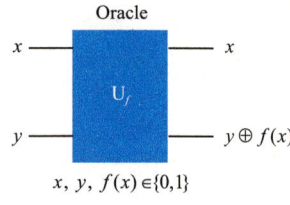

图 10-1 Oracle

Oracle 的工作原理如下:

- 当输入 $x = x_0$(目标索引)时,Oracle 会翻转结果寄存器的值。
- 当输入 $x \neq x_0$ 时,结果寄存器的值保持不变。

Oracle 的数学定义为:

$$|x\rangle|y\rangle \xrightarrow{\text{Oracle}} |x\rangle|y \oplus f(x)\rangle$$

- $|x\rangle$:表示量子比特的输入索引。
- $|y\rangle$:表示结果寄存器。
- $\oplus$:表示二进制的异或操作。

换句话说:

- 如果 $f(x) = 1$(目标值),则 Oracle 翻转结果寄存器的值。
- 如果 $f(x) = 0$,则结果寄存器的值保持不变。

4. 搜索的量子流程

通过 Oracle,我们可以通过量子干涉与叠加态的特性,快速缩小搜索范围并最终锁定目标。其具体步骤如下所述。

(1)初始化叠加态:将所有可能的状态用量子叠加态表示,即

$$|\psi\rangle = \frac{1}{\sqrt{N}} \sum_{x=0}^{N-1} |x\rangle 。$$

(2)Oracle 标记目标态:利用 Oracle,标记出目标索引的状态。

（3）放大目标概率：通过 Grover 算法的扩展步骤，逐步放大目标态的概率。

（4）测量：进行量子态的测量，得到目标索引。

10.2.1 起点：从初态开始，迈向搜索之旅

量子搜索的魔法从哪里开始呢？当然是从初态开始！一切始于查询寄存器经过 Hadamard 门的华丽转身——它从一个单调的起点变成了一个包含所有可能状态的等额叠加态。听起来就像一场盛大的聚会，所有潜在的解和非解都被邀请来了，平等地混在一起。这种叠加态的数学表达是：

$$|\psi\rangle = \frac{1}{\sqrt{N}} \sum_{x=0}^{N-1} |x\rangle$$

这意味着，所有的 N 种可能性都以相同的概率振幅存在。接下来，为便于描述，我们将这些状态分成两类：

- 非解的集合，记为量子态 $|\alpha\rangle$。
- 解的集合，记为量子态 $|\beta\rangle$。

因此，叠加态可以重新表达为：

$$|\psi\rangle = |\alpha\rangle + |\beta\rangle$$

为了更好地可视化，可以将 $|\alpha\rangle$ 和 $|\beta\rangle$ 看作平面上的正交向量（也就是相互垂直）如图 10-2 所示。这样就像把整个量子世界压缩到一个二维平面中，既简单又充满哲学意味。

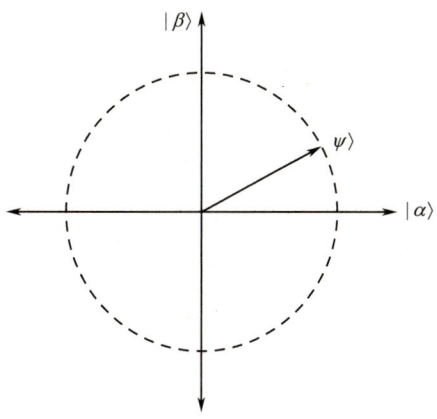

图 10-2　将 $|\alpha\rangle$ 和 $|\beta\rangle$ 看作平面上的正交向量

如果我们假设搜索问题有 M 个解（比如，在 100 万个数据中找出唯一的正确数据），那么：

$$|\alpha\rangle = \frac{1}{\sqrt{N-M}} \sum_{x \neq x_0} |x\rangle$$

$$|\beta\rangle = \frac{1}{\sqrt{M}} \sum_{x = x_0} |x\rangle$$

其中，$|\alpha\rangle$ 和 $|\beta\rangle$ 是完美正交的，彼此没有任何重叠。这意味着，初态 $|\psi\rangle$ 可以用它们的线性组合来表示：

$$|\psi\rangle = \sqrt{\frac{N-M}{N}} |\alpha\rangle + \sqrt{\frac{M}{N}} |\beta\rangle$$

在这里，$\sqrt{\frac{N-M}{N}}$ 和 $\sqrt{\frac{M}{N}}$ 是权重系数，分别代表非解和解在初态中的分布比例。换句话说，一开始，解的存在感可能非常低，就像在一大堆沙子中混了一粒黄金。

10.2.2 相位翻转背后的奥秘：量子翻转

接下来，量子搜索的核心工具 Oracle（预言机）闪亮登场！它的任务是"标记"所有正确的解，但它的方法却很独特——不直接告诉你答案，而是用负号标记目标态。这种操作称为相位翻转，具体来说：

$$|\psi\rangle \xrightarrow{\text{Oracle}} \sqrt{\frac{N-M}{N}} |\alpha\rangle - \sqrt{\frac{M}{N}} |\beta\rangle$$

1. 这看起来像什么？

如果你把量子态当作二维平面上的向量，那么 Oracle 的操作就相当于让 $|\psi\rangle$ 绕着 $|\alpha\rangle$ 轴做了镜像对称（见图 10-3）。想象你站在一面镜子前，而 $|\alpha\rangle$ 就是镜子的位置；Oracle 的作用是让你的影像翻转到镜子的另一侧。

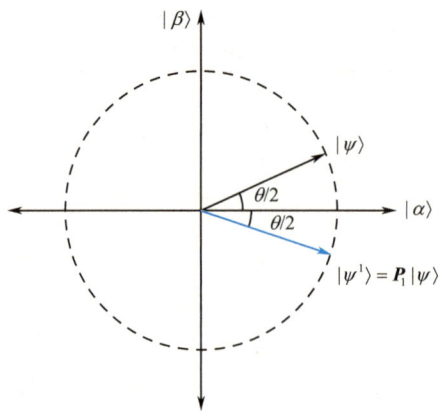

图 10-3　$|\psi\rangle$ 绕着 $|\alpha\rangle$ 轴做镜像对称

这种操作背后的物理含义是，通过对目标态（$|\beta\rangle$ 的分量）加上负号，可以让目标态在后续的干涉过程中被"放大"，从而逐渐凸显出搜索的正确解。

2. 为什么相位翻转如此重要？

相位翻转的作用并不仅仅是"搞点小动作"，而是为后续的量子操作铺平道路。

- **负号标记目标**：通过给目标态加负号，确保它在接下来的振幅调整中能够被正确放大。
- **镜像对称的几何效果**：这种对称性是 Grover 算法能够以指数级提升搜索效率的关键。

10.2.3 镜中世界：镜像翻转的原理

如果说前面的相位翻转是量子搜索的"第一步魔术"，那么接下来的镜像翻转就是第二步奇迹。这个操作的本质是对量子态进行关于初态 $|\psi\rangle$ 的镜像对称变换（见图 10-4）。而这一操作，正是 Grover 算法能够快速放大目标态存在感的关键。

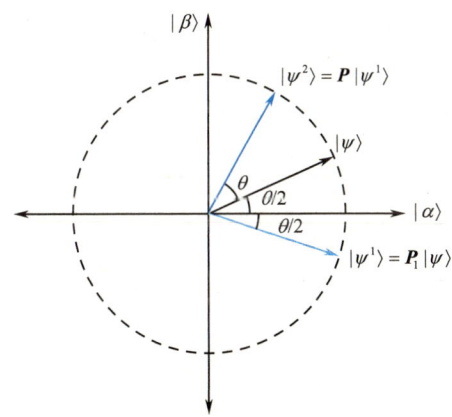

图 10-4　关于初态 $|\psi\rangle$ 的镜像对称变换

整个过程的数学描述可以用下面的公式表达：

$$2|\psi\rangle\langle\psi|-I = H^{\otimes n}(2|0^{\otimes n}\rangle\langle 0^{\otimes n}|-I)H^{\otimes n}$$

这意味着，我们用一个结合了 H 门和相位变换的巧妙组合，完成了镜像翻转。初态 $|\psi\rangle$ 的存在感被"推上舞台中央"，为后续操作打下基础。

10.2.4 连续两次镜像的奇迹：量子旋转

当相位翻转和镜像翻转这两个操作结合起来，我们称之为一次 Grover 迭代。就像一次化学反应一样，这两个看似独立的操作相互协作，共同引导量子态向目标态逐步靠近。

1. 初态与目标态的关系

为了理解这次迭代的效果，我们首先需要了解初态与目标态在量子空间中的关系。假设初态 $|\psi\rangle$ 可以表示为 $|\alpha\rangle$ 和 $|\beta\rangle$ 的线性组合：

$$|\psi\rangle = \cos\frac{\theta}{2}|\alpha\rangle + \sin\frac{\theta}{2}|\beta\rangle$$

其中：

$$\cos\frac{\theta}{2} = \sqrt{\frac{N-M}{N}}, \quad \sin\frac{\theta}{2} = \sqrt{\frac{M}{N}}$$

这意味着，$|\alpha\rangle$ 和 $|\beta\rangle$ 张成了一个二维平面，而初态 $|\psi\rangle$ 位于这个平面上，稍稍偏向 $|\alpha\rangle$ 的方向。

2. Grover 迭代的几何本质

每次 Grover 迭代都可以看作在 $|\alpha\rangle$ 和 $|\beta\rangle$ 张成的平面中逆时针旋转一个角度 θ。从矩阵的角度看，这个操作可以用一个旋转矩阵表示：

$$Q = \begin{bmatrix} \cos\theta & -\sin\theta \\ \sin\theta & \cos\theta \end{bmatrix}$$

简单来说：

- 第一次旋转：通过相位翻转和镜像翻转的组合，将初态向目标态 $|\beta\rangle$ 的方向推进了一小步。
- 多次迭代后：目标态的振幅（存在感）逐渐被放大，最终在量子测量时以高概率"亮相"。

10.2.5　量子搜索的加速器：Grover 迭代

想象你站在一个钟表的正中心，时针和分针分别指向两个方向：非目标态（$|\alpha\rangle$）和目标态（$|\beta\rangle$）。Grover 迭代的目标，就是让指针一步步地旋转，最终指向目标态的方向，并停在那里。

1. 迭代的几何直觉

每次 Grover 迭代都能让量子态逆时针旋转一个角度 θ，这就像参加了一场舞会，每跳一支舞，你就离目标舞伴更近了一步。经过 k 次迭代后，末态可以表示为：

$$Q^k|\psi\rangle = \cos\left(\frac{(2k+1)\theta}{2}\right)|\alpha\rangle + \sin\left(\frac{(2k+1)\theta}{2}\right)|\beta\rangle$$

这里的核心在于 k 和 θ 的关系：我们需要通过精确选择 k 的值，使 $\sin\left(\dfrac{(2k+1)\theta}{2}\right)$ 尽可能接近 1。也就是说，量子态几乎完全落在目标态 $|\beta\rangle$ 上。这种振幅放大的操作就是量子搜索的秘密武器！

2. 与经典搜索的对比

相比经典搜索方法需要逐一检查每一个可能的解（想象一下在几万个钥匙孔里找正确的那个），Grover 迭代就像有一个超级助理，每次操作都能快速缩小范围，把目标解"高亮"出来。最终，这个过程能在 $O(\sqrt{N})$ 的时间内完成搜索，而经典方法需要 $O(N)$。这就好比你用了一款顶级导航工具，在巨大的城市里精准找到你的小吃摊。

10.2.6 找到目标的关键：迭代次数 k

选择合适的迭代次数是 Grover 算法的制胜之道。如果迭代次数太少，目标态还没"亮"到显眼的地步，你的搜索可能失败；如果迭代次数太多，量子态会因为"过度旋转"而再次偏离目标态。这个微妙的平衡就是 Grover 迭代的艺术所在。

1. 数学中的旋转逻辑

回到公式，我们的初态可以表示为：

$$|\psi\rangle = \sqrt{\dfrac{N-M}{N}}|\alpha\rangle - \sqrt{\dfrac{M}{N}}|\beta\rangle$$

迭代 Q^k 后，末态变为：

$$Q^k|\psi\rangle = \cos\left(\dfrac{(2k+1)\theta}{2}\right)|\alpha\rangle + \sin\left(\dfrac{(2k+1)\theta}{2}\right)|\beta\rangle$$

假设目标态的数量 M 已知（比如我们知道正确答案的个数），且搜索空间的大小为 N，则旋转角度 θ 可以用以下公式确定：

$$\cos\dfrac{\theta}{2} = \sqrt{\dfrac{N-M}{N}}, \sin\dfrac{\theta}{2} = \sqrt{\dfrac{M}{N}}$$

当 M 远小于 N 时（也就是目标解非常稀少），有 $\sin\dfrac{\theta}{2} \approx \dfrac{\theta}{2}$，此时：

$$\sqrt{\dfrac{M}{N}} \approx \dfrac{\theta}{2}$$

这表明旋转角度 θ 非常小，迭代次数 k 的选择就更加重要。

2. 选择正确的 k

我们希望找到一个 k，使 $\dfrac{(2k+1)\theta}{2}$ 的正弦值接近 1，也就是：

$$\sin\left(\frac{(2k+1)\theta}{2}\right) \approx 1$$

这意味着：

$$\frac{(2k+1)\theta}{2} \approx \frac{\pi}{2}$$

由此可以解得合适的 k 为：

$$k \approx \frac{\pi}{2\theta} - \frac{1}{2}$$

当 θ 越小时，我们得到的搜索结果越准确（见图 10-5）。

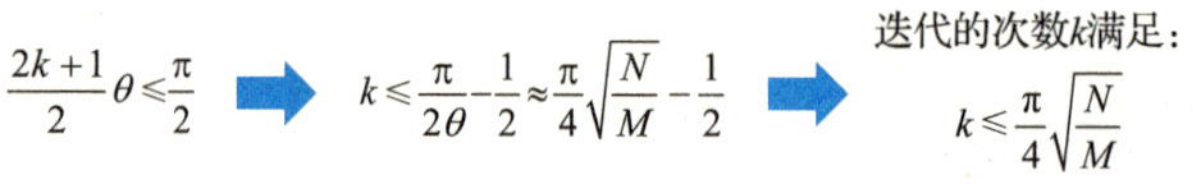

$$\frac{2k+1}{2}\theta \leqslant \frac{\pi}{2} \Rightarrow k \leqslant \frac{\pi}{2\theta} - \frac{1}{2} \approx \frac{\pi}{4}\sqrt{\frac{N}{M}} - \frac{1}{2} \Rightarrow \text{迭代的次数}k\text{满足：} k \leqslant \frac{\pi}{4}\sqrt{\frac{N}{M}}$$

图 10-5　选择正确的 k

10.3　绘制量子地图：Grover 算法的量子线路

让我们结合量子线路图，深入理解 Grover 算法的计算过程。可以将 Grover 算法的量子线路图比作一张"寻宝地图"，这张地图有两个核心区域：量子态的准备和多次 Grover 迭代。在这个过程中，我们需要掌握两大关键技能。

- 量子态的准备：让所有可能的状态均匀分布，这就好比把寻宝的起点设置在所有路径的交叉点处（见图 10-6）。
- 多次 Grover 迭代：每次迭代都分为两步——指定态翻转（U_f）和平均值镜像翻转（Grover 扩散操作或称"关于平均值的反转"）。

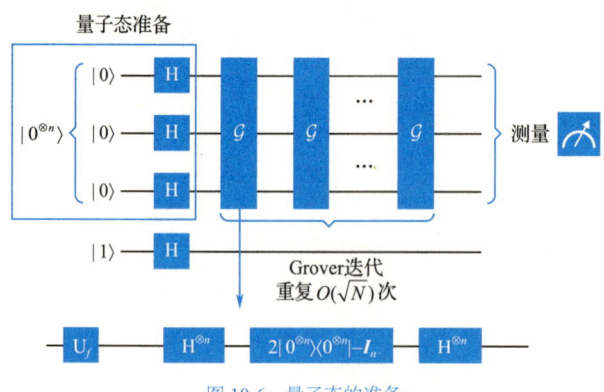

图 10-6　量子态的准备

分步骤来看 Grover 迭代。

- 指定态翻转（U_f）：这一部分负责给目标态加上"负号"，就像在寻宝图上圈出目标点，让它脱颖而出。这个操作通过相位翻转实现，也可以理解为"给目标状态一个小情绪，偏偏和它对着干"。
- 平均值镜像翻转（U_ψ）（见图 10-7）：这一部分则是调整整个状态的分布，就像将地图上的"山"翻成"谷"，使目标点更加突出。其背后是一个对称操作，能够进一步放大目标态的振幅。

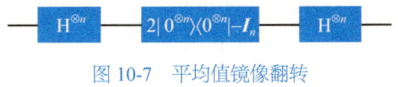

图 10-7　平均值镜像翻转

10.3.1　初态的量子制备：算法的起点

在 Grover 的量子世界里，所有的计算都从均匀叠加态开始。初态的量子制备是让每个可能的状态"公平起跑"。假设搜索空间有 N 个可能的状态（比如 $|00\rangle,|01\rangle,|10\rangle,|11\rangle$ 等），我们将它们初始化为等幅叠加态（见图 10-8），表示为：

$$|\psi\rangle = (H|0\rangle)^{\otimes n} = \frac{1}{\sqrt{2^n}} \sum_{x=0}^{2^n-1} |x\rangle$$

这一步的作用就像是把所有的搜索目标丢进一个大转盘中，每个目标都有相同的概率被选中。没有偏见，一切都非常"民主"！而量子门操作（比如 H 门）则是实现这种均匀叠加的"幕后功臣"。

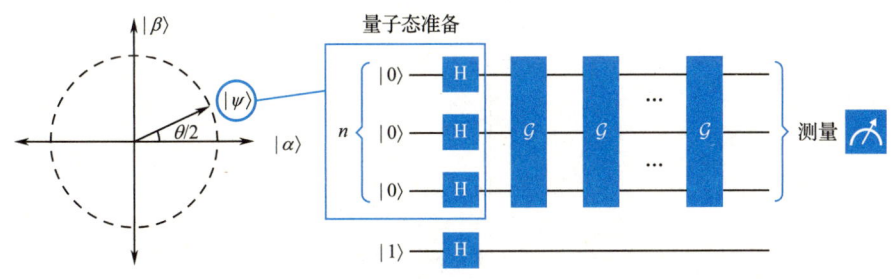

图 10-8　初始化为等幅叠加态

10.3.2　锁定关键目标：目标态的相位翻转

接下来，我们要通过目标态的相位翻转操作（U_f）（见图 10-9），使目标状态"鹤立鸡群"。这一步的核心思想是：在找到目标态后，将其相位翻转为负值，而其他所有状态保持不变。需要注意的是，这种"翻转"并非物理上的翻转，而是振幅上的数学处理。

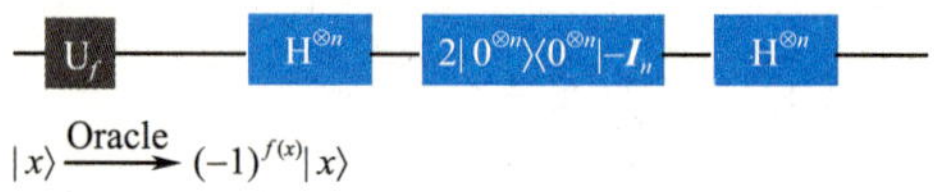

$$|x\rangle \xrightarrow{\text{Oracle}} (-1)^{f(x)}|x\rangle$$

图 10-9　目标态的相位翻转操作（U_f）

用一个形象的比喻来说，这一步就像在一个人群中将目标人物"点亮"，使其在后续的搜索中更显眼。操作后的效果类似于从镜子里看目标态的"负像"，为后续的放大操作奠定基础。

相位翻转的数学细节：镜像算子

为了更清晰地描述相位翻转的过程，可以借助镜像算子 $\boldsymbol{O}$：

$$\boldsymbol{O} = 2|\alpha\rangle\langle\alpha| - \boldsymbol{I}$$

这里的 $|\alpha\rangle$ 是初态。利用之前给出的算子几何解释，我们可以给出相位翻转作用的前后状态。

（1）初始状态：

$$|\psi\rangle = \cos\frac{\theta}{2}|\alpha\rangle + \sin\frac{\theta}{2}|\beta\rangle$$

（2）相位翻转后的状态：

$$|\psi^1\rangle = \boldsymbol{O}|\psi\rangle = \cos\frac{\theta}{2}|\alpha\rangle - \sin\frac{\theta}{2}|\beta\rangle$$

相位翻转让目标态的振幅从正值变为负值，而其他态保持不变，为后续的平均值镜像翻转铺平了道路（见图 10-10）。

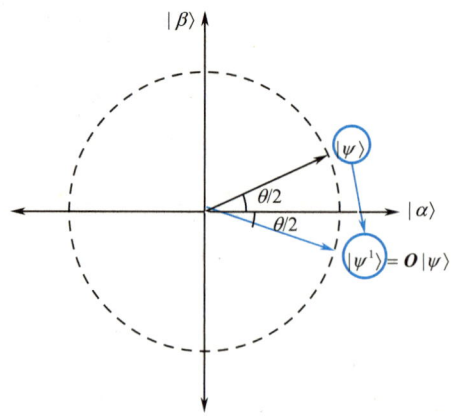

图 10-10　相位翻转让目标态的振幅从正值变为负值

我们再通过计算，简单验证一下。

由于$|\alpha\rangle$和$|\beta\rangle$归一且正交，所以有：
$$\langle\alpha|\alpha\rangle=1$$
$$\langle\alpha|\beta\rangle=0$$

于是有：
$$|\psi^1\rangle=\boldsymbol{O}|\psi\rangle$$
$$=(2|\alpha\rangle\langle\alpha|-\boldsymbol{I})(\cos\frac{\theta}{2}|\alpha\rangle+\sin\frac{\theta}{2}|\beta\rangle)$$
$$=2|\alpha\rangle\langle\alpha|\cos\frac{\theta}{2}|\alpha\rangle+2|\alpha\rangle\langle\alpha|\sin\frac{\theta}{2}|\beta\rangle-\cos\frac{\theta}{2}|\alpha\rangle-\sin\frac{\theta}{2}|\beta\rangle$$
$$=2\cos\frac{\theta}{2}|\alpha\rangle\langle\alpha|\alpha\rangle+2\sin\frac{\theta}{2}|\alpha\rangle\langle\alpha|\beta\rangle-\cos\frac{\theta}{2}|\alpha\rangle-\sin\frac{\theta}{2}|\beta\rangle$$
$$=2\cos\frac{\theta}{2}|\alpha\rangle-\cos\frac{\theta}{2}|\alpha\rangle-\sin\frac{\theta}{2}|\beta\rangle$$
$$=\cos\frac{\theta}{2}|\alpha\rangle-\sin\frac{\theta}{2}|\beta\rangle$$

10.3.3 搜索效率的保障：平均值镜像翻转

量子搜索算法的核心魔力在于"放大"目标态的振幅，而实现这一效果的关键操作就是平均值镜像翻转（见图10-11）。简单来说，这一步就是在"偏心镜子"中映射振幅，使目标态越来越突出。让我们深入探讨这一过程。

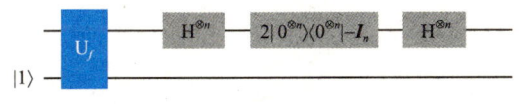

图 10-11 平均值镜像翻转

1. 什么是平均值镜像翻转？

想象你在一个饭局上，大家的举杯频率就代表了各个基态的振幅。我们首先计算出所有人举杯频率的平均值（表示为 $\bar{a}$），然后让每个人的频率围绕这个平均值"镜像对称翻转"。结果是：频率较低的变得更低，而目标态的"举杯频率"则快速提升，成为大家眼中的"头号酒神"。

数学上，这一过程可以通过以下的操作描述：

（1）计算振幅的均值；

（2）将每个基态的振幅关于该均值进行镜像反转；

（3）得到新的振幅分布，其中目标态的振幅进一步增大。

2. 平均值镜像翻转的一个简单例子

我们通过一个简单的例子来理解平均值镜像翻转的几何意义（见图 10-12）。假定有一个源数据集合：$S = \{1, -2, 2, 3\}$。该集合的平均值为：

$$(1 - 2 + 2 + 3)/4 = 1$$

也就是图中横向的虚线。

竖向实线上的点按平均值虚线进行镜像翻转后，得到目标数据集合：$S = \{1, 4, 0, -1\}$，对应图中紧邻的竖向虚线上的点。

从图中可以看出，源数据集合中唯一的负值（-2），经过平均值翻转后，变得更加突出（4）。

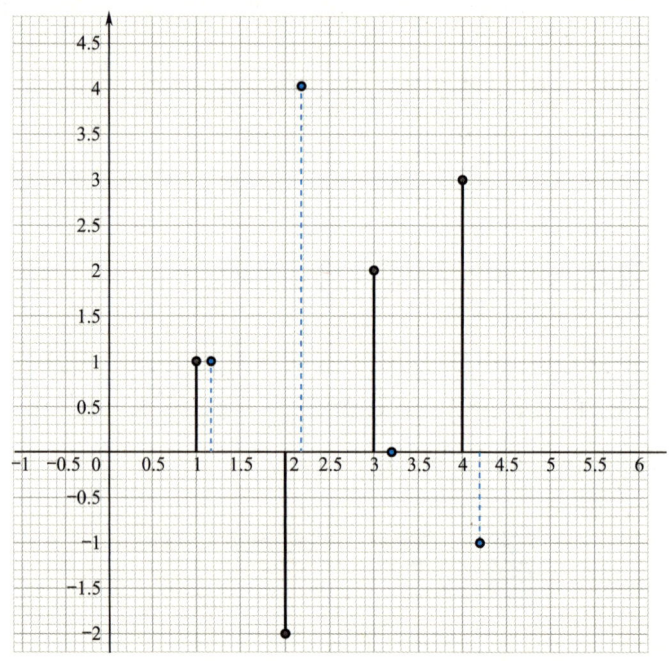

图 10-12　平均值镜像翻转的一个简单例子

3. 目标态脱颖而出：量子态平均值镜像翻转操作效果

经过一次镜像翻转后，目标态的振幅会明显增大。这种操作的好处是，通过数学上的对称性，确保每次翻转都能对目标态产生积极影响。随着 Grover 算法迭代的进行，目标态的振幅逐渐接近 1，这意味着测量时，几乎总能找到目标态。

10.3.4　数学与量子的交汇：镜像翻转的核心原理

现在，让我们从数学的角度来探讨平均值镜像翻转背后究竟发生了什么。

1. 初始状态 $|\psi\rangle$

量子搜索的初态是一种均匀叠加态：

$$|\psi\rangle = (\boldsymbol{H}|0\rangle)^{\otimes n} = \frac{1}{\sqrt{2^n}} \sum_{x=0}^{2^n-1} |x\rangle$$

对于 $n=2$ 的例子：

$$|\psi\rangle = \frac{1}{2}(|00\rangle + |01\rangle + |10\rangle + |11\rangle)$$

这个状态是完全均匀的，就像每个人手里的饮料都装满了一半。为了方便计算，我们可以用一个向量来表示这种均匀性：

$$|\psi\rangle = \frac{1}{2}\begin{bmatrix} 1 \\ 1 \\ 1 \\ 1 \end{bmatrix}$$

2. 镜像翻转算子 P

镜像翻转的数学操作由下面的算子描述：

$$P = 2|\psi\rangle\langle\psi| - \boldsymbol{I}_n$$

由于：

$$|\psi\rangle = \boldsymbol{H}^{\otimes n}|0^{\otimes n}\rangle$$
$$\langle\psi| = \langle 0^{\otimes n}|\boldsymbol{H}^{\otimes n}$$
$$\boldsymbol{I}_n = \boldsymbol{H}^{\otimes n}\boldsymbol{H}^{\otimes n}$$

所以有：

$$\begin{aligned} P &= 2|\psi\rangle\langle\psi| - \boldsymbol{I}_n \\ &= 2\boldsymbol{H}^{\otimes n}|0^{\otimes n}\rangle\langle 0^{\otimes n}|\boldsymbol{H}^{\otimes n} - \boldsymbol{I}_n \\ &= \boldsymbol{H}^{\otimes n}(2|0^{\otimes n}\rangle\langle 0^{\otimes n}| - \boldsymbol{I}_n)\boldsymbol{H}^{\otimes n} \end{aligned}$$

于是我们得到镜像翻转算子的线路图如图 10-13 所示。

—[$H^{\otimes n}$]—[$2|0^{\otimes n}\rangle\langle 0^{\otimes n}| - \boldsymbol{I}_n$]—[$H^{\otimes n}$]—

图 10-13 镜像翻转算子的线路图

我们展开 $|\psi\rangle\langle\psi|$ 的计算过程，研究一下它的作用原理：

$$|\psi\rangle\langle\psi| = \frac{1}{\sqrt{2^n}}\begin{bmatrix} 1 \\ \vdots \\ 1 \end{bmatrix}\frac{1}{\sqrt{2^n}}[1\ 1\cdots 1\ 1] = \frac{1}{2^n}\begin{bmatrix} 1 & \cdots & 1 \\ \vdots & \ddots & \vdots \\ 1 & \cdots & 1 \end{bmatrix}$$

$|\psi\rangle\langle\psi|$ 为系数为 $\frac{1}{2^n}$ 的全 1 矩阵，系数 $\frac{1}{2^n}$ 可用来计算均值。例如：

$$|\alpha\rangle = \begin{bmatrix} \alpha_0 \\ \alpha_1 \\ \vdots \\ \alpha_{n-1} \end{bmatrix}$$

$$|\psi\rangle\langle\psi||\alpha\rangle = \frac{1}{2^n}\begin{bmatrix} 1 & \cdots & 1 \\ \vdots & \ddots & \vdots \\ 1 & \cdots & 1 \end{bmatrix}\begin{bmatrix} \alpha_0 \\ \alpha_1 \\ \vdots \\ \alpha_{n-1} \end{bmatrix} = \begin{bmatrix} \frac{\sum \alpha_{n-1}}{2^n} \\ \frac{\sum \alpha_{n-1}}{2^n} \\ \vdots \\ \frac{\sum \alpha_{n-1}}{2^n} \end{bmatrix} \rightarrow \bar{\alpha}$$

于是我们得到算子 P 的矩阵如下：

$$P = 2|\psi\rangle\langle\psi| - I_n = 2\frac{1}{2^n}\begin{bmatrix} 1 & \cdots & 1 \\ \vdots & \ddots & \vdots \\ 1 & \cdots & 1 \end{bmatrix} - I_n = \begin{bmatrix} \frac{2}{2^n}-1 & \cdots & \frac{2}{2^n} \\ \vdots & \ddots & \vdots \\ \frac{2}{2^n} & \cdots & \frac{2}{2^n}-1 \end{bmatrix}$$

对角线上的值是 $2/2^n - 1$，其余位置的值是 $2/2^n$。这个矩阵看似复杂，实际上它本质上是计算均值后对每个基态进行调整的工具。

3. 镜像翻转算子 P 镜像翻转的几何视角

从几何角度看，镜像翻转包括以下两个步骤。

（1）投影到均值方向：将当前概率幅值投影到均值所在的参考方向。

（2）镜像反射：以均值所在的超平面为镜面，将投影结果进行反射。

最终效果是让目标态（解）的概率幅值被强化，而非目标态的概率幅值被削弱。

第 11 章

▼

频率的量子视角
量子傅里叶变换

11.1 傅里叶级数的美学：拆解周期的秘密

1. 什么是傅里叶级数？

当年，数学家傅里叶（Fourier）做了一个大胆的猜想：任何周期函数都可以表示为一系列正弦波和余弦波的叠加（见图 11-1）。就像乐队演奏的交响曲，每种正弦波或余弦波就代表一种乐器的声音。通过调整"音量"（振幅），我们就能重新组合出复杂的函数。这种数学工具被称为傅里叶级数。

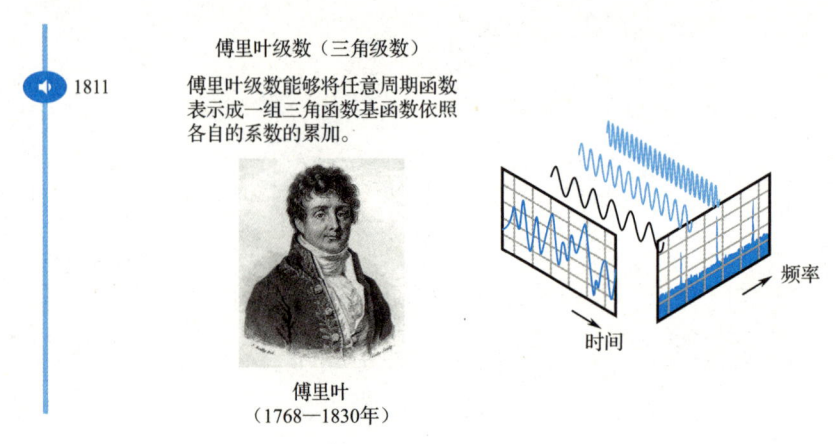

图 11-1 傅里叶和傅里叶级数

让我们以一个简单的例子——方波来说明。如果把方波拆解，你会发现它其实是由无数不同频率和振幅的正弦波和余弦波叠加而成的。通过增加这些叠加项的数量，近似的方波会变得越来越精确。可以说，傅里叶级数让我们可以用简单的工具来描绘复杂的现象。

2. 更深入的数学表达

数学上，傅里叶级数可以写成以下形式：

$$f(t) = a_0 + \sum_{n=1}^{\infty}[a_n \cos(n\omega t) + b_n \sin(n\omega t)]$$

其中，$\omega = \dfrac{2\pi}{T}$ 是基频率，a_n 和 b_n 是决定各个正弦波和余弦波"音量"的系数。简单来说，这个公式就是将周期函数拆解为许多基函数，然后将其叠加起来，每个基函数代表一个不同频率的"音符"（见图 11-2）。

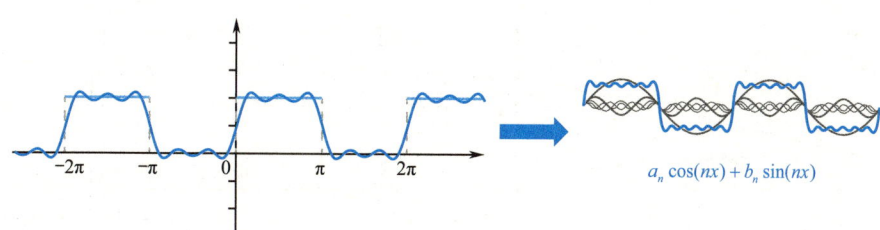

图 11-2　基函数的叠加

不同频率的三角函数即正交基，也被称为特征函数：

$$\{1,\sin(\omega t),\cos(\omega t),\sin(2\omega t),\cos(2\omega t),\cdots,\sin(n\omega t),\cos(n\omega t),\cdots\}$$

11.1.1　圆周运动的投影：傅里叶级数的直观解读

如果你觉得公式太抽象，没关系，让我们用更直观的方式来理解：想象一个圆。正弦波和余弦波其实是圆周运动在直线上的投影。换句话说，傅里叶级数的每一项就像一个小圆在转动，而这些小圆的组合就能描绘出复杂的波形（见图 11-3）。

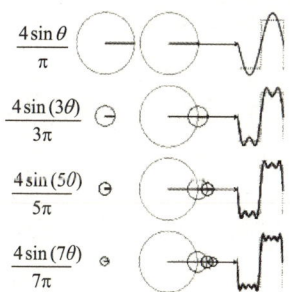

图 11-3　傅里叶级数的每一项就像一个小圆在转动

举个例子，假如你看到一串"波浪"，傅里叶级数会告诉你，这些波浪实际上是很多小圆在不同频率下旋转的结果。这些小圆的半径和转速决定了波浪的形状，而这些信息最终构成了信号的频谱。

11.1.2　周期的形象化表达：频域图

说到傅里叶级数，就不得不提"频域图"这个神器（见图 11-4）。频域图就像是信号的体检报告，告诉我们它的频率分布和每种频率的"强度"。如果时间域是观察信号的外貌，频域图则是它的"骨骼结构"。

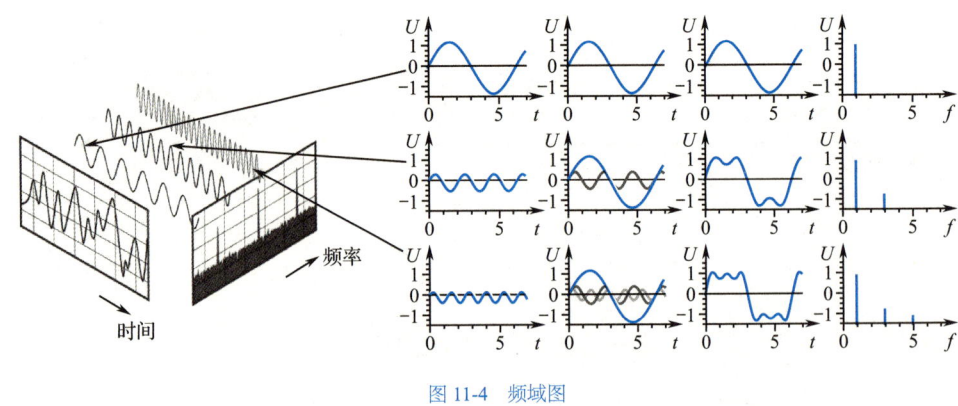

图 11-4 频域图

举个例子,当我们用频域图分析一首歌时,可以清楚地看到它的主旋律(低频成分)和背景配乐(高频成分)。周期 T 越大,频域图上的数据点就越密集;而当周期趋近无穷大时,我们就进入了傅里叶变换的领域,这时频域图变成了一条连续曲线。

频域图几乎无处不在:

- 在音频处理领域,它可以帮助识别音高、音色甚至噪声成分。
- 在图像处理中,频域图能揭示隐藏的图像纹理,并用于滤波和增强效果。
- 在通信系统中,频域图是设计调制解调技术的重要工具,为我们提供高效的数据传输手段。

傅里叶级数在时域是一个周期且连续的函数,而在频域则是一个非周期离散的函数。

11.1.3 从函数到频谱:频域分析

频域分析是一种将复杂函数转化为频谱的"解剖学"。它揭示了函数中隐藏的频率成分,以及每种成分的能量分布。通过频域分析,我们可以看到信号的主要频率特性,并将它们可视化为频谱图(见图 11-5)。

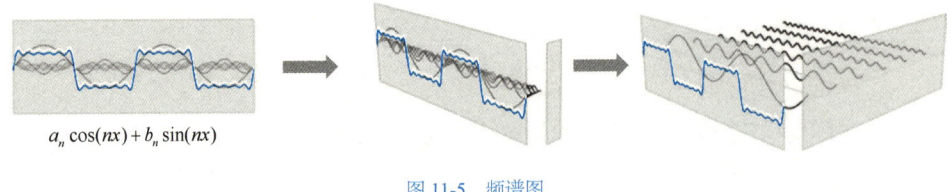

图 11-5 频谱图

如图 11-5 所示,这些正弦波(正弦函数)和余弦波(余弦函数)按照频率从低到高、从前向后排列。

频域分析的应用

- **滤波**:就像为信号戴上一副"眼镜",去掉多余的噪声或增强某些频率。

- 信号优化：通过调整频谱，可以提升信号的质量或使其适应特定的传输需求。

比如，在音频处理中，你可以通过频域分析去掉背景噪声，使声音更加清晰；在图像处理中，频域分析可以用来增强细节或模糊某些区域。

11.1.4 频谱的奥秘揭晓

频谱是信号频率特性的可视化图像，就像是信号的"DNA序列"。它展示了每个频率成分的强度和相对贡献。

这些按照频率从低到高、从前向后排列的周期函数投影形成的频域图像就是频谱。其中每个波的振幅都是不同的（见图11-6）。

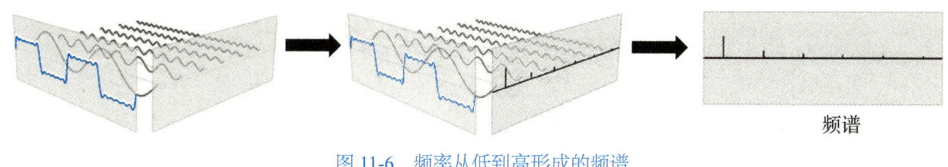

图11-6　频率从低到高形成的频谱

通过观察频谱图，我们可以回答很多关键问题：信号中存在哪些频率？哪些频率成分占主导地位？是否存在噪声干扰？

11.2　信号的频率肖像：傅里叶变换

傅里叶变换是一种能够"翻译"信号语言的工具。它让我们可以把信号从时域转换到频域，并将信号分解为不同频率和相应幅度的"音符"，这些音符构成了信号的频谱。换句话说，傅里叶变换就像一个能听懂信号"心声"的耳机，把复杂的时域信号解析成简洁的频率成分。

1. 时域和频域：两种看世界的方式

1）时域分析

从时间的角度来观察信号的变化。想象一下，坐在山顶看风吹麦浪，你注意到的是随时间而起伏的波动。这就是时域的视角，关注信号随时间的振幅和相位变化。

2）频域分析

如果说时域是看麦浪的起伏，那么频域就是研究风的"音调"。频域分析关注的是信号的频率成分，了解信号中有哪些"音符"（频率）以及它们的"音量"（幅度）（见图11-7）。通过频域分析，我们能识别出哪些频率是"主角"，哪些频率是"配角"或者"捣乱的噪声"。

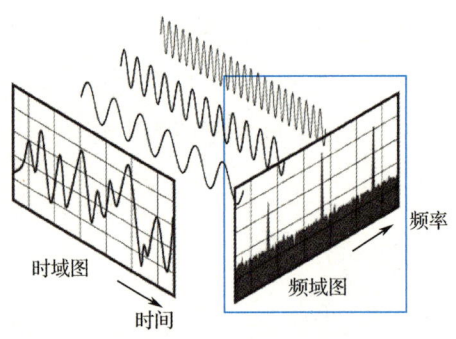

图 11-7 频域分析

2. 傅里叶变换的奥秘

傅里叶变换的过程可以简单描述为:"把时域信号切片,转成频域信号再拼起来"。在这个过程中,信号被解析成一系列正弦波和余弦波的叠加,每个波都有自己独特的频率和幅度。通过这种方式,我们可以精确地描述信号的频谱。

例如,假设你在听音乐,傅里叶变换就像一位超级分贝分析师,它会告诉你歌曲中贝斯的"低音炮"、吉他的"拨弦声",甚至歌手的"高音啸叫"分别占了多少分量。

3. 为什么傅里叶变换如此特别?

在傅里叶变换中,有一个关键点值得注意:随着信号周期 T 的增大,频域图上的数据点会变得越来越密集(见图 11-8)。当 $T \to \infty$ 时,信号从一个离散谱变成了连续谱,频谱图也变成了一条光滑的曲线。这种平滑化过程,就像是从散点到油画的艺术变革,频谱变得更加清晰、详细。

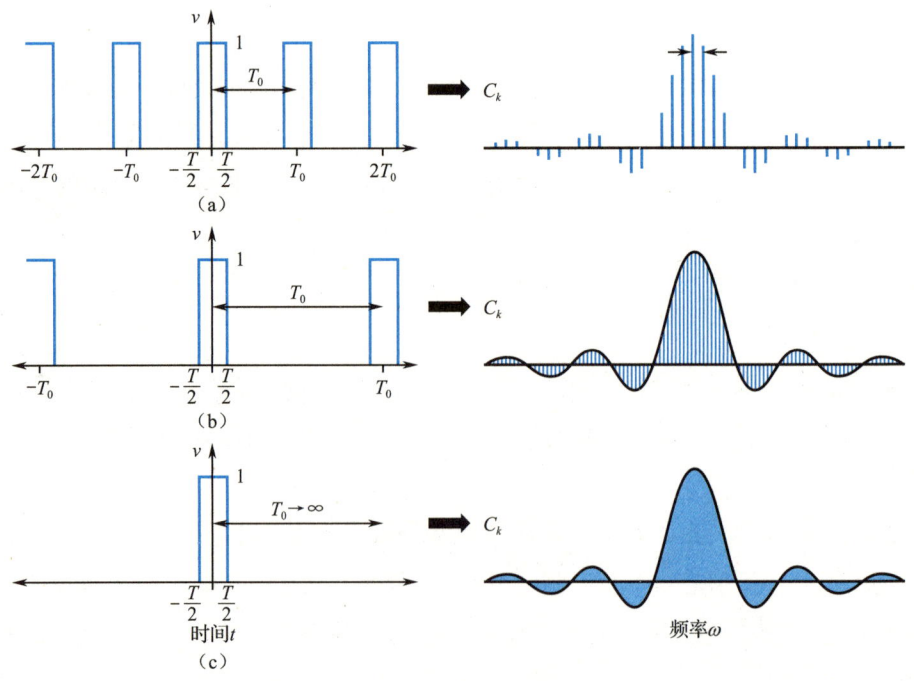

图 11-8 随着信号周期 T 的增大,频域图上的数据点会变得越来越密集

11.2.1 复数形式下的傅里叶级数

你有没有想过，一个复杂的信号是如何像拼积木一样分解成无数简单信号的？这就是傅里叶级数的魔力所在！它能够将任意一个周期为 T 的函数分解成正弦函数和余弦函数的叠加，而这些正弦函数和余弦函数就像信号的"DNA"，构成了它的基础。

让我们一步步解锁傅里叶级数的秘密。

1. 基础公式

对于一个周期信号 $f(t)$，我们可以写成：

$$f(t) = a_0 + \sum_{n=1}^{\infty} [a_n \cos(n\omega t) + b_n \sin(n\omega t)]$$

这里的 a_n 和 b_n 是各个频率分量的权重，决定了每个"音符"有多响亮。其中：

- T 是周期。
- $\omega = \dfrac{2\pi}{T}$ 是基频。

进一步地，我们可以用复数的形式表示傅里叶级数：

$$f(x) = \sum_{n=-\infty}^{\infty} c_n e^{i\frac{2\pi n}{T}x}$$

这里，c_n 是复数系数，表示信号在不同频率上的权重，而复指数 $e^{i\theta}$ 就是一个漂亮的旋转矢量，它将信号完美拆解。

2. 复数系数的计算公式

每个 c_n 的值可以通过以下公式计算：

$$c_n = \frac{1}{T} \int_{x_0}^{x_0+T} f(x) e^{-i\frac{2\pi n}{T}x} dx$$

看起来复杂，但它的本质是将信号投影到不同频率的基函数上，确定每个频率的贡献。

如果说原始信号 $f(t)$ 是一段精彩的交响乐，那么傅里叶级数就是将它拆解成无数独立乐器的演奏。通过分析每个频率的幅度和相位，我们就能还原整个乐章的精彩细节。

11.2.2 快速傅里叶变换背后的效率革命

对于傅里叶变换，数学家们心中的终极目标是——既快又准！这时，快速傅里叶变换（FFT）闪亮登场，它就像信号处理领域的"高速列车"，在计算效率上实现了质的飞跃。

1. 快速傅里叶变换（FFT）简介

传统的傅里叶变换需要 $O(N^2)$ 的计算量，对于大规模信号来说，简直是噩梦。然而，FFT 通过巧妙的算法将复杂度降到 $O(N\log N)$。这就像从用算盘计算到用超级计算机处理一样，速度快得让人感动到流泪。

2. 非周期信号的挑战

现实中，很多信号并不是完美的周期信号，比如你的心跳、语音甚至一场电磁风暴。它们的频率成分会随着时间变化，这就让传统傅里叶变换捉襟见肘。于是，我们需要一位新英雄登场——短时傅里叶变换（STFT）！

3. 时间与频率的完美结合：短时傅里叶变换（STFT）

STFT 的理念很简单：

- 将信号切成一个个小段（称为"窗口"）。
- 对每一小段单独进行傅里叶变换，得到局部的频谱。
- 将这些局部频谱综合起来，绘制出信号随时间变化的频谱图。

最终的结果是一个漂亮的"频谱瀑布图"，既能看到信号在频率上的分布，又能观察到它们随时间的变化。

4. 从时域到频域的桥梁：傅里叶变换

最后，我们再来看经典傅里叶变换的定义。

1）傅里叶变换公式

如果信号的时间范围是无限的（$T \to \infty$），傅里叶变换的公式如下：

$$F(\omega) = \int_{-\infty}^{\infty} f(x)\, e^{-i\omega x} dx$$

逆变换可以将频谱还原回时域信号：

$$f(x) = \frac{1}{2\pi} \int_{-\infty}^{\infty} F(\omega)\, e^{i\omega x} d\omega$$

2）傅里叶变换对

$$f(x) \Leftrightarrow F(\omega)$$

"$\Leftrightarrow$"符号表示时域和频域之间的"互换"，就像一个魔术师的左右手，信号可以在两个领域之间自由切换。

11.2.3 数字信号处理的幕后英雄：离散傅里叶变换（DFT）

当我们听音乐、看视频，甚至打电话时，离散傅里叶变换（DFT）都在幕后默默发光发热。作为数字信号处理的核心，DFT 就像信号的"翻译官"，它能把时域的语言转换成频域的语法，让我们看清楚信号中各个频率的"身影"。

1. DFT 和 DFS 的关系

DFT 的 "家族背景" 源于离散傅里叶级数（DFS）。二者的共同点是，它们处理的信号在时域和频域都是离散的，且都具有周期性特征。这意味着，当信号被切分成一个个点之后，每一部分都会 "循环往复"，有点类似于 "周期性" 的钟表。

然而，DFT 和 DFS 之间有一个显著的区别：DFT 专注于处理有限长度的序列，而 DFS 则适用于理论上无限长度的离散信号。换句话说，DFS 更像学术界的理论大拿，而 DFT 是一个脚踏实地的工程师。

2. DFT 的公式大揭秘

让我们看看 DFT 是如何完成这次 "语言翻译" 的。

设输入信号为 $\{x_n\} = x_0, x_1, \cdots, x_{N-1}$，输出信号为 $\{X_n\} = X_0, X_1, \cdots, X_{N-1}$。DFT 的公式如下：

$$X_k = \sum_{n=0}^{N-1} x_n \cdot e^{-i\frac{2\pi kn}{N}}$$

我们可以将其展开为更易懂的形式：

$$X_k = \sum_{n=0}^{N-1} x_n \cdot \left[\cos\left(\frac{2\pi kn}{N}\right) - i\sin\left(\frac{2\pi kn}{N}\right)\right]$$

令 $\omega = e^{-i\frac{2\pi}{N}} = \cos\left(\frac{2\pi}{N}\right) - i\sin\left(\frac{2\pi}{N}\right)$，则可以得到：

$$X_k = \sum_{n=0}^{N-1} x_n \cdot \omega^{kn}$$

具体来说：

$k = 0$，$X_0 = x_0 + x_1 + x_2 + \cdots + x_{N-1}$

$k = 1$，$X_1 = x_0 + \omega^{1*1} x_1 + \omega^{1*2} x_2 + \cdots + \omega^{1*(N-1)} x_{N-1}$

$k = 2$，$X_2 = x_0 + \omega^{2*1} x_1 + \omega^{2*2} x_2 + \cdots + \omega^{2*(N-1)} x_{N-1}$

$\cdots$

$k = N-1$，$X_{N-1} = x_0 + \omega^{N-1} x_1 + \omega^{(N-1)*2} x_2 + \cdots + \omega^{(N-1)*(N-1)} x_{N-1}$

通过观察，我们可以得到 DFT 的矩阵形式

$$X = Wx$$

即

$$X = Wx = \begin{bmatrix} 1 & 1 & 1 & \cdots & 1 \\ 1 & \omega & \omega^2 & \cdots & \omega^{N-1} \\ 1 & \omega^{2*1} & \omega^{2*2} & \cdots & \omega^{2*(N-1)} \\ \vdots & \vdots & \vdots & \ddots & \vdots \\ 1 & \omega^{N-1} & \omega^{(N-1)*2} & \cdots & \omega^{(N-1)*(N-1)} \end{bmatrix} \begin{bmatrix} x_0 \\ x_1 \\ x_2 \\ \vdots \\ x_{N-1} \end{bmatrix}$$

其中，X 是输出向量，W 是变换矩阵，x 是输入向量。

3. 单位复数根 ω 的有趣性质

让我们从最基础的开始——单位复数根。这可是复数界的超级明星，简直是离散傅里叶变换（DFT）的顶梁柱！单位复数根是一种特殊的复数元素，用数学式子表示就是 $\omega = e^{-i\frac{2\pi}{N}}$。在数学的"舞台"上，它扮演着一个非常重要的角色。以下是它的几大招牌属性，了解这些，你就能看懂很多关于傅里叶变换的奇妙之处。

1）所有复数根的和为零

想象一下，所有单位复数根 $\omega, \omega^2, \omega^3, \cdots, \omega^{N-1}$ 加在一起，结果竟然是零！数学上可以写成：

$$1 + \omega + \omega^2 + \omega^3 + \cdots + \omega^{N-1} = \frac{1-\omega^N}{1-\omega} = \frac{1-e^{-i\frac{2\pi}{N}N}}{1-\omega} = 0$$

为什么会这样？因为它们均匀分布在单位圆上，仿佛一群彼此平衡的"小矢量"，互相抵消，最终平衡归零。

2）有趣的倍数周期性

假设你用 n 倍的单位复数根进行叠加（如 $\omega^n, \omega^{2n}, \omega^{3n}, \cdots$），结果会根据 n 的值分为两种情况：

$$1 + \omega^n + \omega^{2n} + \omega^{3n} + \cdots + \omega^{(N-1)n} = \begin{cases} 0, & n \neq 0 \\ N, & n = 0 \end{cases}$$

- 如果 $n \neq 0$，那么这些叠加会继续神奇地互相抵消，结果仍然是 0；
- 如果 $n = 0$，那结果就是 N，也就是复数根的总数。

3）共轭与逆元素

单位复数根还有个炫酷的性质，就是它的共轭（复数镜像）恰好是它的逆：

$$\omega^\dagger = \omega^{-1} = e^{i\frac{2\pi}{N}}$$

这就像数学界的完美镜像，对称得不可思议。

4）多项式方程的根

$\omega, \omega^2, \cdots, \omega^N$ 是方程 $x^N = 1$ 的所有解（见图 11-9）。换句话说，单位复数根就像一个数学家精心设计的拼图，把所有答案都排列得整整齐齐。

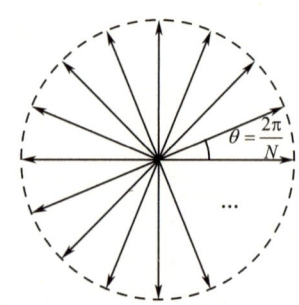

图 11-9　$\omega, \omega^2, \omega^3, \cdots, \omega^N$ 是 $x^N=1$ 的 N 个解

4. W 矩阵的性质：转置共轭

说到离散傅里叶变换，不能不提它的数学工具"傅里叶矩阵" W。这个矩阵是将时间域和

频率域连接起来的桥梁，堪称信号处理界的"魔法门"。

1）傅里叶矩阵长什么样？

它看起来是这样的：

$$W = \begin{bmatrix} 1 & 1 & 1 & \cdots & 1 \\ 1 & \omega^1 & \omega^2 & \cdots & \omega^{(N-1)} \\ 1 & \omega^2 & \omega^4 & \cdots & \omega^{2(N-1)} \\ \vdots & \vdots & \vdots & \ddots & \vdots \\ 1 & \omega^{(N-1)} & \omega^{2(N-1)} & \cdots & \omega^{(N-1)(N-1)} \end{bmatrix}$$

2）转置共轭是什么？

傅里叶矩阵的转置共轭，标记为 $W^\dagger$，就是矩阵的"倒影版"，让我们再往"复数镜子"里照一下：

$$W^\dagger = \begin{bmatrix} 1 & 1 & 1 & \cdots & 1 \\ 1 & \omega^{-1} & \omega^{-2} & \cdots & \omega^{-(N-1)} \\ 1 & \omega^{-2} & \omega^{-4} & \cdots & \omega^{-2(N-1)} \\ \vdots & \vdots & \vdots & \ddots & \vdots \\ 1 & \omega^{-(N-1)} & \omega^{-2(N-1)} & \cdots & \omega^{-(N-1)(N-1)} \end{bmatrix}$$

其中，$\omega^\dagger = e^{i\frac{2\pi}{N}} = \omega^{-1}$（$\omega^0 = 1$），是"单位复数根"的秘密武器。简单理解，它就像一个"信号旋转器"，通过不同角度的复数相乘来实现频域信息的提取。

3）傅里叶矩阵的正交性

傅里叶矩阵最大的法宝，就是它的<u>正交性</u>。这意味着：

- <u>行与行之间互相"视而不见"</u>：两行的内积总是零；
- <u>列与列之间也互不打扰</u>：两列的内积总是零；
- 每一行或列的自身长度（二范数）相等。

数学上，可以通过以下公式验证：

$$1 + \omega^n + \omega^{2n} + \omega^{3n} + \cdots + \omega^{(N-1)n} = \begin{cases} 0, & n \neq 0 \\ N, & n = 0 \end{cases}$$

这意味着，傅里叶矩阵乘以它的转置共轭矩阵 $W^\dagger$，等于一个对角矩阵：

$$WW^\dagger = \begin{bmatrix} 1 & 1 & 1 & \cdots & 1 \\ 1 & \omega^1 & \omega^2 & \cdots & \omega^{(N-1)} \\ 1 & \omega^2 & \omega^4 & \cdots & \omega^{2(N-1)} \\ \vdots & \vdots & \vdots & \ddots & \vdots \\ 1 & \omega^{(N-1)} & \omega^{2(N-1)} & \cdots & \omega^{(N-1)(N-1)} \end{bmatrix} \begin{bmatrix} 1 & 1 & 1 & \cdots & 1 \\ 1 & \omega^{-1} & \omega^{-2} & \cdots & \omega^{-(N-1)} \\ 1 & \omega^{-2} & \omega^{-4} & \cdots & \omega^{-2(N-1)} \\ \vdots & \vdots & \vdots & \ddots & \vdots \\ 1 & \omega^{-(N-1)} & \omega^{-2(N-1)} & \cdots & \omega^{-(N-1)(N-1)} \end{bmatrix}$$

$$= \begin{bmatrix} N & 0 & 0 & \cdots & 0 \\ 0 & N & 0 & \cdots & 0 \\ 0 & 0 & N & \cdots & 0 \\ \vdots & \vdots & \vdots & \ddots & \vdots \\ 0 & 0 & 0 & \cdots & N \end{bmatrix} = N \begin{bmatrix} 1 & 0 & 0 & \cdots & 0 \\ 0 & 1 & 0 & \cdots & 0 \\ 0 & 0 & 1 & \cdots & 0 \\ \vdots & \vdots & \vdots & \ddots & \vdots \\ 0 & 0 & 0 & \cdots & 1 \end{bmatrix} = N\boldsymbol{I}_N$$

即

$$\boldsymbol{W}\boldsymbol{W}^\dagger = N\boldsymbol{I}_N$$

同样可得：

$$\boldsymbol{W}^\dagger\boldsymbol{W} = N\boldsymbol{I}_N$$

这里的 $\boldsymbol{I}_N$ 是 $N \times N$ 的单位矩阵。正交性可以说是它的"超能力"，让信号变换既干净利落，又不丢失信息。

4）归一化的必要性

傅里叶矩阵还有个小问题：它是"重量级"选手。为了让它变得轻盈、适合操作，我们需要对它进行归一化处理，加上系数 $\frac{1}{\sqrt{N}}$（见图 11-10）。

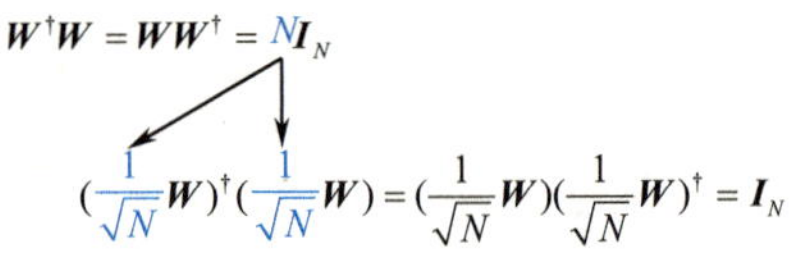

$$\boldsymbol{W}^\dagger\boldsymbol{W} = \boldsymbol{W}\boldsymbol{W}^\dagger = N\boldsymbol{I}_N$$

$$\left(\frac{1}{\sqrt{N}}\boldsymbol{W}\right)^\dagger \left(\frac{1}{\sqrt{N}}\boldsymbol{W}\right) = \left(\frac{1}{\sqrt{N}}\boldsymbol{W}\right)\left(\frac{1}{\sqrt{N}}\boldsymbol{W}\right)^\dagger = \boldsymbol{I}_N$$

图 11-10　归一化处理

于是，有了幺正矩阵的定义：

$$\frac{1}{\sqrt{N}}\boldsymbol{W}$$

这个归一化版的傅里叶矩阵满足以下性质：

$$\left(\frac{1}{\sqrt{N}}\boldsymbol{W}\right)^{-1} = \left(\frac{1}{\sqrt{N}}\boldsymbol{W}\right)^\dagger = \frac{1}{\sqrt{N}}\boldsymbol{W}^\dagger$$

这意味着傅里叶矩阵的逆矩阵其实就是它的归一化转置共轭矩阵。是不是很酷？

11.2.4　还原信号之美：离散傅里叶逆变换

离散傅里叶逆变换（Inverse Discrete Fourier Transform，IDFT）是离散傅里叶变换（DFT）的"回头路"，如果说 DFT 是将信号从时域拖进频域的一场"脱胎换骨"的旅程，那么 IDFT 就是频域向时域的"重返初心"。它以频域中神秘莫测的复值序列为原料，经过一番数学魔法,最终将信号还原到时域。可以说,IDFT 是信号处理界的"复原大师"。

1. IDFT 的逻辑推导:为何能够"回头是岸"?

我们从 DFT 的公式出发,记作:

$$X = W \cdot x$$

这里 X 是频域信号,x 是时域信号,W 是傅里叶矩阵。根据傅里叶矩阵的性质,我们知道:

$$W^\dagger W = WW^\dagger = NI_N$$

这意味着,傅里叶矩阵的转置共轭矩阵($W^\dagger$)与原矩阵 W 的乘积,会变成一个缩放了 N 倍的单位矩阵 I_N。

于是,有以下推导:

$$W^\dagger X = W^\dagger (W \cdot x) \Rightarrow W^\dagger X = NI_N \cdot x \Rightarrow x = \frac{1}{N} W^\dagger X$$

这就是离散傅里叶逆变换的核心公式,直接写出来就是:

$$x_n = \frac{1}{N} \sum_{k=0}^{N-1} X_k \cdot e^{i\frac{2\pi kn}{N}}$$

2. IDFT 的人性化分解

要是觉得公式太冷酷,我们不妨以更通俗的方式解读一下它。这个公式的意思是:时域信号 x_n 是频域信号 X_k 的加权和。权重由 $e^{i\frac{2\pi kn}{N}}$ 给出,它其实是复指数函数,等价于:

$$e^{i\frac{2\pi kn}{N}} = \cos\left(\frac{2\pi kn}{N}\right) + i\sin\left(\frac{2\pi kn}{N}\right)$$

换句话说,IDFT 是频域信号在时域中通过一系列正弦波和余弦波的叠加来重建原信号。可以将它想象成一个"频率合成器",它通过不同频率的波叠加,拼接出一首"时域的交响曲"。

3. 再一次感受矩阵之美:公式的矩阵表达

我们也可以把 IDFT 用矩阵的形式表达出来,具体如下:

$$x = \frac{1}{N} W^\dagger X$$

展开来看:

$$x = \frac{1}{N} \begin{bmatrix} 1 & 1 & 1 & \cdots & 1 \\ 1 & \omega^{-1} & \omega^{-2} & \cdots & \omega^{-(N-1)} \\ 1 & \omega^{-2} & \omega^{-4} & \cdots & \omega^{-2(N-1)} \\ \vdots & \vdots & \vdots & \ddots & \vdots \\ 1 & \omega^{-(N-1)} & \omega^{-2(N-1)} & \cdots & \omega^{-(N-1)(N-1)} \end{bmatrix} \begin{bmatrix} X_0 \\ X_1 \\ X_2 \\ \vdots \\ X_{N-1} \end{bmatrix}$$

其中，$\omega = e^{-i\frac{2\pi}{N}}$ 是"旋转因子"，它的指数代表频率成分对时域信号的贡献。

4. 从频域到时域的"信号穿越"：逆变换的意义

IDFT 的重要性在于，它能够将频域中的信号重新解码为时域信号。无论是在音频处理还是图像复原中，IDFT 都在其中扮演了至关重要的角色。举个例子，MP3 格式的音乐文件在存储时采用的是频域数据，而在播放时需要通过 IDFT 将其转回时域，才能将其转化为耳朵听得懂的音波。

因此，下次你听音乐时，不妨心怀感激，因为 IDFT 正默默地为你的耳朵"还原信号之美"呢！

11.3 频率魔法的量子版：量子傅里叶变换

如果你认为经典傅里叶变换已经足够神奇，那么量子傅里叶变换（Quantum Fourier Transform，QFT）会让你更加叹为观止！它不仅是经典傅里叶变换的"量子升级版"，更是量子计算中一项令人惊叹的技术。别担心，这里没有复杂的魔法阵，只有量子门和数学的优雅结合。

量子傅里叶变换可以看作经典傅里叶变换在量子世界中的实现。在经典计算中，傅里叶变换是一种强大的信号处理工具，可以将信号分解为不同频率的分量，就像将一首乐曲拆分为每一个音符。而在量子领域，QFT 的作用是将量子态中的*振幅信息转换为相位信息*，从而为量子算法的进一步操作铺平道路。

QFT 不仅是一个简单的"翻译器"，它还是一个酉操作。这意味着 QFT 是信息无损的，操作完成后，可以通过逆变换"回放"，恢复到原来的量子态（数学上称为可逆性）。QFT 是通过一系列量子门来实现的，包括 Hadamard 门、受控相位门和单比特旋转门等，这些门以精妙的方式协同工作。

在量子计算中，QFT 的重要性堪比螺丝刀在工具箱中的地位。它是 Shor 算法的重要组成部分——一种能够高效分解大整数的算法，对传统加密技术构成了重大威胁。此外，QFT 在量子相位估计（Quantum Phase Estimation）中也扮演着核心角色，而相位估计又是许多其他量子算法的基础。然而，需要注意的是，QFT 并不能直接加速经典数据的傅里叶变换，因为它的设计初衷是处理量子态。

为了更好地理解 QFT 的工作原理，我们可以从它的经典"表亲"——离散傅里叶变换（DFT）说起。离散傅里叶变换的公式如下：

$$X_k = \sum_{n=0}^{N-1} x_n \cdot e^{-i\frac{2\pi kn}{N}}$$

它也可以用矩阵形式表示为：

$$X = Wx = \begin{bmatrix} 1 & 1 & 1 & \cdots & 1 \\ 1 & \omega & \omega^2 & \cdots & \omega^{N-1} \\ 1 & \omega^2 & \omega^4 & \cdots & \omega^{2(N-1)} \\ \vdots & \vdots & \vdots & \ddots & \vdots \\ 1 & \omega^{N-1} & \omega^{2(N-1)} & \cdots & \omega^{(N-1)(N-1)} \end{bmatrix} \begin{bmatrix} x_0 \\ x_1 \\ x_2 \\ \vdots \\ x_{N-1} \end{bmatrix}$$

其中，$\omega = e^{-i\frac{2\pi}{N}}$ 是单位根。

在量子计算中，QFT 的数学核心与 DFT 的类似，但它们的实现方法完全不同。对于一个 n - 比特量子系统，其基矢量表示为：

$$|x\rangle = |x_{n-1}x_{n-2}\cdots x_0\rangle,\ x = \sum_{i=0}^{n-1} x_i \cdot 2^i$$

量子傅里叶变换的作用是：

$$\text{QFT}(|x\rangle) = \frac{1}{\sqrt{2^n}} \sum_{k=0}^{2^n-1} e^{i\frac{2\pi xk}{2^n}} |k\rangle$$

当 $\omega = e^{i\frac{2\pi}{2^n}}$ 时，公式可以化简为：

$$\text{QFT}(|x\rangle) = \frac{1}{\sqrt{2^n}} \sum_{k=0}^{2^n-1} \omega^{x \cdot k} |k\rangle$$

注意，这里的指数部分没有负号，这是因为 QFT 通常作为前向变换，其正号表示量子态的正向相位旋转，而逆变换中才会引入负号。例如，逆 QFT 的公式为：

$$\text{QFT}^{-1}(|k\rangle) = \frac{1}{\sqrt{2^n}} \sum_{x=0}^{2^n-1} e^{-i\frac{2\pi xk}{2^n}} |x\rangle$$

因此，QFT 和其逆变换的关系体现了这两种符号的互补性。

在经典离散傅里叶变换中，$e^{-i\theta}$ 的引入是因为它在频域分析中自然地与信号处理的数学和物理需求相符。负号对应的是信号在频域中的"正向"旋转，这与分析时域信号的频率成分（如正弦波的频谱）密切相关。逆变换时，正号则用于重构信号。

QFT 的矩阵形式：

$$\text{QFT} = \frac{1}{\sqrt{N}} \begin{bmatrix} 1 & 1 & 1 & \cdots & 1 \\ 1 & \omega & \omega^2 & \cdots & \omega^{N-1} \\ 1 & \omega^2 & \omega^4 & \cdots & \omega^{2(N-1)} \\ \vdots & \vdots & \vdots & \ddots & \vdots \\ 1 & \omega^{N-1} & \omega^{2(N-1)} & \cdots & \omega^{(N-1)(N-1)} \end{bmatrix}$$

其中，$\omega = e^{i\frac{2\pi}{N}}$ 是傅里叶矩阵的"调料"，它表示每个频率分量的相位旋转。傅里叶矩阵的一个特别的属性，即酉性（矩阵的转置共轭等于其逆矩阵），这保证了量子态的长度和内积不变。

QFT 的矩阵形式也具有酉性，意味着矩阵的共轭转置矩阵为其逆矩阵，这保证了量子态的归一性和叠加特性。例如，对于一个包含 2^n 个正交基的 n - 比特量子态 $|\psi\rangle$，其线性组合可以表示为：

$$|\psi\rangle = a_0|0\rangle + a_1|1\rangle + \cdots + a_{N-1}|N-1\rangle$$

那么量子态 $|\psi\rangle$ 可以表示成如下形式：

$$|\psi\rangle = \sum_{x=0}^{2^n-1} a_x |x\rangle$$

于是 QFT 作用于量子态 $|\psi\rangle$ 可以表示为：

$$\text{QFT}|\psi\rangle = \text{QFT}\sum_{x=0}^{2^n-1} a_x |x\rangle = \sum_{k=0}^{2^n-1} b_k |k\rangle$$

由于：

$$\text{QFT}|x\rangle = \frac{1}{\sqrt{2^n}} \sum_{k=0}^{2^n-1} e^{i2\pi kx/2^n} |k\rangle$$

所以有：

$$\text{QFT}|\psi\rangle = \text{QFT}\sum_{x=0}^{2^n-1} a_x |x\rangle = \sum_{x=0}^{2^n-1} a_x \text{QFT}|x\rangle$$

$$= \sum_{x=0}^{2^n-1} a_x \frac{1}{\sqrt{2^n}} \sum_{k=0}^{2^n-1} e^{i2\pi kx/2^n} |k\rangle$$

$$= \sum_{k=0}^{2^n-1} \left(\frac{1}{\sqrt{2^n}} \sum_{x=0}^{2^n-1} a_x e^{i2\pi kx/2^n} \right) |k\rangle$$

$$= \sum_{k=0}^{2^n-1} b_k |k\rangle$$

其中，系数 b_k 为：

$$b_k = \frac{1}{\sqrt{2^n}} \sum_{x=0}^{2^n-1} a_x e^{i\frac{2\pi kx}{2^n}}$$

由于 $\omega = e^{i\frac{2\pi}{N}}$，公式又可以写为：

$$b_k = \frac{1}{\sqrt{2^n}} \sum_{x=0}^{2^n-1} a_x \omega^{xk}$$

11.3.1 二进制与量子态的奇妙关系

1. 计算基：量子世界的"基础动作"

在量子计算中，量子比特的状态以两个"基础动作"为起点，我们称之为计算基。这两个状态分别是 $|0\rangle$ 和 $|1\rangle$，它们对应于经典计算中的二进制数字 0 和 1。简单来说，它们就像是量子世界的字母表，所有复杂的"句子"都由这些字母组合而成。

2. 多比特系统：搭积木的量子玩法

当你手里有多个量子比特的时候，事情会变得更有趣。比如，两个量子比特可以组合成 4 种不同的状态：$|00\rangle$、$|01\rangle$、$|10\rangle$ 和 $|11\rangle$，每种状态都可以用二进制数字表示。在这些状态中，第一个数字表示第一个量子比特的状态，第二个数字表示第二个量子比特的状态。这个组合方式就像搭积木，每个积木块有两面，通过组合，可以构建出丰富多彩的结构。

3. 张量积：量子比特的"组合技"

量子比特的组合方式被称为张量积。虽然这个术语听起来有些学术，但本质上可以理解为"列出所有可能的组合状态"。类比一下，假设你点比萨，不同的馅料可以自由组合，而张量积相当于列出菜单上所有可能的搭配。

例子：假设我们有两个量子比特，第一个量子比特可以是 $|0\rangle$ 或 $|1\rangle$，第二个量子比特也是 $|0\rangle$ 或 $|1\rangle$，它们的"菜单"如下。

- $|00\rangle$（两块饼干都是原味的）
- $|01\rangle$（第一块饼干是原味的，第二块饼干是巧克力味的）
- $|10\rangle$（第一块饼干是巧克力味的，第二块饼干是原味的）
- $|11\rangle$（两块饼干都是巧克力味的）

4. 计算基矢态的二进制表示

对于 n 个量子比特，我们可以用一个二进制数字来表示它们的状态，比如说：

- $|k\rangle$ 是一个状态，其中 k 是一个二进制数。

它的展开式如下：

$$k = \sum_{i=0}^{n-1} k_i 2^{(n-i-1)}$$

这意味着每个比特的状态可以通过加权相加得到一个二进制数。

例如：如果 $k=110$（一个三比特状态），则可以写成：

$$k = 1 \cdot 2^2 + 1 \cdot 2^1 + 0 \cdot 2^0 = 4 + 2 + 0 = 6$$

这就告诉我们，这个状态所代表的值是 6。

5. 二进制分数的表示：量子计算里的小数点

量子计算不仅能够处理整数，还能处理分数。

假设我们有一串二进制小数：$0.k_1k_2\cdots k_m$，其值可以通过以下公式计算：

$$0.k_1k_2\cdots k_m = \frac{k_1}{2^1} + \frac{k_2}{2^2} + \cdots + \frac{k_m}{2^m}$$

6. 结合整数和分数：终极公式

当我们有整数部分 q 和小数部分 p 时，一个二进制数可以表示为：

$$x = q + p$$

在量子计算中，很多情况下我们会使用指数形式表示：

$$e^{i2\pi x} = e^{i2\pi q} \cdot e^{i2\pi p}$$

有趣的是，由于 $e^{i2\pi q} = \cos(2\pi q) + i\sin(2\pi q) = 1$（当 q 为整数时），最终结果简化为：

$$e^{i2\pi x} = e^{i2\pi p}$$

11.3.2 QFT 的求和公式解析

量子计算中的量子傅里叶变换（QFT）看起来复杂，其实就像将一段音乐转化为谱子一样，将"时间域"里的数据转移到"频率域"，从而更容易捕捉其中的规律。我们从基本公式开始拆解。

对于任意整数 k，我们可以用二进制展开表示为：

$$k = \sum_{i=0}^{n-1} k_i 2^{n-i-1}$$

简单来说，这就是把 k 写成二进制的形式。例如，$k=5$，在三位二进制中表示为 101。所以，我们将其可以展开为：

$$k = k_1 \cdot 2^{n-1} + k_2 \cdot 2^{n-2} + \cdots + k_n \cdot 2^0$$

对于 $|x\rangle = |x_{n-1}x_{n-2}\cdots x_0\rangle$，其经过 QFT 后的结果可以写成：

$$\text{QFT}|x\rangle = \frac{1}{\sqrt{2^n}} \sum_{k=0}^{2^n-1} e^{i2\pi kx/2^n} |k\rangle$$

看起来是不是有点眼花缭乱？别急，我们一步步来解读！

1. 深入二进制世界

将 k 的二进制形式代入公式，我们可以得到：

$$\text{QFT}|x\rangle = \frac{1}{\sqrt{2^n}} \sum_{k=0}^{2^n-1} e^{i2\pi x \cdot (k_1 \cdot 2^{n-1} + k_2 \cdot 2^{n-2} + \cdots + k_n \cdot 2^0)/2^n} |k_1 k_2 \cdots k_n\rangle$$

进一步化简为：

$$\text{QFT}|x\rangle = \frac{1}{\sqrt{2^n}} \sum_{k=0}^{2^n-1} e^{i2\pi x \left(\frac{k_1}{2^1} + \frac{k_2}{2^2} + \cdots + \frac{k_n}{2^n}\right)} |k_1 k_2 \cdots k_n\rangle$$

$$= \frac{1}{\sqrt{2^n}} \sum_{k=0}^{2^n-1} e^{i2\pi x \left(\sum_{l=1}^{n} k_l 2^{-l}\right)} |k_1 k_2 \cdots k_n\rangle$$

举个例子：$n = 3$

假设 $n = 3$，即输入的二进制数有 3 位，我们观察一下 k 的值。

- 当 $k = 0$ 时，$k = 000$。
- 当 $k = 1$ 时，$k = 001$。
- 当 $k = 2$ 时，$k = 010$。
- 一直到 $k = 7$，$k = 111$。

所以，我们可以写出总和：

$$\sum_{k=0}^{2^3-1} k = 000 + 001 + 010 + \cdots + 111$$

2. 从多个维度观察求和规律

如果我们按层次分布求和，比如从每个位开始。

（1）对 k_3 求和：$k_1 k_2 0 + k_1 k_2 1$。

（2）对 k_2 求和：$(k_1 00 + k_1 01) + (k_1 10 + k_1 11)$。

（3）对 k_1 求和：$(000 + 001 + 010 + 011) + (100 + 101 + 110 + 111)$。

发现什么了吗？结果与直接求和是一致的。公式背后的逻辑是逐步展开的，像剥洋葱一样，逐层拆解复杂度。

3. 为什么这样拆？QFT 的魔力在这！

QFT 的核心思想是把一个复杂的整体分解成多个简单的部分来处理。就像拆乐高积木一样，你可以先把它拆成模块，最后再组装出一只火龙。具体来说，QFT 的表达式可以写成如下形式：

$$\text{QFT}|x\rangle = \frac{1}{\sqrt{2^n}} \sum_{k_1=0}^{1} \sum_{k_2=0}^{1} \cdots \sum_{k_n=0}^{1} e^{i2\pi x \cdot \sum_{l=1}^{n} k_l \cdot 2^{-l}} |k_1 k_2 \cdots k_n\rangle$$

这是在 n 个量子比特上应用 QFT 的结果。表面上看，这个公式就像一个数字炸弹。

但如果仔细看，它其实是很多项的叠加，每一项的系数都包含一个复指数项 $e^{i2\pi x \cdot \sum_{l=1}^{n} k_l \cdot 2^{-l}}$。是不是一大堆数学符号让人头大？别担心，我们用更直观的例子来解读一下。

举个简单例子：$n = 2$

让我们简化一下，假设我们只有 2 个量子比特（$n = 2$）。此时，公式变得更加易懂：

$$\text{QFT}|x\rangle = \frac{1}{\sqrt{2^2}} \sum_{k_1=0}^{1} \sum_{k_2=0}^{1} e^{i2\pi x(k_1 2^{-1} + k_2 2^{-2})} |k_1 k_2\rangle$$

要理解这是什么意思，我们可以将复指数项拆开来看。这里的 k_1 和 k_2 分别表示每个量子比特的状态（0 或 1），而 2^{-1} 和 2^{-2} 则是用来调整频率的权重。换句话说，这就像是在为每个比特分配了一个音符，既有高音，也有低音，然后将它们组合在一起，谱出一首量子交响曲。

首先，考虑每个量子比特单独的贡献：

$$\bigotimes_{l=1}^{2}(e^{k_l 2^{-l}}|k_l\rangle) = e^{k_1 2^{-1}}|k_1\rangle \otimes e^{k_2 2^{-2}}|k_2\rangle = e^{(k_1 2^{-1} + k_2 2^{-2})}|k_1 k_2\rangle$$

然后，把 k_2 的所有可能叠加：

$$\sum_{k_2=0}^{1} \bigotimes_{l=1}^{2} e^{k_l 2^{-l}}|k_l\rangle = e^{k_1 2^{-1}}|k_1\rangle \otimes (e^{0 \cdot 2^{-2}}|0\rangle + e^{1 \cdot 2^{-2}}|1\rangle)$$

接着，考虑 k_1 的所有可能：

$$\sum_{k_1=0}^{1} \sum_{k_2=0}^{1} \bigotimes_{l=1}^{2} e^{k_l 2^{-l}}|k_l\rangle = (e^{0 \cdot 2^{-1}}|0\rangle + e^{1 \cdot 2^{-1}}|1\rangle) \otimes (e^{0 \cdot 2^{-2}}|0\rangle + e^{1 \cdot 2^{-2}}|1\rangle)$$

这时候，你会发现，每个比特的状态（0 或 1）都以不同的概率幅度参与最终态中。这种叠加态是量子计算最迷人的地方之一！

推广到一般的 n 比特

推广到一般的 n 个量子比特，QFT 的结果可以写成：

$$\text{QFT}|x\rangle = \frac{1}{\sqrt{2^n}} \bigotimes_{l=1}^{n} (e^{i2\pi x \cdot 0 \cdot 2^{-l}}|0\rangle + e^{i2\pi x \cdot 1 \cdot 2^{-l}}|1\rangle)$$

$$= \frac{1}{\sqrt{2^n}} \bigotimes_{l=1}^{n} (|0\rangle + e^{i2\pi x 2^{-l}}|1\rangle)$$

当 $2^{-l}x$ 的整数部分为 q、小数部分为 p 时，一个二进制数可以表示为：

$$2^{-l}x = q + p$$

则有：

$$e^{i2\pi x 2^{-l}} = e^{i2\pi q} \cdot e^{i2\pi p} = e^{i2\pi p}$$

最终，QFT 的结果可以写成：

$$\text{QFT}|x\rangle = \frac{1}{\sqrt{2^n}} \bigotimes_{l=1}^{n} (|0\rangle + e^{i2\pi p_l}|1\rangle)$$

$$= \frac{1}{\sqrt{2^n}} (|0\rangle + e^{2\pi i 0.x_n}|1\rangle)(|0\rangle + e^{2\pi i 0.x_{n-1}x_n}|1\rangle) \cdots (|0\rangle + e^{2\pi i 0.x_1 x_2 \cdots x_n}|1\rangle)$$

这公式看起来复杂，但背后的逻辑其实很简单：每个比特都被赋予了一个权重（类似一个音符的频率），然后所有比特的状态被组合成一个巨大的叠加态。

如果将量子傅里叶变换比作一场音乐会，那么：

- 每个量子比特就像一个乐器。
- 每个状态 $|0\rangle$ 或 $|1\rangle$ 就像乐器发出的两种音符。
- 那些复杂的 $e^{2\pi i 0.x_1 x_2 \cdots x_n}$ 系数就像调音师，赋予乐器独特的音色。

最后，整个系统合奏出了一首和谐却充满未知的交响乐——这就是 QFT 的神奇之处。

11.3.3 QFT 的张量积表达式

量子傅里叶变换（QFT）不仅是经典离散傅里叶变换在量子领域中的"升维"版本，它还揭示了量子态惊人的灵活性与数学优雅性。从理论上讲，QFT 能够将一个特定的量子态 $|x\rangle$ 转换为一个新的基矢量，该基矢量是原始量子态的线性组合。这种线性组合进一步展示了量子叠加的核心特性，体现了量子计算中的独特性质。

特别值得注意的是，这种线性组合可以被分解为多个单量子比特态的张量积形式。这种特性不仅对理解量子态的结构有帮助，还能直接指导量子线路的设计。

具体来说，对于一个 n 位二进制整数 $x = x_1 x_2 \cdots x_n$（其中 x_1 是最高有效位，x_n 是最低有效位），其量子态表示为 $|x\rangle = |x_1 x_2 \cdots x_n\rangle$。通过 QFT，我们可以将其转换为如下形式：

$$|x\rangle \xrightarrow{\text{QFT}} \frac{1}{\sqrt{2^n}}(|0\rangle + e^{2\pi i 0.x_n}|1\rangle)(|0\rangle + e^{2\pi i 0.x_{n-1} x_n}|1\rangle) \cdots (|0\rangle + e^{2\pi i 0.x_1 x_2 \cdots x_n}|1\rangle)$$

简写为：

$$|x\rangle \xrightarrow{\text{QFT}} \frac{1}{\sqrt{2^n}} \bigotimes_{j=1}^{n} (|0\rangle + e^{2\pi i 0.x_j x_{j+1} \cdots x_n}|1\rangle)$$

其中，$0.x_j x_{j+1} \cdots x_n$ 表示二进制小数。例如，如果 $x_j x_{j+1} \cdots x_n = 101$，则 $0.x_j x_{j+1} \cdots x_n = 0.101$。

为了更清晰地理解这个公式，我们可以逐部分展开。公式中的每一项都是一个单比特态，带有特定的相位因子 $e^{2\pi i 0.x_j x_{j+1} \cdots x_n}$。这些相位因子来源于输入态的二进制展开，它们共同决定了量子态的干涉模式与叠加状态。

这种表述方式将复杂的量子态结构分解为简单的单比特操作，从而为设计高效的量子线路提供了便利。通过利用单比特和两比特门操作，我们可以物理实现这一变换，使 QFT 成为量子计算中强大的工具。

11.3.4 二进制展开与量子态制备的奥秘

构造量子傅里叶变换（QFT）的量子态，是一整套逻辑清晰但看似复杂的操作。其核心在于，通过二进制展开与量子门操作，将经典信息巧妙地转化为量子态。

第一步：从量子态 $|0\rangle$ 开始

所有伟大的冒险都得从零开始。我们首先让所有量子比特都处于 $|0\rangle$ 态。接下来，用 H 门对每个比特施加"魔法"。这个门就像是个超级搅拌器，把比特的状态搅成 $|0\rangle$ 和 $|1\rangle$ 的叠加态：

$$H|x_1\rangle = H|0\rangle = \frac{1}{\sqrt{2}}(|0\rangle + |1\rangle) = \frac{1}{\sqrt{2}}(|0\rangle + e^{2\pi i 0.x_1}|1\rangle)$$

看到最后一项了吗？这里的指数部分 $e^{2\pi i 0.x_1}$ 是量子叠加的关键。可以把它想象成往比萨底抹上均匀的芝士，为后续的"相位调味"打下基础。

第二步：控制相位移门（Ctrl-R）

接下来，我们使用控制相位移门（Ctrl-R）对量子态进行相位偏移。这个步骤是让不同的比特产生关联的核心。

假如 $x_2 = 1$，控制相位移门的作用会像这样：

$$R_2^{x_2} H|x_1\rangle = \frac{1}{\sqrt{2}}(|0\rangle + e^{2\pi i 0.x_1} e^{2\pi i/2^2}|1\rangle) = \frac{1}{\sqrt{2}}(|0\rangle + e^{2\pi i 0.x_1} e^{2\pi i 0.01}|1\rangle)$$

可以写为：

$$R_2^{x_2} H|x_1\rangle = \frac{1}{\sqrt{2}}(|0\rangle + e^{2\pi i 0.x_1} e^{2\pi i 0.0 x_2}|1\rangle) = \frac{1}{\sqrt{2}}(|0\rangle + e^{2\pi i 0.x_1 x_2}|1\rangle)$$

看起来复杂？其实可以简单理解为，每个比特根据二进制展开的位置"旋转"了一下自己。

在更一般的情况下，对于第 n 个比特的作用，可以归纳为：

$$R_n^{x_n} \cdots R_3^{x_3} R_2^{x_2} H|x_1\rangle = \frac{1}{\sqrt{2}}(|0\rangle + e^{2\pi i 0.x_1 x_2 \cdots x_n}|1\rangle)$$

这里的 $R_k^{x_k}$ 通过增加一个相对相位 $e^{2\pi i 0.00 \cdots x_l}$，精确地调整了叠加态的"旋律"。就像为比萨撒上不同的香料，让每层都充满层次感。

第三步：SWAP 门调整顺序

最后一步，千万别忘了用 SWAP 门来翻转比特的顺序。在量子计算中，有点像"先写后读"，所以得把比特按 QFT 的规则重新排列好，就像是为比萨切片一样。

于是利用量子门 H、Ctrl-R 和 SWAP 就可以完成对量子态 $\frac{1}{\sqrt{2}}(|0\rangle + e^{i2\pi x 2^{-l}}|1\rangle)$ 的制备，进而完成 QFT 的量子线路。

是不是觉得量子计算不再那么"高冷"了？它其实像做一道美味的量子比萨，每个步骤既有规则又充满乐趣。下次再提到 QFT，别忘了它不只是数学公式，而是一门把抽象数学变成现实工具的量子艺术！

11.4 量子傅里叶变换的线路设计

量子傅里叶变换（QFT）线路的设计就像编排一支复杂的舞蹈，每一步都有精妙的节奏和规则（见图 11-11）。主角是量子比特，而导演和舞蹈老师就是 H 门、控制相位门（Ctrl-R）和相位移门。让我们从头开始，拆解这场量子舞会的舞步，看看 QFT 是如何将输入基态变成充满相位的量子态。

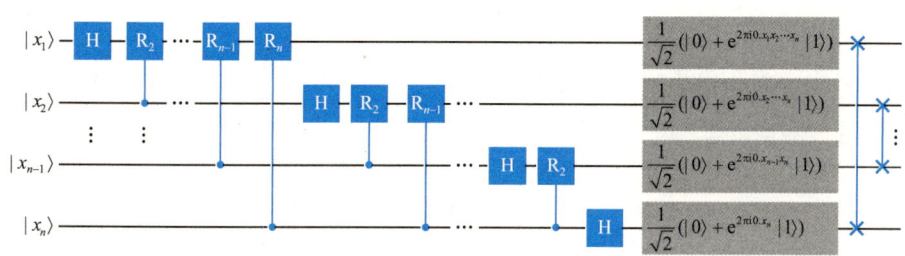

图 11-11　量子傅里叶变换（QFT）线路

第一步：H 门，迈开"第一步"

在量子舞会上，第一个量子比特首先接受 H 门的作用。这一步相当于让原本静止的比特（处于基态 $|0\rangle$ 和 $|1\rangle$）迈向舞池，进入一种既是 $|0\rangle$ 又是 $|1\rangle$ 的叠加态。数学上描述为：

$$H|0\rangle = \frac{1}{\sqrt{2}}(|0\rangle+|1\rangle)$$

这一状态为后续的相位调整和叠加奠定了基础，就像舞者迈出了第一步，打开了无限可能的舞蹈空间。

第二步：控制相位门，赋予舞蹈更多"个性"

接下来轮到控制相位门登场。它是量子舞台上的"调音师"，为每个量子比特添加独特的相位偏移。这一步让量子比特之间产生关联，每个比特的状态都根据之前比特的状态发生变化。具体而言，控制相位门的作用如下：假设后续的比特是 $|x_k\rangle$，它将在前面比特的状态基础上调整自身的相位。例如：

若前一比特为 $|1\rangle$，则 $|1\rangle$ 的相位会被增加 $e^{2\pi i/2^k}$。

经过这一过程,整个系统中每个量子比特都被调整到与其"前奏"比特相协调的状态。这一步将简单的舞步赋予了更多的个性,使量子比特间的关系变得丰富而复杂。

第三步:量子比特"换位",完美对称性

在所有控制相位门操作完成后,最后一个重要步骤是使用 SWAP 门重新排列比特的顺序。这个步骤确保输出的比特顺序与 QFT 的定义一致。可以将其比作重新调整舞者的位置,让舞台呈现出对称性。

这一操作通常被忽略,但它至关重要:没有 SWAP,傅里叶变换的输出将会是反序排列,结果也将无法正确解析。

幕后细节:相位调整的奥秘

QFT 的精髓在于每个控制相位门精确施加的相位偏移。例如,初始量子态为 $|x\rangle$ 的量子比特,在经过相位调整后,其状态变为:

$$\frac{1}{\sqrt{2}}(|0\rangle + e^{i2\pi x/2^l}|1\rangle)$$

请注意,这里的相位调整与位置 l 有直接关系。若忽略 SWAP 门,则相位公式中出现的位置可能与直觉不符。例如:

$$\frac{1}{\sqrt{2}}(|0\rangle + e^{i2\pi x \cdot 2^{n+1-l}}|1\rangle)$$

这是因为 QFT 本身对比特顺序有特定的要求。为了修正这一点,SWAP 门必须在最终输出中正确排列比特。

11.4.1 单比特 QFT 线路:入门级解读

欢迎进入量子傅里叶变换的世界!今天的主角是单比特 QFT,它可以被视为量子计算中的"基础练习题",简单到令人会心一笑,但却揭开了 QFT 的神秘面纱。

从矩阵开始:单比特傅里叶矩阵

QFT 的核心是傅里叶矩阵,其一般形式为:

$$\text{QFT} = \frac{1}{\sqrt{N}}\begin{bmatrix} 1 & 1 & 1 & \cdots & 1 \\ 1 & \omega & \omega^2 & \cdots & \omega^{N-1} \\ 1 & \omega^2 & \omega^4 & \cdots & \omega^{2(N-1)} \\ \vdots & \vdots & \vdots & \ddots & \vdots \\ 1 & \omega^{N-1} & \omega^{2(N-1)} & \cdots & \omega^{(N-1)(N-1)} \end{bmatrix}$$

其中,$\omega = e^{i\frac{2\pi}{N}}$ 是 N 次单位根。

对于单比特系统 ($N=2$),傅里叶矩阵为:

$$\mathrm{QFT}=\frac{1}{\sqrt{2}}\begin{bmatrix}1 & 1\\ 1 & \omega\end{bmatrix}$$

因为 $\omega=\mathrm{e}^{\mathrm{i}2\pi/2}=-1$，矩阵进一步化简为：

$$\mathrm{QFT}=\frac{1}{\sqrt{2}}\begin{bmatrix}1 & 1\\ 1 & \mathrm{e}^{\mathrm{i}2\pi/2}\end{bmatrix}=\frac{1}{\sqrt{2}}\begin{bmatrix}1 & 1\\ 1 & -1\end{bmatrix}$$

咦？这看起来很眼熟，对吧？其实，这不就是我们熟知的 H 门 的矩阵形式嘛！

$$\boldsymbol{H}=\frac{1}{\sqrt{2}}\begin{bmatrix}1 & 1\\ 1 & -1\end{bmatrix}$$

最终结论：单比特 QFT = 哈达玛门（见图 11-12）。

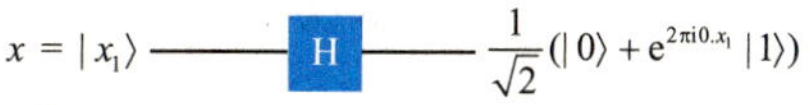
$x=|x_1\rangle$
H
$\frac{1}{\sqrt{2}}(|0\rangle+\mathrm{e}^{2\pi\mathrm{i}0.x_1}|1\rangle)$

图 11-12　1 个量子比特 QFT 线路的功能完全等同于 H 门

11.4.2　双比特 QFT 线路：复杂性的小小升级

如果单比特 QFT 是开胃菜，那双比特 QFT 就是正式入门菜。它的复杂度略有提升，但依然是“小菜一碟”。双比特系统的 QFT 矩阵形式如下：

$$\mathrm{QFT}=\frac{1}{2}\begin{bmatrix}1 & 0 & 0 & 0\\ 1 & \omega & \omega^2 & \omega^3\\ 1 & \omega^2 & \omega^4 & \omega^6\\ 1 & \omega^3 & \omega^6 & \omega^9\end{bmatrix}=\frac{1}{2}\begin{bmatrix}1 & 0 & 0 & 0\\ 1 & \mathrm{e}^{\mathrm{i}\frac{\pi}{2}} & \mathrm{e}^{\mathrm{i}\pi} & \mathrm{e}^{\mathrm{i}\frac{3\pi}{2}}\\ 1 & \mathrm{e}^{\mathrm{i}\pi} & \mathrm{e}^{2\mathrm{i}\pi} & \mathrm{e}^{3\mathrm{i}\pi}\\ 1 & \mathrm{e}^{\mathrm{i}\frac{3\pi}{2}} & \mathrm{e}^{3\mathrm{i}\pi} & \mathrm{e}^{\mathrm{i}\frac{9\pi}{2}}\end{bmatrix}$$

其中 $\omega=\mathrm{e}^{\mathrm{i}2\pi/4}=\mathrm{e}^{\mathrm{i}\pi/2}$。展开并化简后，得到：

$$\mathrm{QFT}=\frac{1}{2}\begin{bmatrix}1 & 1 & 1 & 1\\ 1 & \mathrm{i} & -1 & -\mathrm{i}\\ 1 & -1 & 1 & -1\\ 1 & -\mathrm{i} & -1 & \mathrm{i}\end{bmatrix}$$

从矩阵到线路（见图 11-13）：关键操作

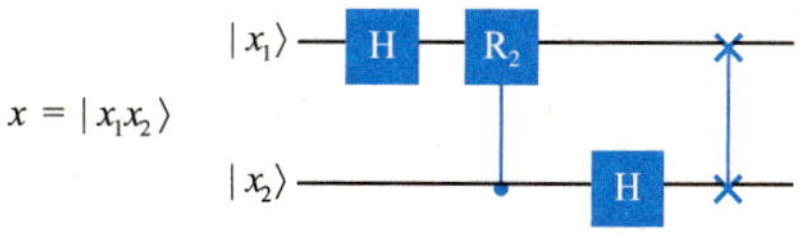
$|x_1\rangle$
$x=|x_1x_2\rangle$
$|x_2\rangle$
H
R_2
H

图 11-13　双比特 QFT 线路

在双比特 QFT 线路中，核心步骤包括以下 3 部分。

1）对最后一个比特施加 H 门

假设输入态为 $|x_1, x_2\rangle$。首先对 $|x_2\rangle$ 应用 H 门，得到：

$$|x_2\rangle \rightarrow \frac{1}{\sqrt{2}}(|0\rangle + e^{i\pi x_2}|1\rangle)$$

2）应用受控旋转门（Controlled-R）

对 $|x_1\rangle$ 施加 H 门，同时根据 $|x_2\rangle$ 的状态，通过受控旋转门 R_k 调整相位：

$$|x_1\rangle \rightarrow \frac{1}{\sqrt{2}}(|0\rangle + e^{i\pi x_1}e^{i(\pi x_2)/2}|1\rangle)$$

3）用 SWAP 门调整比特顺序

通过 SWAP 门交换 $|x_1\rangle$ 和 $|x_2\rangle$ 的位置，确保输出态的比特排列符合 QFT 定义。

输出态：量子交响乐

经过上述步骤，最终输出的叠加态为：

$$\frac{1}{2}(|0\rangle + e^{i\pi x_2}|1\rangle) \otimes (|0\rangle + e^{i\pi(x_1 + x_2/2)}|1\rangle)$$

这一态复杂却井然有序，仿佛是一场精心编排的量子交响乐，每个比特都在各自的"音轨"中谐振，为我们揭示了量子傅里叶变换的美妙本质。

11.4.3　三比特 QFT 线路：迈向多比特世界

三比特 QFT 是量子傅里叶变换走向实战的第一步，它就像是一只量子计算的"成年礼蛋糕"，其线路如图 11-14 所示。复杂度显著上升，但每一层细节都充满数学的奇妙逻辑。

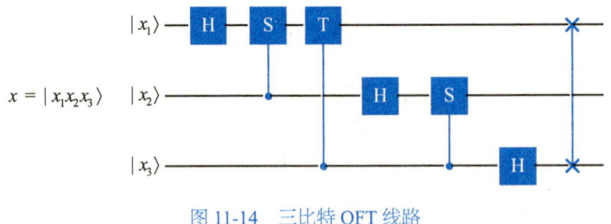

图 11-14　三比特 QFT 线路

三比特系统的输入态

对于输入态 $|x_1, x_2, x_3\rangle$，我们依次对每个比特施加 H 门和一系列受控旋转门，形成叠加态。

受控旋转门矩阵形式

受控旋转门的矩阵形式为：

$$R_k = \begin{bmatrix} 1 & 0 \\ 0 & e^{\frac{2\pi i}{2^k}} \end{bmatrix}$$

其中，当 $k=2$ 时，得到 S 门：

$$S = R_2 = \begin{bmatrix} 1 & 0 \\ 0 & e^{i\pi/2} \end{bmatrix}$$

当 $k=4$ 时，得到 T 门：

$$T = R_4 = \begin{bmatrix} 1 & 0 \\ 0 & e^{i\pi/4} \end{bmatrix}$$

注意，$S = T^2$。

执行步骤

第一步：操作 $|x_3\rangle$

对最后一个比特 $|x_3\rangle$ 施加 H 门：

$$|x_3\rangle \rightarrow \frac{1}{\sqrt{2}}(|0\rangle + e^{i\pi x_3}|1\rangle)$$

第二步：操作 $|x_2\rangle$

对第二个比特 $|x_2\rangle$ 施加 H 门和受控旋转门。首先，施加 H 门，得到：

$$|x_2\rangle \rightarrow \frac{1}{\sqrt{2}}(|0\rangle + e^{\pi i x_2}|1\rangle)$$

施加受控旋转门（R_2），使量子态变为：

$$|x_2\rangle \rightarrow \frac{1}{\sqrt{2}}(|0\rangle + e^{\pi i x_2} e^{\frac{\pi i x_3}{2}}|1\rangle)$$

第三步：操作 $|x_1\rangle$

对第一个比特 $|x_1\rangle$ 施加 H 门和受控旋转门。首先，施加 H 门，得到：

$$|x_1\rangle \rightarrow \frac{1}{\sqrt{2}}(|0\rangle + e^{i\pi x_1}|1\rangle)$$

施加受控旋转门（R_2），调整相位：

$$|x_1\rangle \rightarrow \frac{1}{\sqrt{2}}(|0\rangle + e^{i\pi x_1} e^{i\frac{\pi x_2}{2}}|1\rangle)$$

施加受控旋转门（R_4），对应 $k=4$，得到：

$$|x_1\rangle \rightarrow \frac{1}{\sqrt{2}}(|0\rangle + e^{i\pi x_1} e^{i\frac{\pi x_2}{2}} e^{i\frac{\pi x_3}{4}}|1\rangle)$$

第四步：SWAP 门

如同双比特 QFT，三比特 QFT 也需要通过 SWAP 门 调整量子态的输出顺序，最终得到正确的 QFT 输出。量子态的最终形式为：

$$\frac{1}{2\sqrt{2}}(|0\rangle + \mathrm{e}^{\mathrm{i}\pi x_3}|1\rangle) \otimes (|0\rangle + \mathrm{e}^{\mathrm{i}\pi\left(x_2 + \frac{x_3}{2}\right)}|1\rangle) \otimes (|0\rangle + \mathrm{e}^{\mathrm{i}\pi\left(x_1 + \frac{x_2}{2} + \frac{x_3}{4}\right)}|1\rangle)$$

11.5 还原的量子艺术：量子傅里叶逆变换

让我们来揭开量子傅里叶逆变换（Inverse Quantum Fourier Transform，IQFT）的神秘面纱，它是量子计算中的一项基础技能，也可以说是量子算法中的"复原大师"，因为它就像给量子系统施了一种"逆转魔法"，能够将傅里叶变换带来的"混乱"完美地恢复成原始状态。你可以把它想象成量子世界中的一种"复原术"，在一系列量子操作后，它可以从复杂的叠加态中提取出原始的量子态。

1. 从复杂回到简单：量子傅里叶逆变换

首先，我们来理解一下量子傅里叶逆变换的公式，它和傅里叶变换的公式其实有着紧密的关系。对于一个给定的量子态 $|x\rangle$，它的逆量子傅里叶变换为：

$$\frac{1}{\sqrt{2^n}} \sum_{k=0}^{2^n-1} \mathrm{e}^{\mathrm{i}\frac{2\pi kx}{2^n}} |k\rangle \rightarrow |x\rangle$$

简而言之，它把原本复杂的量子态 $|x\rangle$ 恢复回整数的叠加态，这里的 k 是量子比特的索引，$\mathrm{e}^{\mathrm{i}2\pi kx/2^n}$ 是相位因子，它代表了逆变换中的"魔法"——把量子信息从频域带回时域，恢复到原本的结构。

是不是有点像解魔方？首先，我们把魔方的各个面打乱（傅里叶变换），然后用逆转的操作把它还原到原来的样子（量子傅里叶逆变换）。

2. 量子旋转的魔术：逆向旋转逻辑门

接下来，我们来了解一下 逆向旋转门。它是实现量子傅里叶逆变换的核心部分之一。它的矩阵形式如下所示：

$$R_k^\dagger = \begin{bmatrix} 1 & 0 \\ 0 & \mathrm{e}^{-2\pi \mathrm{i}/2^k} \end{bmatrix}$$

这个旋转门的作用是对量子比特进行旋转，改变它的相位。和常规旋转门类似，它的作用是根据量子比特的索引 k 调整相位。但不同的是，逆向旋转门的相位是负的，这就意味着它执行的是"逆向"的操作。可以把它想象成量子版本的"时光倒流"，让量子比特的状态恢复到傅里叶变换之前的模样。

3. 逆向操作的巧妙设计：量子线路图

量子傅里叶逆变换（IQFT）的量子线路图包括一系列量子门操作（见图 11-15）。

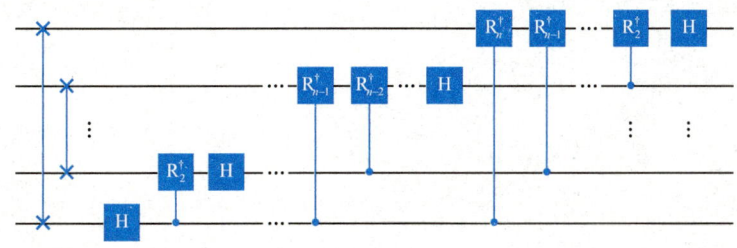

图 11-15　量子傅里叶逆变换（IQFT）的量子线路图

当你看到量子傅里叶逆变换的量子线路图时，可能会觉得它比直接的量子傅里叶变换看起来更复杂，因为它涉及许多逆向的量子门操作。具体来说，IQFT 的量子线路设计包括以下步骤。

（1）应用一系列旋转门，通过逐步施加逆向旋转操作来恢复量子比特的相位。

（2）量子比特之间的互换（SWAP 门），调整量子比特的顺序，确保量子态最终的排列是正确的。

这些操作会依次进行，从最后一个量子比特开始，逐步向前应用到第一个量子比特。你可以把它看作在修复量子比特的"时空乱流"，逐步将它们从叠加态中"解救"出来，并恢复到正确的顺序。

第 12 章

▼

解锁量子世界的相位密码
量子相位估计

12.1 破解相位密码的钥匙：量子相位估计（QPE）

在量子计算的世界里，相位估计（Quantum Phase Estimation，QPE）是一种强大的"高端侦探工具"。它的任务是揭开单位算子的特征值背后的相位秘密，为解决量子化学、密码学和优化问题开辟道路。简单来说，QPE 算法专注于帮助我们找到幺正算子 U 的特征值相位 φ，就像在浩瀚的量子宇宙中精准测量一颗星星的亮度。

来看看核心公式：

$$U|\psi\rangle = \lambda|\psi\rangle$$

在这里，U 是一个幺正矩阵，$|\psi\rangle$ 是它的特征向量，λ 是对应的特征值。由于幺正矩阵的特性，λ 总是落在复平面的单位圆上，因此可以写成：

$$\lambda = e^{2\pi i\varphi} = \cos(2\pi\varphi) + i\sin(2\pi\varphi)$$

这说明特征值中的 φ 就是一个角度，或者更通俗地说，是一个"量子相位"。

为什么叫"相位估计"呢？因为我们的目标就是找到这个神秘的 φ。一旦掌握了它，我们就能解锁许多量子问题的答案，比如分子能级、密码破解中的周期分析等。

在 QPE 中，我们需要用量子傅里叶变换（QFT）的逆操作将相位信息"编码"到量子比特的基态中，然后通过测量获得 φ。这就是为什么量子傅里叶变换是 QPE 的"灵魂"。

核心要点：
- QPE 是一种强大的量子算法模块，用于估算量子相位。
- QFT 是实现 QPE 的关键部分。
- QPE 是许多其他重要量子算法的基础，如 Shor 算法和量子相位估计技术。

12.2 数字的新表达：二进制分数的表示

现在我们来了解量子计算世界中的一门新语言——二进制分数。你可能觉得它听起来有点"技术腔"，但别担心，这实际上是量子计算机理解和处理相位信息的核心技巧。

1. 二进制分数的魔力

想象一下，在量子计算机上，你有一个 n 个量子比特的计算基态 $|\varphi\rangle$，它可以用二进制展开来表示：

$$\varphi = 0.\varphi_1\varphi_2\varphi_3\cdots\varphi_n$$

这里的 $\varphi_1,\varphi_2,\varphi_3,\cdots,\varphi_n$ 是二进制的小数位。用经典计算器表示这些数字时，它们可能看起来比较熟悉，但在量子计算机中，这些数字通过叠加态来存储，带着一点"量子味"。

2. 相位的分解：整数与小数

为了深入理解相位，我们先来看一个公式：

$$U|\psi\rangle = e^{2\pi i\varphi}|\psi\rangle$$

在这里，φ 是相位，由两部分组成：整数部分 φ_q 和小数部分 φ_p。这就好比一个时间点可以由小时和分钟组成，φ_q 就是整数部分（类似于小时），而 φ_p 是精确到秒的小数部分。

我们可以将 φ 分解为：

$$\varphi = \varphi_q + \varphi_p$$

对应的指数形式为：

$$e^{2\pi i\varphi} = e^{2\pi i(\varphi_q+\varphi_p)} = e^{2\pi i\varphi_q} \cdot e^{2\pi i\varphi_p}$$

对于整数部分 φ_q，它的指数形式 $e^{2\pi i\varphi_q}$ 始终等于 1：

$$e^{2\pi i\varphi_q} = \cos(2\pi\varphi_q) + i\sin(2\pi\varphi_q) = 1$$

所以，真正有趣的部分在于小数部分 φ_p，它决定了那些微小但重要的"时间刻度"。

12.3 量子态的"指纹"：相位估计的意义

在经典世界中，我们通过指纹来识别每个人的独特身份。而在量子世界中，量子态的相位就像一个"数字指纹"，独一无二地标记着量子系统的状态。那么，如何提取这些量子指纹呢？这就需要借助量子相位估计。

什么是量子相位估计？

想象一个魔法箱子（科学家更喜欢叫它"黑箱"或 Oracle）（见图 12-1）。

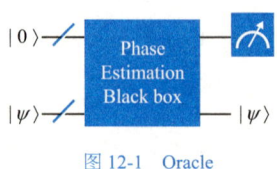

图 12-1　Oracle

这个黑箱里藏着一个秘密，它操作着一个叫 U^{2^j} 的神奇门。你的任务是揭开这个秘密,找到隐藏在特征值 $e^{2\pi i \varphi}$ 背后的那个神秘数字 φ。不过,别急着问为什么不直接测量;毕竟这是量子力学——测量一次,系统状态可能就全乱了。

量子相位估计就是一套精心设计的"侦探工具包",它利用黑箱操作,把 U^{2^j} 门的相位信息巧妙地分解并"转移"到辅助量子比特的振幅上。这种操作可以理解为用量子"放大镜"探测系统的特征。

12.4 量子态的相位探测器：相位估计线路

量子相位估计的核心是一段精致的量子线路,它通过两个寄存器(控制寄存器和目标寄存器)共同完成任务(见图 12-2)。

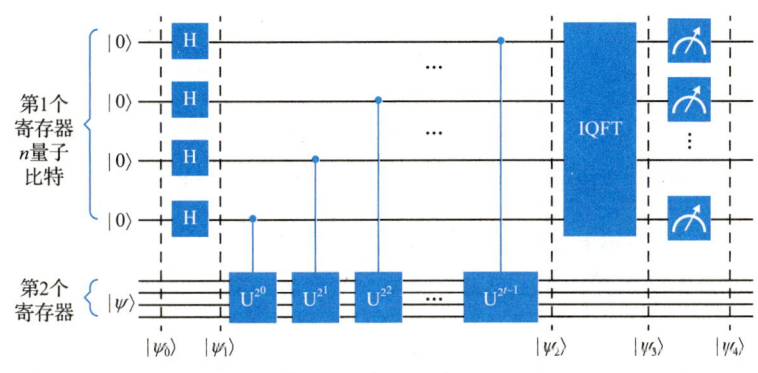

图 12-2 量子相位估计的量子线路

1. 两大主角：控制寄存器和目标寄存器

控制寄存器：这是量子相位估计的"大脑"。它由 t 个量子比特组成,初态为 $|00\cdots0\rangle$,并在算法中被用来编码相位信息。它的位数 t 决定了估计的精度和成功的概率——位数越多,精度越高。

目标寄存器：这个寄存器存储了 $|\psi\rangle$,也就是 U^{2^j} 门的特征向量。换句话说,目标寄存器是黑箱操作的"受试者"。

2. 分阶段完成任务的量子线路

1) 第一阶段：相位编码

- 我们先给控制寄存器的每个量子比特"戴上"一顶 H 门的帽子,这会让它们进入叠加态。通俗点说,量子比特变得"不确定",仿佛站在 0 和 1 之间的小路上,左右徘徊。

- 接下来,黑箱操作开始! 它通过一系列受控操作,逐步将 U^{2^j} 门的相位信息编码到控制寄存器中。这些操作的次数取决于控制比特的状态以及所需的相位估计精度。

2）第二阶段：测量与坍缩
- 控制寄存器完成"编码"后，我们对其进行测量，系统会从叠加态坍缩到一个特定的相位态。测量的结果是一串二进制数，如 $\varphi_1\varphi_2\cdots\varphi_t$。
- 通过这串二进制数，我们将其除以 2^t，即将小数点向左移 t 位，从而得到近似的相位值：$\varphi' = 0.\varphi_1\varphi_2\cdots\varphi_n\varphi_{n+1}\cdots\varphi_t$。

12.5 量子相位的完整解密：线路执行步骤

接下来，我们将揭开量子相位估计算法的神秘面纱。这个算法实际上有 3 个关键步骤，它们就像是量子计算机的"魔法咒语"，帮助我们一步步解密那个隐藏的相位（见图 12-3）。

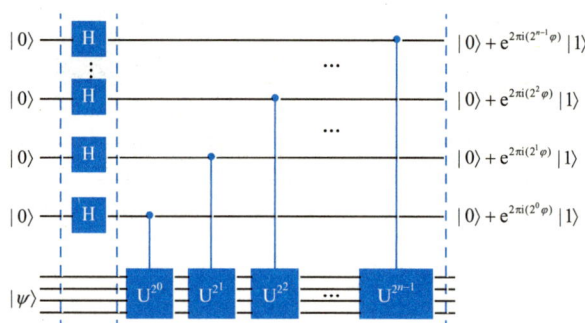

图 12-3　量子相位的完整解密：线路执行步骤

1. 初态

我们先来想象量子计算机在开始时的样子。它的初始状态是由多个基态（$|0\rangle$）和一个复杂的量子态（$|\psi\rangle$）构成的。这个状态就像一个量子"混合果汁"，其中包含了多个量子比特的不同成分：

$$|\psi_0\rangle = |0\rangle^{\otimes n}|\psi\rangle$$

2. 最大叠加态

第一步，我们对所有的寄存器应用 H 门。每个量子比特都从基态（$|0\rangle$）变成了最大叠加态，这个状态可以是 0，也可以是 1，就像是量子比特进入了"双重生活"模式。接着，我们将这个叠加态与量子态 $|\psi\rangle$ 做张量积，就像将两种不同味道的果汁混合在

一起，产生了一个新的量子态：

$$(H|0\rangle)^{\otimes n} = \left(\frac{1}{\sqrt{2}}|0\rangle + \frac{1}{\sqrt{2}}|1\rangle\right)^{\otimes n}$$

$$= \frac{1}{\sqrt{2^n}} \sum_{x=0}^{2^n-1} |x\rangle$$

3. 受控 -U（$\text{Ctrl}-U^{2^j}$）门

受控 -U 门就像一个开关，控制着另一个量子比特的状态。它作用于两个寄存器：一个是控制寄存器，另一个是目标寄存器。控制寄存器用来编码相位信息，而目标寄存器则保存着待估计的特征向量。

这就好比你有一个神奇的遥控器，每按一下按钮，目标寄存器的状态就会发生变化。比如，当你按下遥控器上的第一个按钮时，它会让量子比特的状态变成：

$$\frac{1}{\sqrt{2}}(|0\rangle + e^{2\pi i(2^0\varphi)}|1\rangle) \otimes |\psi\rangle$$

如此一来，你的量子态就变得越来越复杂，像一张充满未知的量子地图。通过对每个受控 -U 门进行多次操作，你就能逐渐积累关于相位的更多信息，最终得到一个包含所有相位信息的复杂量子态，应用 n 个受控 U 门后，量子态变为：

$$|\psi_2\rangle = \frac{1}{\sqrt{2^n}}(|0\rangle + e^{2\pi i\varphi 2^0}|1\rangle) \otimes (|0\rangle + e^{2\pi i\varphi 2^1}|1\rangle) \otimes \cdots \otimes (|0\rangle + e^{2\pi i\varphi 2^{n-1}}|1\rangle) \otimes |\psi\rangle$$

4. 量子傅里叶逆变换 IQFT

接下来是最精彩的一步：量子傅里叶逆变换（IQFT）（见图 12-4）。这一操作就像是一把神奇的"放大镜"，它能将原本隐藏在量子态中的相位信息显现出来。我们对辅助量子比特应用 IQFT，实际上是将之前的所有信息从振幅的特征值转移到基向量上。

想象一下，量子计算机像一个大杂烩，所有的信息都混合在一起。IQFT 就是那把能把所有食材分开，让每个量子比特的味道都清晰可见的"工具"。这一步是恢复相位信息的关键，让我们最终能够捕捉到隐藏在量子态中的那一丝微妙的相位变化。

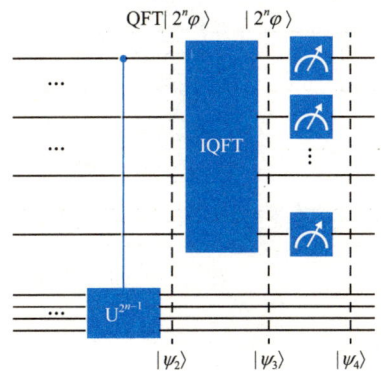

图 12-4　量子傅里叶逆变换（IQFT）

5. 量子傅里叶变换直积形式

$$\text{QFT}|x\rangle = \frac{1}{\sqrt{2^n}}(|0\rangle + e^{2\pi i 0.x_n}|1\rangle)(|0\rangle + e^{2\pi i 0.x_{n-1}x_n}|1\rangle)\cdots(|0\rangle + e^{2\pi i 0.x_1 x_2 \cdots x_n}|1\rangle)$$

$$= \frac{1}{\sqrt{2^n}}(|0\rangle + e^{2\pi i x/2^1}|1\rangle)(|0\rangle + e^{2\pi i x/2^2}|1\rangle)\cdots(|0\rangle + e^{2\pi i x/2^n}|1\rangle)$$

我们令 x 为 $2^n \varphi$，则有：

$$\text{QFT}|2^n\varphi\rangle = \frac{1}{\sqrt{2^n}}(|0\rangle + e^{\frac{2\pi i 2^n \varphi}{2^1}}|1\rangle)(|0\rangle + e^{\frac{2\pi i 2^n \varphi}{2^2}}|1\rangle)\cdots(|0\rangle + e^{\frac{2\pi i 2^n \varphi}{2^n}}|1\rangle)$$

$$= \frac{1}{\sqrt{2^n}}(|0\rangle + e^{2\pi i 2^{n-1}\varphi}|1\rangle)(|0\rangle + e^{2\pi i 2^{n-2}\varphi}|1\rangle)\cdots(|0\rangle + e^{2\pi i 2^0 \varphi}|1\rangle)$$

刚好得到 $|\psi_2\rangle$，即

$$\text{QFT}|2^n\varphi\rangle = |\psi_2\rangle$$

因此，要恢复态 $|2^n\varphi\rangle$，则需要进行量子傅里叶逆变换的过程，即在辅助寄存器上应用量子傅里叶逆变换（见图 12-5）。

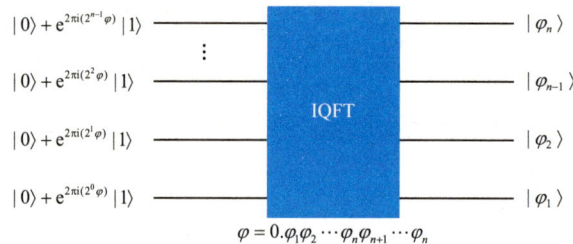

图 12-5　在辅助寄存器上应用量子傅里叶逆变换

6. 测量

最后，我们进入了最终的阶段——测量（见图 12-6）。

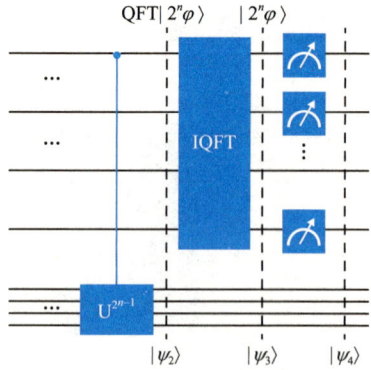

图 12-6　量子相位估计测量

测量第一个寄存器：对辅助量子比特的基向量分别进行测量后可得到特征值的相位信息。此时状态为：

$$|\psi_3\rangle = |2^n\varphi\rangle \otimes |\psi_3\rangle$$

$e^{2\pi i\varphi}$ 中的 φ 应是一个小数，因为只有小数部分有意义。假设二进制小数 $\varphi = 0.\varphi_1\varphi_2\varphi_3\cdots\varphi_n$（$\varphi_i = 0$ 或 1），则有：

- 如果 $t \leqslant n$，可以精确地得到 φ。
- 如果 $t > n$，相位不可用 n 位精确表示的情况，我们依然可以得到一个足够精确的近似解。